职业技术 · 职业资格培训教材

网页设计制作员

（高级）第2版

主　编　李克非

编　者　程渊敏　陈晓东　蔡　佳　徐慧华

主　审　陈文培

中国劳动社会保障出版社

图书在版编目(CIP)数据

网页设计制作员：高级/上海市职业培训研究发展中心组织编写. —2 版. —北京：中国劳动社会保障出版社，2010

1+X 职业技术·职业资格培训教材

ISBN 978-7-5045-8479-3

Ⅰ.①网… Ⅱ.①上… Ⅲ.①主页制作-技术培训-教材 Ⅳ.①TP393.092

中国版本图书馆 CIP 数据核字(2010)第 146990 号

中国劳动社会保障出版社出版发行

(北京市惠新东街 1 号 邮政编码：100029)

出 版 人：张梦欣

*

北京北苑印刷有限责任公司印刷装订 新华书店经销

787 毫米×1092 毫米 16 开本 22.25 印张 1 印张彩插页 436 千字

2010 年 9 月第 2 版 2010 年 9 月第 1 次印刷

定价：45.00 元

读者服务部电话：010-64929211/64921644/84643933

发行部电话：010-64961894

出版社网址：http://www.class.com.cn

内容简介

本教材由人力资源和社会保障部教材办公室、上海市职业培训研究发展中心依据上海 1+X 网页设计制作员（三级）职业技能鉴定细目组织编写。教材从强化培养操作技能，掌握实用技术的角度出发，较好地体现了当前最新的实用知识与操作技术，对于提高从业人员基本素质，掌握高级网页设计制作员的核心知识与技能有直接的帮助和指导作用。

本教材在编写中根据本职业的工作特点，以能力培养为根本出发点，采用模块化的编写方式。本教材分为上、下两篇，内容分为 8 章，主要内容包括：Flash CS3 的综合应用，脚本编程 JavaScript，Photoshop CS3 综合应用，设计网站总体效果，设计制作网站主要页面效果图，设计网页动画和图像效果，设计制作网页动态效果等，另外，为便于读者掌握本教材的重点内容，专列综合操作案例一章，通过 6 个任务来检验和巩固所学知识与技能。

本教材可作为网页设计制作员（三级）职业技能培训与鉴定考核教材，也可供全国中、高等职业技术院校相关专业师生参考使用，以及本职业从业人员培训使用。

前　言

职业资格证书制度的推行，对广大劳动者系统地学习相关职业的知识和技能，提高就业能力、工作能力和职业转换能力有着重要的作用和意义，也为企业合理用工以及劳动者自主择业提供了依据。

随着我国科技进步、产业结构调整以及市场经济的不断发展，特别是加入世界贸易组织以后，各种新兴职业不断涌现，传统职业的知识和技术也愈来愈多地融进当代新知识、新技术、新工艺的内容。为适应新形势的发展，优化劳动力素质，上海市人力资源和社会保障局在提升职业标准、完善技能鉴定方面做了积极的探索和尝试，推出了 1 + X 的鉴定考核细目和题库。1 + X 中的 1 代表国家职业标准和鉴定题库，X 是为适应上海市经济发展的需要，对职业标准和题库进行的提升，包括增加了职业标准未覆盖的职业，也包括对传统职业的知识和技能要求的提高。

上海市职业标准的提升和 1 + X 的鉴定模式，得到了国家人力资源和社会保障部领导的肯定。为配合上海市开展的 1 + X 鉴定考核与培训的需要，人力资源和社会保障部教材办公室、上海市职业培训研究发展中心联合组织有关方面的专家、技术人员共同编写了职业技术 · 职业资格培训系列教材。

职业技术 · 职业资格培训教材严格按照 1 + X 鉴定考核细目进行编写，教材内容充分反映了当前从事职业活动所需要的最新核心知识与技能，较好地体现了科学性、先进性与超前性。聘请编写 1 + X 鉴定考核细目的专家，以及相关行业的专家参与教材的编审工作，保证了教材与鉴定考核细目和题库的紧密衔接。

职业技术 · 职业资格培训教材突出了适应职业技能培训的特色，按等级、分模块单元的编写模式，使读者通过学习与培训，不仅能够有助于通过鉴定考核，而且能够有针对性地系统学习，真正掌握本职业的实用技术与操作技能，从而实现我会做什么，而不只是我懂什么。

本教材虽结合上海市对职业标准的提升而开发，适用于上海市职业培训和职业资格鉴定考核，同时，也可为全国其他省市开展新职业、新技术职业培训和鉴定考核提供借鉴或参考。

新教材的编写是一项探索性工作，由于时间紧迫，不足之处在所难免，欢迎各使用单位及个人对教材提出宝贵意见和建议，以便教材修订时补充更正。

人力资源和社会保障部教材办公室

上海市职业培训研究发展中心

改版说明

1+X职业技术·职业资格培训教材《网页设计制作员（高级）》自2007年出版以来，受到了广大从业人员和网页设计爱好者的欢迎，在网页设计制作员职业资格鉴定和职业技能培训中发挥了巨大的作用。随着网页设计制作行业的迅速发展和社会需求的不断变化，对网页设计制作从业人员需要掌握的职业技能有了新的要求。在此形势下，人力资源和社会保障部教材办公室与上海市职业培训研究发展中心联合组织有关方面的专家和技术人员，依据网页设计制作员职业技能鉴定细目，对《网页设计制作员（高级）》教材进行了改版工作，使教材能够适应行业的发展和社会的需要，更好地为从业人员和广大社会读者服务。

第2版教材共分上下两篇，上篇为网页设计制作基础，在中级教材的基础上，进一步具体介绍了Flash CS3、脚本编程JavaScript，Photoshop CS3的综合应用；下篇为网页设计制作综合应用，通过具体的案例操作，完成了整个网页设计与制作的各种效果。为了更好地检验和巩固所学知识，第2版教材设置了“综合操作案例”，通过6个操作任务的逐步讲解，详细地演示了网页设计制作综合技能，设计制作网页动画、图像效果及动态效果，进一步加深读者的印象，真正达到学寓于用的效果。

第2版教材以实际案例为基础，手把手地指导读者完成网页设计制作中各个环节所要完成的任务，详细介绍如何合理地利用网页设计软件进行设计与制作，使读者能够制作设计网站的总体效果、动画和图像等各种效果。

第2版教材增加了“训练与提高”“考场练兵”等版块。“训练与提高”要求读者在“技能要求”的基础上，完成其他相似步骤的操作，读者可以通过训练，加深印象，提高实际操作能力；“考场练兵”模拟技能考核的考场环境，提供了“试题单”和“参考答案”，读者可以快捷地学习操作和应用，实战性非常强。

另外，本教材还增加了网页中常用的脚本语言 JavaScript 的相关语法介绍。JavaScript 语言能够很好地增强网页的交互性和用户体验，读者通过对该语言的学习，能够进一步提高网页设计制作能力。

为方便读者更好地使用本教材，本教材提供了与章节相对应的配套素材，读者可在 http：//www. class. com. cn/datas/086036. rar 下载。

目　录

上篇　基础知识篇

下篇　综合应用

上　篇

基础知识篇

引　言

制作一个网站需要很多技术，包括网页图像的设计处理、网页动画的制作、脚本语言的编写、网页风格的创意。在四级教材中已学习了网页设计的基本方法和理论。那么为什么要这样做呢？怎么才能做得更好呢？在本篇的知识介绍中，将循序渐进地学习一个高级网页设计师所必备的技能：程序设计及图像制作。

第1章

Flash CS3 的综合应用

第 1 节　Flash CS3 的新增功能

第 2 节　Flash Action 基本语法介绍

第 3 节　制作交互动画

学习目标

掌握 Flash 基本脚本语言

能够熟练使用 Flash CS3

知识准备

Flash 是当前最流行的支持网页并基于矢量图形的动画制作软件。它的主要特点是生成动画体积很小，易于在网上传播，和其他流媒体一样，它可以边下载边播放。在《网页设计制作员（中级）第 2 版》中已介绍了 Flash CS3 软件的基本功能，现在要进一步深入探讨 Flash 的另一个强大功能：ActionScript。利用它不仅可以动态地控制动画的进行，而且能进行各种计算，甚至进行复杂的用户前后台交互功能。

1. ActionScript 常用术语

ActionScript 是 Flash 的脚本语言，与 JavaScript 相似，是一种面向对象的编程语言。要有效地使用编程语言，首先必须了解其中常用的一些特定的术语和规范。下面将针对一些常用的 ActionScript 术语进行介绍。

（1）actions（动作）

actions 就是程序语句，它是 ActionScript 脚本语言的灵魂和核心。用于控制在动画播放中相应的程序流程和播放状态。例如，过去曾用过的 stop，play，goto 等都是动作，分别用于控制动画过程中的停止、播放、播放位置的转移等。

（2）events（事件）

简单地说，要执行某一个动作，必须提供一定的条件，如需要某一个事件对该动作进行的一种触发，那么这个触发功能的部分就是 ActionScript 中的事件。例如鼠标的移动、单击与放开；键盘上某键的敲击及影片剪辑的下载等都可以作为事件。在后面的例子中会有如下程序：

```
on (press) {
gotoAndPlay (2)
}
```

其中的 press 表示“点击鼠标”这个事件，该事件触发了“移动到第 2 帧并播放”这个动作。

小贴士

因为每种事件都代表有不同的情况发生，所以必须决定程序代码应该写在哪一个事件中，对于同一个按钮或影片剪辑而言，也可以同时指定多个不同的要做的动作。当 ActionScript 不是添加在帧上而是添加在实例中时，请注意对实例的选定。由于动作面板只有一个，因此还要注意不论是帧还是实例动作，在同一面板中编写时都要认真仔细。明确当前编写的程序的目标物，避免发生混淆。

（3）class（类）

class 是一系列相互之间有联系的数据的集合，用来定义新的对象类型。

（4）constructor（构造器）

constructor 是用于定义类的属性和方法的函数。例如，要定义一个圆类，只要在构造器函数中定义其圆心的坐标和圆的半径即可。程序如下：

```
function Circle (x, y, radius) {
this._x = x;
this._y = y;
this._radius = radius;
}
```

以后使用这个类时只要调用该函数，并且给这 3 个量赋值，即可得到相应的圆。

（5）expressions（表达式）

expressions 是语句中能够产生一个值的任一部分。

（6）function（函数）

function 指可以被传送参数并能返回值的以及可重复使用的代码块。

（7）identifiers（标示符）

identifiers 是用于识别某个变量、属性、对象、函数或方法的名称。这种名称遵循一定的命名规则，即作为名字的第一个字符必须是字母、下划线或美元符号“ $ ”三者中的一种，第二个字符以后必须是字母、数字、下划线或美元符号。例如 bestStar 是一个合法的标志符，而 123aaa 不是合法的标志符。

（8）instances（实例）

instances 是属于某个类的对象，一个类的每一个实例都包含类的所有属性和方法。例如，所有影片剪辑都是剪辑这个类的实例，它们都有诸如_ alpha 和_ visible 这样的特性，以及 gotoAndPlay 和 getURL 这样的方法。

（9） variable（变量）

variable 是储存任意数据类型的值的标志符。下面的程序语句是给变量赋值，等号左边的标志符就是变量。

```
a = 238;
width = 22;
hername = " Place "
```

（10） instancenames（实例名）

instancenames 是在脚本中指向影片剪辑实例的唯一名字。例如，下面的程序就是使用实例名将 Button 复制 4 次的例子。

```
do {
duplicateMovieClip (" Button "," Button "  + i, i)
i = i + 1;
} while (i < 4);
```

（11） methods（方法）

methods 是指被指派给某一个对象的函数，一个函数被分配后，它可以作为这个对象的方法被调用。

在下面的例子中，beam 称为对象 controller 的一个方法。

```
function reset () {
X_ pos = 0;
Y_ pos = 0;
}
controller. beam = Reset;
controller. beam ();
```

（12） objects（对象）

objects 就是属性的集合。每个对象都有自己的名字和值，通过对象可以自由访问某一个类型的信息。

（13） property（特性）

property 指对象具有的独特属性。

Flash 使用 ActionScript 给动画添加交互性。在简单动画中，Flash 按顺序播放动画中的场景和帧，而在交互动画中，用户可以使用键盘或鼠标与动画交互。例如，可以单击动画中的按钮，然后跳转到动画的不同部分继续播放；可以移动动画中的对象；可以在表单中输入信息等。使用 ActionScript 可以控制 Flash 动画中的对象，创建导航元素和交互元素，扩展 Flash 创作交互动画和网络应用的能力。

2. ActionScript 的数据类型

（1）常用的数据类型

数据类型在 ActionScript 中是不可缺少的重要元素，在设计动画时常需要确定语句的基本类型，常用的数据类型包括字符串型、数字型、布尔型及未定义型四种，详见表 1—1。

表 1—1　　常用的数据类型

数据类型	说　明
字符串型	字符串型是一系列字符（包括文字，数字，以及标点符号）。只要出现在引号之间“123456”“张三”“%……￥”都属于字符串类型
数字型	数字如 1973 和 3. 1415926，被用于计算以及数学方程式中
布尔型	为了逻辑判断，ActionScript 提供了布尔数据类型。通过布尔数据，能够表现或者记录某些条件的状态或某些比较的结果。布尔数据只有两个合法值：真（true）和假（false）
未定义型	为了描述数据的缺乏状态，ActionScript 提供了两个特殊的数据值：null 和 undefined。可以把它们认为是 null 和 undefined 这两个数据类型的唯一值（为便于理解，关键字 null 是 null 类型的唯一值，同样，关键字 undefined 是 undefined 类型的唯一值）

（2）数据类型与变量的关系

在没有明确声明的情况下，一个变量（瓶子）可以装入任意类型的数据，但如果变量在创建时就作了声明，只能装入某种类型的数据，则以后就必须遵守这个约定。变量是一种可以安全地保存数据的方法，而数据类型则是变量所保存的数据的类型。在下面章节中将详细介绍数据类型的特点及分类。

3. ActionScript 操作符

在 ActionScript 中，操作符用于指定表达式中的值如何被联合、比较或者是改变。操作符的动作对象被称为操作数。在动作面板动作工具箱中“索引”文件夹中包含了 ActionScript的各种操作符，如图 1—1 所示。

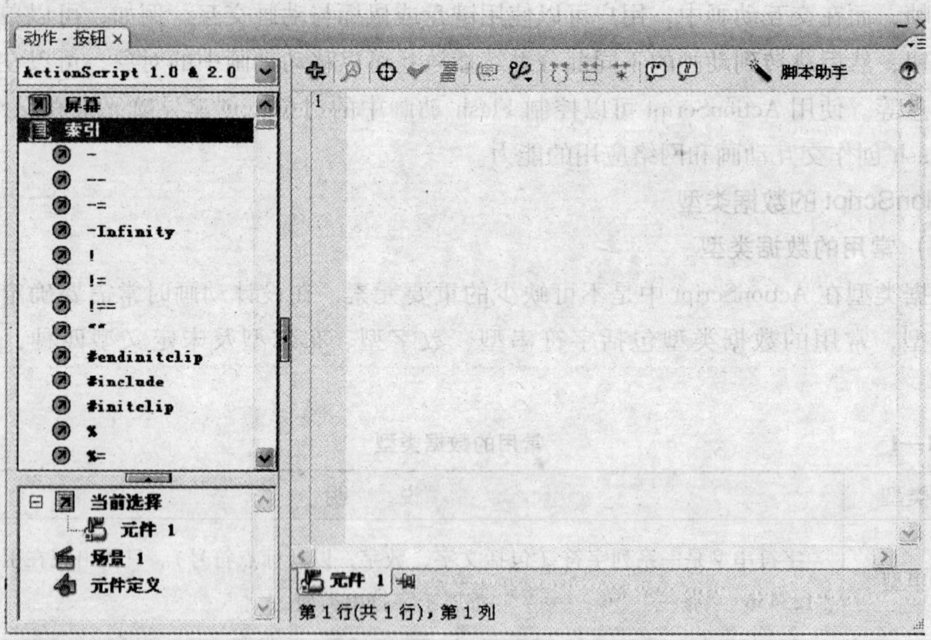

图 1—1 “索引”文件夹

（1）运算符的优先级和结合性

先看下面的例子：

```
a =2 +3 *4    //a 为 14
b = (2 +3) *4   //b 为 20
```

乘法运算的优先级高于加法运算，所以是 3 和 4 首先进行乘法运算，运算的结果再和 2 进行加法运算。在这里体现出的就是运算符的优先级。而在 b =(2 +3) *4 语句中，由于圆括号的使用，改变了原先的执行顺序，使得 2 和 3 先进行加法运算，然后其结果再与 4 进行乘法运算。

对于运算符而言，除了优先级，还涉及结合性。结合性决定了当出现两个相同的运算符，因而具有同样的优先级时，表达式的执行顺序是从右往左还是从左往右。例如，因为“+”运算符具有从左往右的结合性，因此 2 +3 +4 等同于（2 +3） +4。尽管这个例子并没有证明一个不同的结果，但要记住圆括号能够覆盖结合性，就像 2 +（3 +4）。结合性通常不是什么关键问题，除了一些比较特殊的情况，比如下面的例子：

```
a =9;
a = b = c;
Trace (c); //输出为 undefined
```

因为赋值运算符的结合性是从右往左，因此，是 c 的值赋给 b，再赋值给 a，而不是相反。

下面的脚本将产生如下结果：

```
a =9;
c = b = a;
Trace（c）; //输出为9
```

（2）比较操作符

比较操作符用于比较表达式的值并返回一个布尔值，这些操作符最常用于判断循环是否结束或用于条件语句中，详见表 1—2。

表 1—2　比较操作符的说明

比较操作符	执行的操作
<	小于
>	大于
< =	小于或等于
> =	大于或等于

（3）数字操作符

数字操作符用于在程序中进行算术运算，详见表 1—3。

表 1—3　数字操作符的说明

数字操作符	执行的操作
+	加
*	乘
/	除
%	求余
-	减
+ +	自加
- -	自减

（4）位操作符

使用位操作符会在内部将浮点数字转换为 32 位的整型，使其工作起来更容易，所有的位操作符都会对一个浮点数的每一位进行计算并产生一个新值，详见表1—4。

表1—4　　位操作符的说明

<table>
<tr><th>位操作符</th><th>执行的操作</th></tr>
<tr><td>&</td><td>按位与</td></tr>
<tr><td>|</td><td>按位或</td></tr>
<tr><td>^</td><td>按位异或</td></tr>
<tr><td>~</td><td>按位非，即求补码</td></tr>
<tr><td>< <</td><td>按位左移</td></tr>
<tr><td>> ></td><td>按位右移</td></tr>
<tr><td>> > ></td><td>无符号按位右移，即左边空位用0填补</td></tr>
</table>

（5）逻辑操作符

逻辑操作符（见表1—5）用于比较两个布尔值（true或false）并返回第三个布尔值，逻辑运算符“与”和“或”使用两个操作数，而“非”使用一个操作数。逻辑运算符扩展了比较运算符的能力，从而可以作出像“age大于14且小于18”这样的复杂表达式。

表1—5　　逻辑运算符的说明

<table>
<tr><th>运算符</th><th>执行的运算</th></tr>
<tr><td>&&</td><td>逻辑“与”</td></tr>
<tr><td>| |</td><td>逻辑“或”</td></tr>
<tr><td>!</td><td>逻辑“非”</td></tr>
</table>

请看下面的例子：

```
if ( (iq>150) && (age<14)) {
trace ("这是个天才儿童")
}
```

上面的例子中，假如智商（iq）大于150且年龄（age）小于14的话，则在输出窗口显示一段话：“这是个天才儿童”。

（6）相等和赋值操作符

使用相等操作符（==）可以确定两个操作数的值或身份是否相等，这种比较的结果是返回一个布尔值（true或false）。如果操作数是字符串、数字或布尔值，它们将通过值来比较。表 1—6 列出了相等和赋值操作符的关系。

表 1—6　　相等和赋值操作符的说明

相等和赋值操作符	执行的操作
= =	相等
! =	不相等
=	赋值操作符
+ =	相加并赋值
- =	相减并赋值
* =	相乘并赋值
% =	求余并赋值
/ =	相除并赋值
< < =	按位左移并赋值
> > =	按位右移并赋值
> > > =	无符号按位右移并赋值
^=	按位异或并赋值
| =	按位或并赋值
& =	按位与并赋值

对于这些复合赋值运算符，这里举一个例子：

```
conter + =10;
```

等效于：

```
conter = conter + 10;
```

除了“=”赋值运算符外，用得最多的就是递增赋值运算符（++）和递减赋值运算符（--）了。经常会把它们用于计数器变量加 1 或减 1。如下列：

```
counter + + ;
```

等效于：

```
counter = counter + 1;
```

4. ActionScript 变量

在 ActionScript 中变量是一个重要的概念。在将一个特定的数据类型的值赋予变量后，可以使用这个变量做几件事情：访问它的值（查看它的值或在某个表达式中使用它的值）、改变它的值（赋值给它一个新值）、将它的值与另一个变量或表达式进行比较或将它的值传递给某个函数，以便这个函数可以使用它。

ActionScript 中的变量可以保存所有类型的数据，包括字符串、数值、布尔值、对象以及影片剪辑，当某个变量在一个脚本中被赋值时，变量包含的数据类型将影响变量值的改变。

（1）变量的命名

一个合法的变量名必须满足以下条件：

1）必须是一个标志符，并要满足标志符的相应要求。

2）不能是 ActionScript 的关键字或者是一个代表布尔值的 true 或 false。

3）在作用范围内，它的名字必须是唯一的。

（2）变量的申明

在 ActionScript2. 0 中引入了为变量指定数据类型的概念。可以在声明变量时就明确指定它能且只能保存特定的数据类型，其声明形式如下：

```
var myAge：Number =28；
```

在这里，var 是一个语句，用于声明局部和时间线变量。这种形式是在声明变量的同时就给变量赋值。完全可以将声明变量和为其赋值分成两步完成如下：

```
var myAge：Number；
myAge =28；
```

（3）变量的作用域

在 ActionScript 中的变量可以被定义为全局变量或局部变量。

一个全局变量可以在所有的时间轴中共享，而一个局部变量仅能在它所属的代码块（即大括号）内使用。

使用局部变量可以有效地防止名称的冲突，因此被大量地使用。但有些情况下，则必须使用全局变量。例如，如果要在一个代码块中引用另一个代码块中的变量，或者要在整个动画中传递某个变量的值时，全局变量将会发挥巨大的作用。

小贴士

在函数内部使用局部变量将会使函数成为可重复使用的独立代码段。

5. ActionScript 程序控制

（1）目标路径

所谓目标路径是指动作的名称和地址被指定以后，使用它来控制一个影片剪辑或者下载动画，如图 1—2 所示。

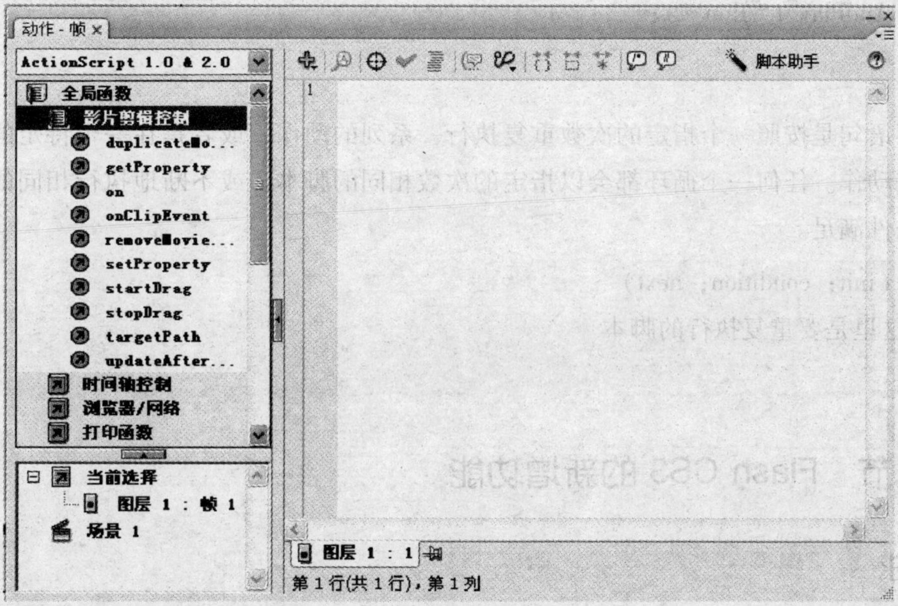

图 1—2　控制影片剪辑的动作

例如，使用 loadMovie 动作需要提供如下参数：

loadMovie（URL，Location，Variable）；

其中：

URL 参数是想要装载的影片剪辑在 Web 上的定位。

Loaction 是影片的目标路径，即确定影片剪辑将被下载到什么位置。

Variables 用于制定使用哪种方法发送与当前要下载的影片剪辑相关联的变量，有 get 和 post 两种方法。

（2）条件语句

在 Flash 中，条件语句共有 4 种结构：if，if else，if else if，以及 switch。其中前 3 种结构的条件语句实际上是同一概念（如果一个条件为真，Flash 将执行一个代码块）的不同变化。所有 3 种变化的核心是 if，且也是最容易的。

（3）循环语句

在 Flash 中有 4 种结构的循环语句：for，for in，while 和 do while。

```
if ( (password = 123456) && (adress = room)) {
gotoAndStop (" reject ");
}
else {
gotoAndPlay (" flim ");
}
```

循环语句是按照一个指定的次数重复执行一系列的动作，或者是在一个特定的条件时执行某些动作。任何一个循环都会以指定的次数相同的脚本，或不断地执行相同的脚本直到某个条件满足。

```
for (init; condition; next) {
//这里是要重复执行的脚本
}
```

第1节 Flash CS3 的新增功能

知识要求

相比于 Flash 之前的版本，Flash CS3 功能更加强大，并且这种飞跃幅度相当大。Flash CS3 已把矢量图的精确性和灵活性与位图、声音、动画和高级交互性融合在一起，能够创作出极具吸引力的高效网页。用户可以通过 Flash CS3 创建同其他 Web 应用程序交互的非线性电影，也可以建立菜单导航控制、动画 Logo、MTV，甚至是整个 Flash 交互网站。Flash CS3 启动界面如图 1—3 所示。

1. 与 Photoshop 的更高集成性

在 Flash CS3 中，用户可以导入 Photoshop 的 PSD 文件，并保留图层等内部信息。Photoshop 中的文本在 Flash CS3 中仍然可以编辑，甚至可以指定发布时的设置。现在可以更方便地使用 Flash CS3 与其他各种软件进行协同配合工作。

2. 与 Illustrator 的协同工作

通过综合的控制和设置，在 Flash CS3 中可以决定导入 Illustrator 文件中的哪些层、组或对象，以及如何导入它们。可以选择导入的 Illustrator 图层分别作为 Flash 的独立图层，还是合成一层，或者成为一个 Flash 的关键帧。

图 1—3　Flash CS3 启动界面

3. 动画与代码的转换

以可视化的方式制作动画，然后将动画转换为可以重用、易于编辑的 ActionScript 代码。在 Flash CS3 中，时间轴动画可以即时转换为 ActionScript 3.0 代码，并应用其他的元件，如图 1—4 所示。这个可以节约大量时间的新功能可以支持很多属性，如缩放、旋转、倾斜、颜色、滤镜等。不但如此，它还为那些对 ActionScript 不是十分熟悉的用户提供了一个非常好的途径来掌握这种非常流行的语言。

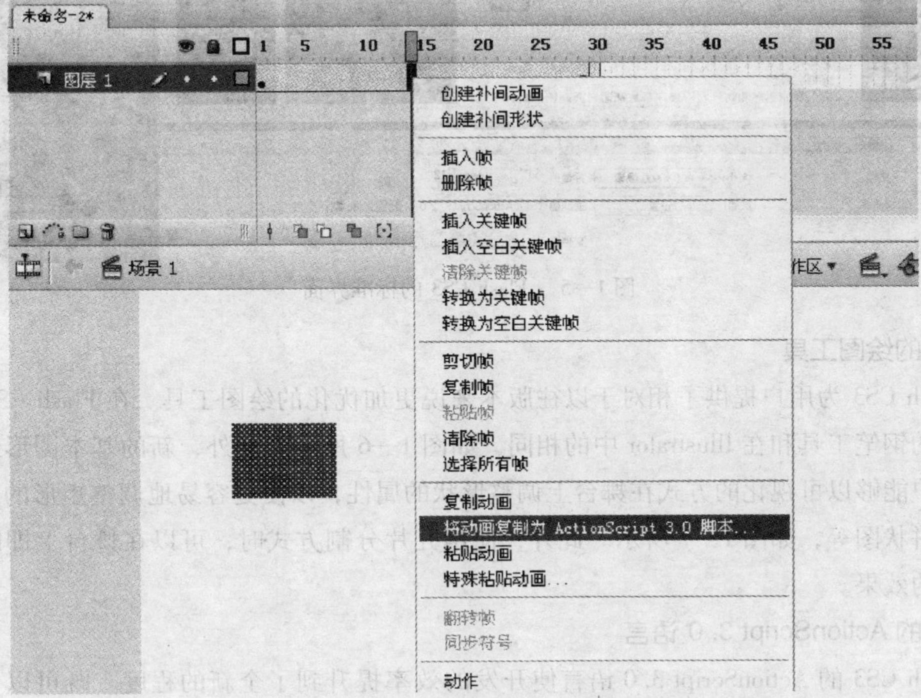

图 1—4　将动画转化为代码

4. CS3 系列软件的标准界面

用户可以在各种 CS3 软件中使用相同的工作界面。相似的工具，熟悉的图标，以及相同的键盘快捷键可以使用户顺畅地在各种软件之间切换。方便的面板组织方式可以使用户灵活地优化自己的工作界面，并且将个性化的工作界面保存起来。Flash CS3 的标准界面如图 1—5 所示。

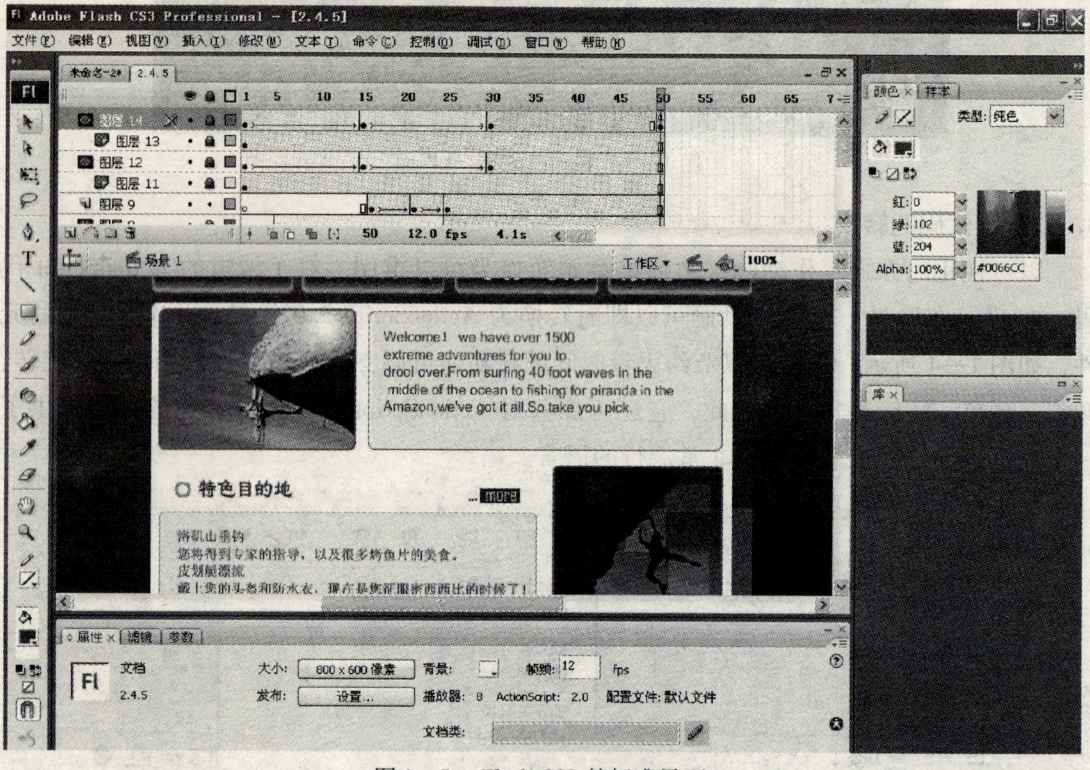

图 1—5　Flash CS3 的标准界面

5. 优化的绘图工具

Flash CS3 为用户提供了相对于以往版本来说更加优化的绘图工具。在 Flash CS3 中重新设计的钢笔工具和在 Illustrator 中的相同，如图 1—6 所示。此外，新的基本图形绘制工具使用户能够以可视化的方式在舞台上调整形状的属性，以便更容易地调整矩形的圆角或者创建饼状图等，如图 1—7 所示。此外，使用九片分割方式时，可以在舞台上即时看到缩放后的效果。

6. 内置的 ActionScript 3. 0 语言

Flash CS3 的 ActionScript 3. 0 语言使开发的效率提升到了全新的程度。既可以使新手轻松入门，又具有足够强大的功能满足专业程序员的需要，ActionScript 3. 0 可以灵活地满

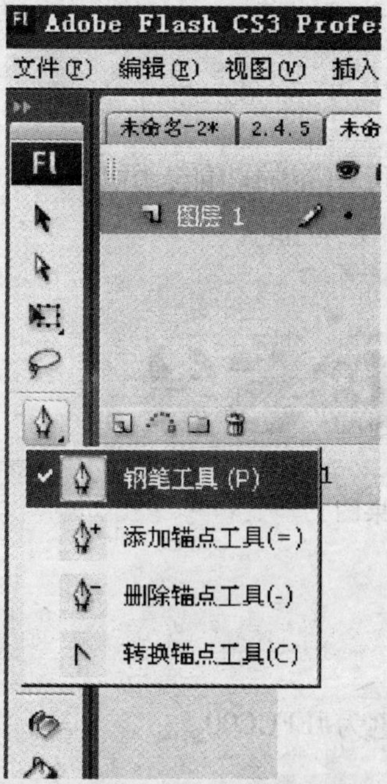

图 1—6 钢笔工具

图 1—7 基本图形绘制工具

足用户的期望和经验。用户使用调试器，可以方便地在运行时测试开发的内容。此外，Adobe Flex Builder 2.0 和 Flash 都使用 ActionScript 3.0，因此在两者之间切换的时候非常一致。

7. 导出 QuickTime 视频功能

Flash CS3 增加了导出 QuickTime 视频的功能。这种方式可以精确地将 Flash 电影导出，包括嵌套的影片剪辑、ActionScript 产生的内容以及其他运行时的效果，例如投影、模糊等特效。

8. Adobe 设备中心

Adobe 设备中心已包含在 Flash CS3 之中，借助于内置的设备模板和不断更新的设备参数文件，可以大大简化移动内容的创建过程。现在用户可以方便地设计、预览以及测试移动内容，例如交互的 Flash Lite 应用程序和丰富的用户界面。

9. 增强的 Flash Video 编码器

可使用 Adobe Flash Video 编码器传送广播级质量的在线视频。在编码选项中，包括了许多高级选项，例如去除交错，导入导出线索点等，以及一组非常漂亮的视频组件模板。这为用户对播放视频的外观提供了详细的控制。

技能要求

制作“彩虹字”

这是一个静态的文字效果，使用了线条转换为可填充的功能，并以1.1.fla保存，实例效果如图1—8所示。(源文件：第1章\第1节\1.1.fla)

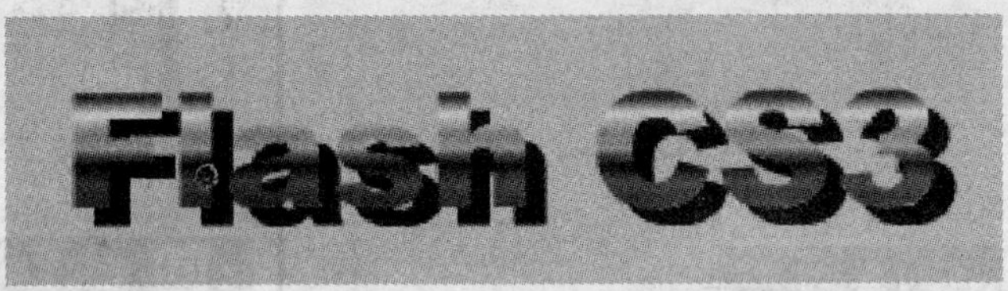

图1—8　彩虹字效果图

操作步骤

Step 1

新建Flash文档，400像素×200像素，背景颜色为#FFCC00。

Step 2

选择工具箱中的文本工具，设置字体为Arila Black，颜色任意。在工作区中单击左键，输入文字“Flash CS3”，位置居中于舞台，按F8键将文字转换为图形元件text。

Step 3

继续在场景中编辑上一层文字，按两次“Ctrl + B”组合键，将文字打散。

Step 4

按住Ctrl键复制文字，并用移动工具略微作一偏移，产生阴影效果，如图1—9所示。

图1—9　复制文字产生阴影

Step 5

在填充工具中选择彩虹渐变，填充文字颜色，如图1—10所示。

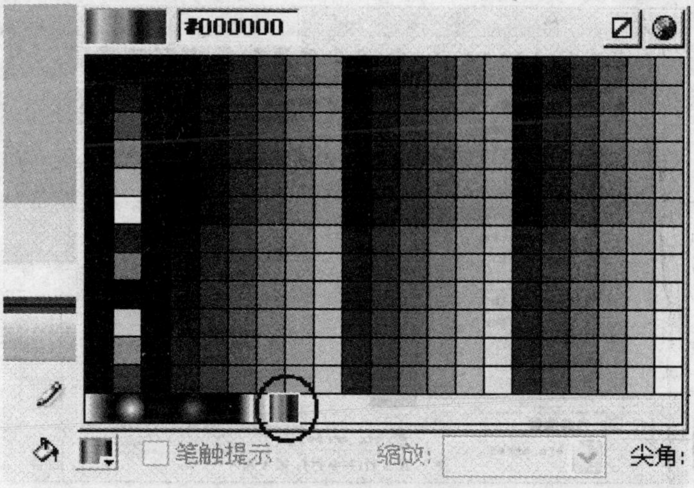

图 1—10　填充彩虹色

Step 6

用颜料桶工具在文字上从上往下拖放，产生如图 1—8 所示的效果。

第 2 节　Flash Action 基本语法介绍

学习单元 1　Flash Action 语法

知识要求

1. Flash 中的 ActionScript 窗口

在 Flash 中实现编程就必须进入编程窗口。先了解一下 Flash 软件中的脚本语言 ActionScript 窗口。启动 Flash CS3，选择菜单命令“窗口”→“动作”，或按 F9 打开脚本语言窗口，如图 1—11 所示。

（1）脚本语言工具箱

图 1—11 中左侧上半部分是 ActionScript 脚本语言命令，这是根据不同类别详细排列的，它包含全局函数、全局属性、语句、运算符、内置类、常数、编译器指令、类型、否决的（在 Action2.0 中不推荐使用的命令）、数据组件、屏幕、组件类别，每类中又包含许多分类。用户在编程时可以从此栏中方便地找到所需的指令语句，省去了记忆指令语句的麻烦。用户在使用此栏命令时，可以将鼠标停在每条指令上，则在光标下面显示出每条指令的功能，还可以用右键单击指令，在弹出的菜单中选择帮助命令，打开帮助文件，显示当前指令的用法。

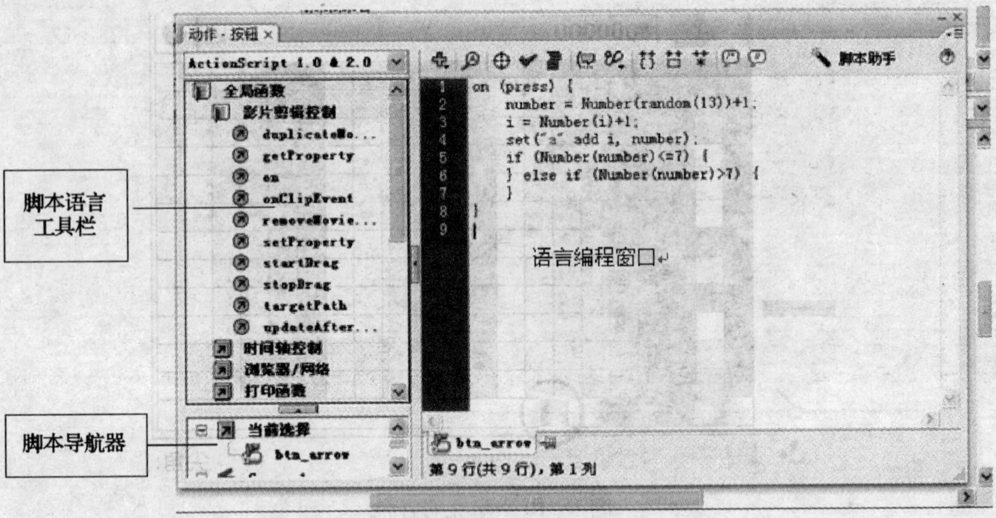

图 1—11　ActionScript 脚本语言窗口

（2）脚本导航器

图 1—11 中左侧下半部分是脚本导航器，在脚本导航器中包含了场景中的帧和影片剪辑以及按钮中包含的指令代码，还可以选择它们，查看帧、影片剪辑、按钮上的指令代码。

（3）语言编程窗口

图 1—11 中右侧为脚本语言编程窗口，用户可在左边框选择需要的指令，左键双击或将其拖到右边的编程窗口中，如图 1—12 所示。

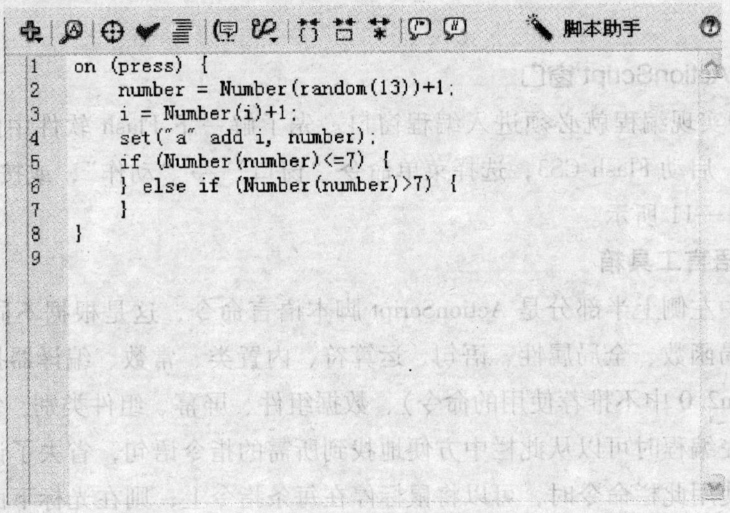

图 1—12　语言编程窗口

在编程窗口中书写程序，就如同在文字编辑窗口中一样可以对程序进行移动、复制、删除和编程等操作，非常方便。在脚本语言编程窗口右侧上方是一行编程辅助工具图标，如图 1—13 所示。

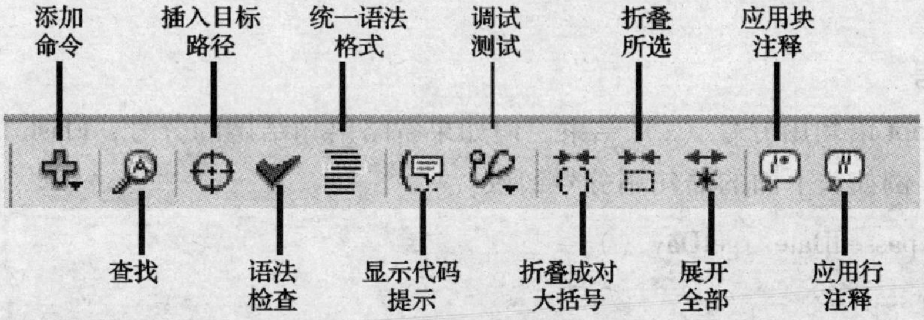

图 1—13　编程辅助工具

2. 基本语法

(1) 点语法

在 ActionScript 中，点（.）被用来指明与某个对象或电影剪辑相关的属性和方法。它也用于标志指向电影剪辑或变量的目标路径。点语法表达式由对象或电影剪辑名开始，接着是一个点，最后是要指定的属性、方法或变量。例如，表达式 ballMC. x 是指电影剪辑实例 ballMC 的_X 属性，_X 电影剪辑属性指出编辑区中电影剪辑的 X 轴位置。

表达一个对象或电影剪辑的方法遵循相同的模式。例如，ballMC 实例的 play 方法用于移动 ballMC 的时间轴播放头，就像下面的语句：

```
ballMC. play ( );
```

点语法使用两个特殊的别名：_root 和_parent。别名_root 是指主时间轴。可以使用_root 别名创建一个绝对路径。例如，下面的语句调用主时间轴中电影剪辑 functions 的 buildGameBoard 函数：

```
_root. functions. buildGameBoard ( );
```

Flash CS3 允许使用别名_parent 来引用嵌套当前电影剪辑的电影剪辑。也可以用_parent 创建一个相对目标路径。例如，如果电影剪辑 dog 被嵌套在电影剪辑 animal 之中，那么，在实例 dog 上的下列语句告诉 animal 电影剪辑停止播放：

```
_parent. stop ( );
```

(2) 大括号

ActionScript 语句用大括号 { } 分块，如下面的脚本所示：

```
on (release) {
myDate = new Date ();
currentMonth = myDate. getMonth ();
}
```

(3) 分号

ActionScript 语句用分号（;）结束，但如果省略语句结尾的分号，Flash 仍然可以成功地编译脚本。例如，下面的语句用分号结束：

```
colum = passedDate. getDay ();
row = 0;
```

(4) 圆括号

定义一个函数时，要把参数放在圆括号中：

格式：function（参数1，…，参数 n）{函数体}。

圆括号可以用来改变 ActionScript 的运算优先级，或使自己编写的 ActionScript 语句更容易阅读。

技能要求

逐步变小的圆

操作要求

新建 Flash 文件，400 像素 ×400 像素，白色背景。在舞台中制作圆变形的动画，整个动画为 20 帧，实现每当动画播放到第 20 帧时，将圆缩小 20%，并以 1. 2. fla 保存（源文件：第 1 章 \ 第 2 节 \ 学习单元 1 \ 1. 2. fla）。

操作步骤

Step 1

启动 Flash CS3，新建一个空白文件：400 像素 ×400 像素，背景为白色。

Step 2

在舞台中用圆形工具绘制正圆，颜色任意，大小为 300 ×300。

Step 3

制作影片剪辑，选中刚才绘制的图形，单击“修改”→“转换为元件”（F8）将图形转换为影片剪辑，如图 1—14 所示。

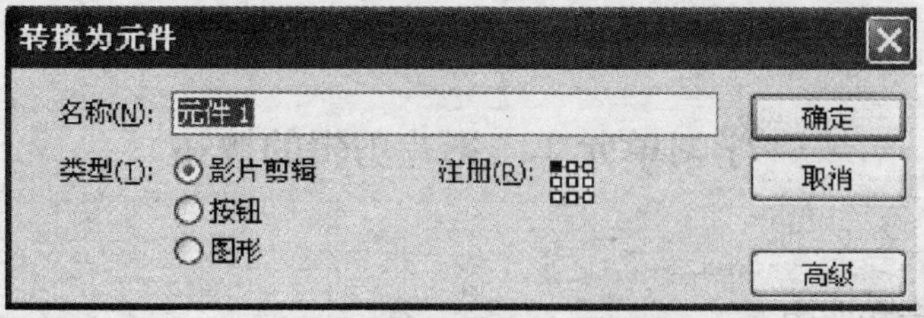

图 1—14　将图形转换为影片剪辑

Step 4

在属性栏中选中圆形，为影片剪辑命名为“ball”，如图 1—15 所示。

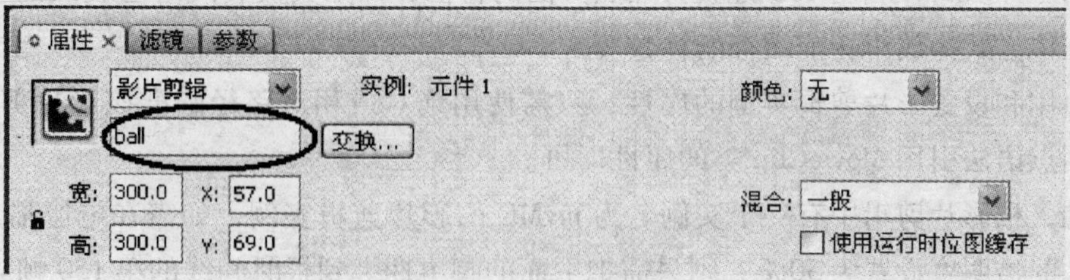

图 1—15　命名影片剪辑

Step 5

在第 20 帧单击右键，在弹出的菜单中选择加入关键帧命令。选中第 20 帧，打开动作面板（单击“窗口”→“动作”），输入如图 1—16 所示的指令。

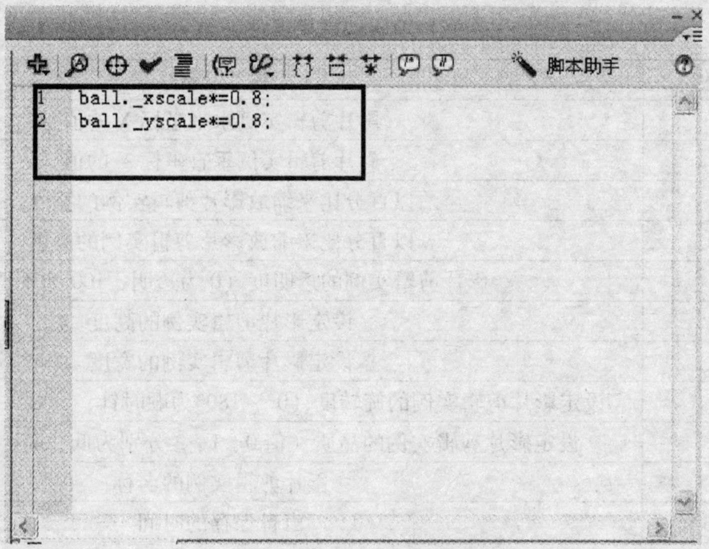

图 1—16　输入动作命令

Step 6

单击“文件”→“另存为”，将动画文件保存为“1. 2. fla”文件。

学习单元2　影片剪辑的概述

知识要求

1. 影片剪辑的概念和作用

影片剪辑是Flash动画制作中比较重要的元素。通过设置影片剪辑的属性，可以改变影片剪辑在其父级影片剪辑或根影片剪辑中的位置，控制影片剪辑的缩放、旋转和透明度，指示影片剪辑在利用Tab键获得焦点方面的特征，探知其被装载时已装载的帧数，决定以流媒体方式播放声音前缓存的秒数等。

要引用和设置影片剪辑实例的属性，只需使用绝对或相对路径瞄准该影片剪辑实例，然后利用点语法引用MovieClip类的属性即可。

例如，根影片剪辑中有一个实例名为myMC的影片剪辑实例，如需在电影播放5 s后把mvMC的透明度设置为50%，则只需把下面的脚本捆绑到根时间线的第150帧（假定文档的帧速率为30）。

```
myMC. _alpha = 50;
```

2. 影片剪辑的常用属性

影片剪辑常用的属性见表1—7。

表1—7　　影片剪辑的常用属性

属性的名称	说　明
_x	影片剪辑实例水平坐标X的值
_y	影片剪辑实例垂直坐标Y的值
_xscale	以百分比来缩放影片剪辑实例的宽度
_yscale	以百分比来缩放影片剪辑实例的高度
_alpha	影片剪辑实例的透明度（0为透明，100为不透明）
_height	设定影片剪辑实例的高度
_width	设定影片剪辑实例的宽度
_rotation	设定影片剪辑实例的旋转度（0°~180°为顺时针；-0°~180°为逆时针）
_highquality	设定影片剪辑实例的品质（值0、1、2分别为低、高、最佳分辨率）
_name	影片剪辑实例的名称
_soundbuftime	声音保存的时间
_visible	设定影片剪辑实例是否显示（true为显示，false为不显示）

（1）影片剪辑对象的_x，_y 属性

_x、_y 属性设置对象在场景舞台中的坐标值。场景舞台左上角为坐标原点，坐标值为（0，0）。例如，设置影片剪辑 clip 的位置坐标 x、y。建立一个影片剪辑，将影片剪辑拖入场景，打开属性面板，在影片剪辑栏中输入影片剪辑名“clip”。输入帧指令如下：

```
clip._x = 100;
clip._y = 100;
```

该语句表示，设定影片剪辑“clip”（x，y）坐标位置为（100，100），即将该影片剪辑 clip 放置在场景中（x，y）坐标位置为（100，100）的位置上。

例如，将影片剪辑 clip 的位置沿 y 轴坐标方向移动。

将一个按钮拖入场景，选中按钮，输入指令如下：

```
on (press) {
clip._y + =10;
}
```

（2）设定影片剪辑对象的_rotation 属性

_rotation 属性是为设置对象的旋转角度，旋转角度从 0°到 360°。

例如，设置影片剪辑 clip 旋转 270°。代码如下：

```
clip._rotation + =270;
```

（3）设定影片剪辑对象的_xscale，_yscale 的属性

_xscale，_yscale 属性为设置对象的水平缩放比例和垂直缩放比例。

例如，对影片剪辑 clip 的长宽比例进行设置。代码如下：

```
clip._xscale = 200;
clip._yscale = 400;
```

（4）设定影片剪辑对象的_height 和_width 属性

_height 为实例对象的高度属性，使用_height 属性可以设置或取得影片剪辑对象的高度值，以像素为单位。

_width 为实例对象的宽度属性，使用_width 属性可以设置或取得影片剪辑对象的宽度值，以像素为单位。

例如，设置影片剪辑 clip 的高度和宽度各为 100 个像素。代码如下：

```
clip. _height = 100;
clip. _width = 100;
```

（5）设定影片剪辑对象的_alpha 属性

_alpha 为实例对象的透明度属性，透明度的取值范围为 0 ~ 100。数值为 0 时为透明，数值为 100 时为不透明。

例如，对影片剪辑 clip 的透明度进行设定。代码如下：

```
clip. _alpha = 50;
```

该语句表示，设定该影片剪辑 clip 的当前透明度为 50%。

（6）设定影片剪辑对象的_visible 属性

_visible 属性使用布尔值设定是否显示对象，布尔值为 true 时，显示对象；布尔值为 false 时，不显示对象。也可以用 0 和 1 来表示，0 表示不显示对象，1 表示显示对象。

例如，设置影片剪辑 clip 为不显示。则代码如下：

```
clip. _visible = 0;
```

技能要求

设置影片剪辑的属性

操作要求

1. 新建空白 Flash 文档，导入素材文件：第 1 章 \ 第 2 节 \ 学习单元 2 \ love. jpg。
2. 调整图片大小为 170 像素 ×130 像素，位置（100，100）。
3. 按样张绘制按钮。
4. 实现动态效果：当用户点击按钮时图片的位置改为（100，200），图片的长度和宽度为原来的 2 倍，透明度为 50%。
5. 导入动画文件：第 1 章 \ 第 2 节 \ 学习单元 2 \ 1. 3. fla。
6. 参照样张如图 1—17 所示。

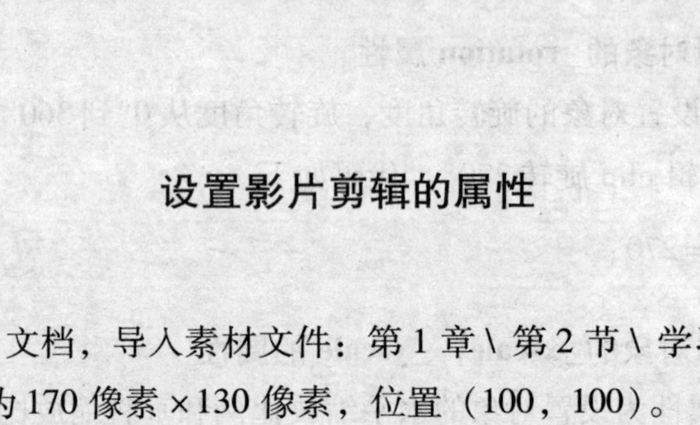

图 1—17 影片剪辑属性效果图

操作步骤

Step 1

新建 Flash 空白文档，单击“文件”→“导入”→“导入到舞台”。

Step 2

设定图片属性，选中导入的图片，在属性栏中设定其大小为 170 像素 ×130 像素，位置为（100，100），如图 1—18 所示。

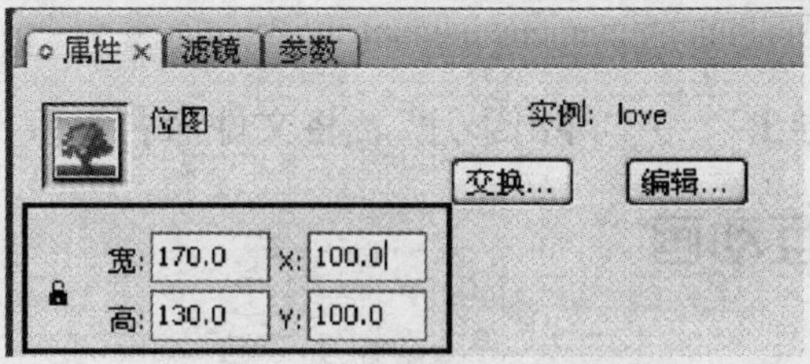

图 1—18　设定图片属性

Step 3

选中导入的图片，单击右键选择“转换为元件”，将其转换为影片剪辑元件，并在属性栏中命名为“love”，如图 1—19 所示。

图 1—19　命名影片剪辑

Step 4

用矩形工具绘制矩形按钮，填充为绿色，边框无色。并添加文字“变”。全选按钮图形，按 F8 键将其转换为“按钮”元件。

Step 5

在舞台中选中“按钮”单击右键打开动作面板。输入如下代码：

```
on (press) {
love. _x =100;     //设定图片的 x 轴坐标
love. _y =200;     //设定图片的 y 轴坐标
love. _xscale * =2; //设定图片的宽度为原来的 2 倍
love. _yscale * =2; //设定图片的高度为原来的 2 倍
love. _alpha =50; //设定图片的透明度为 50%
}
```

Step 6

单击“文件”→“导出”→“导出影片”，将文件命名为 1. 3. swf。

第 3 节　制作交互动画

学习单元 1　数据类型

知识要求

数据类型描述了一个变量或者一个元素能够存放何种类型的数据信息。Flash 的数据类型分为基本数据类型和指示数据类型。基本数据类型包括字符串（String）、数字（Number）和布尔（Boolean）。指示数据类型包括对象（Object）和影片剪辑（MC）。其中基本数据类型是实实在在地能够被赋予一个不变的数值；而数值数据类型则是一些指针的集合，由它们指向真正地变量。下面介绍 Flash 中的数据类型。

1. 字符串

字符串就是字符的序列，数字、字母、符号等排列起来就成了字符串。在 Flash CS3 中，字符串是用双引号封闭的。也就是说把一些字符用双引号引起来就构成了一个字符串。如 mystring 就成了一个字符串变量，它的值就是引号里面的字符串。值得一提的是，可以用“ + ”（相当于 add 运算符）把两个或者多个字符串连在一起，例如：

```
mystring =  "this is" +  "the sample string" + " ! "
```

需要注意的是，在 Flash CS3 中虽然不区分大小写，但是字符串中内容的大小写是会被区分的，如“GoodBye”和“goodbye”这两个字符串是不一样的。

这里要特别介绍一类特殊的字符——转义字符。这些字符已经失去了字符原来的意义，它们的出现是代表了一定的功能。如果在一个字符串中键入“ \ r”，那么这两个字符不会被显示出来，但是从它开始的地方起，整个字符串会被分成两行，而“\ r”的意义就是回车。可以看下面的例子：

```
testString = "this is the test" + "\ r" + "string"
```

显示结果是这样的：

```
this is the test
string
```

在这里，“\ r”字符串相当于一个回车。

在表 1—8 中列出了 ActionScriopt 中所有可以被转义的字符及转义后的结果。

表 1—8　　ActionScripot 中的转义字符及转义后的结果

转义字符	转义结果
\ b	Backspace
\ f	走纸换页
\ n	换行符
\ r	回车符
\ t	制表符（Tab）
\ ”	双引号
\ ’	单引号
\ \	反斜线符号
\ 000 ~ \ 377	一个八进制字符，占一个字节
\ x00 ~ \ uFF	一个十六进制字符，占一个字节
\ u0000 ~ \ uFFFF	一个十六进制的 16 位 Unicode 字符，占两个字节

2. 布尔值

布尔值有且仅有 true 和 false 两种，在需要时，ActionScript 也可以将 true 和 false 转化成 1 和 0。布尔值最常用的方法是和逻辑操作符一起使用，用于进行比较地控制一个程序脚本的流向。

例如，在下面的例子中，如果变量 Html 和变量 Password 的值都为 true，则影片剪辑就开始播放。

```
onClipEvent （enterFrame）{
if （（Html = =true）&&（Password = =true））{
play（）
}
}
```

3．对象（Object）类型

对象是属性的集合，每一个属性都有自己的名字和值。这些值可以是任何的数据类型，甚至是对象类型。这样就可以嵌套使用对象类型，也就是说一个对象可以有一个或者多个属性是对象类型。一般可以使用点语法来得到属性的值或者调用对象的方法，也还可以使用“[ ]”运算符调用对象的属性和方法。请看如下代码：

```
tom. workstatus. athome = true;
```

在上面的代码中，athome 是 workstatus 的属性，而 workstatus 又是 tom 的属性。上面这个例子通过点语法一层一层地达到了想要的属性。

用户可以根据程序的需要创建自己的类，也可以通过实例化类的方式来构造对象。对象具有的所有属性与方法都可以通过一定的规则来引用或者调用。当不再需要对象时可以删除（Delete），以便给其他对象留出空间。面向对象让软件工程具有很大的优越性，很多时候只需编写一次代码就可以反复利用，而在非面向对象编程的情况下，程序员则多半要在应用程序内部各个部分反复多次编写同样的功能代码。所以，面向对象编程减少了编写代码的总量，从而加快了开发的进度，降低了软件中的错误量。面向对象编程也有缺点，就是当修改基类时，其继承类大都会受到影响，大量的代码需重新测试与修改。

先学习并理解那些已经定义好的对象模型，然后就可以创建对象了。这些已经定义好的对象称为内置对象。一般来说，这些内置 Flash 对象可以访问和处理某些特定种类的信息。大多数内置对象都具有一组方法（分配给对象的函数），可以调用这些方法，也可以返回相应的属性值或执行相关动作。例如，Date 对象会从系统时钟返回信息，而 Sound 对象可以控制影片中的声音元素。下面的语句有多种类，可以从中创建声音对象类型的变量来捆绑和控制声音的播放：

```
mySound = new Sound ( );
mySound. attachSound (" backgroundSound ");
mySound. start (0, 100);
```

4．数字

数字类型是很常见的类型，其中包含的都是数字。在 Flash 中，所有的数字类型都是双精度浮点类。可以用数学运算来得到或者修改这个类型的变量，比如说 +、-、*、/、% 等。Flash 提供了一个数学函数库，其中有很多很有用的数学函数。它们都放在 Math 这个 Object 里面，可以调用。如：

```
result = math. sqrt (100);
```

在这里调用的是一个求平方根的函数，先求出 100 的平方根，然后赋值给 result 这个变量，这样 result 就是一个数字变量了。关于 math 的其他函数将在后面的相应章节中介绍。

5. 影片剪辑的应用

影片剪辑是能够在 Flash 中播放的元件，它是唯一一种可以引用图形元素的数据类型，影片剪辑数据类型允许使用影片对象的方法来控制影片剪辑元件。同样，也可以使用点操作符（.）来调用这些方法。

技能要求

利用 ActionScript 设计“1 +2 +3 +4 +… +100”的值

操作要求

在新建的 Flash 文档中定义一个变量 i 用于计数，一个变量 Sum 用于求和。要求实现“1 +2 +3 +… +100”的值并用 trace 语句输出，将文件以“1.4. fla”保存（源文件：第 1 章\ 第 3 节\ 学习单元 1 \ 1.4. fla）。

操作步骤

Step 1

新建 Flash 空白文档，打开动作面板（按 F9 键）。

Step 2

在动作面板中输入以下代码：

```
i =1;
sum =0;
while (i< =100) {
    sum = sum + i;
    i+ +;
    }
    trace (sum);
```

Step 3

保存文件，文件名为“1.4. fla”。

小贴士

在上例中引用了一个新的知识点：while 控制语句。while 循环的执行过程是先对 while 后面括号里的条件进行判断，如果条件成立，执行循环体内的程序，否则执行其他语句。在下面内容中将详细介绍不同控制语句的格式及功能。

学习单元 2　Flash ActionScript 控制语句

知识要求

ActionScript 语句的执行顺序可以分为 3 种结构：线性结构、条件结构和循环结构。线性结构执行语句时，程序按顺序执行每条语句。使用条件结构时，程序将根据不同的条件选择不同的分支程序执行。执行循环语句是当条件成立时执行循环体内的语句，当条件不成立时，跳出循环体。

1．条件选择结构

（1）if（如果）

语句格式如下：

```
if（条件判断表达式）{
程序 1}
```

例如：

```
if（I>100）{
Gotoandplay（2）;
}
```

该段语句表示，如果 I 大于 100，则影片跳转到第 2 帧。

（2）if（如果）else（否则）单分支选择

语句格式如下：

```
if（条件判断表达式）{
程序 1
else
程序 2
}
```

该语句表示当条件成立时执行程序 1，条件不成立时执行程序 2。

例如：

```
if (I>0) {
//买一些蛋糕吃吃
}
else {
//买一些冷饮吃吃
}
```

（3）if…else if（否则如果）多分支选择

语句格式如下：

```
if（条件判断表达式）{
程序 1
else if（条件判断表达式 2）
程序 2
else
程序 3
}
```

（4）switch（开关）和 case（情况）语句

switch 语句可以说是 else if 的一种变换形式，使得判断语句更清晰易读。语法格式如下：

```
switch（条件判断）{
case 特定值 1:
程序 1
break;
case 特定值 2:
程序 2
case 特定值 n:
程序 n
break;
default:
程序
}
```

在该语句中，如果条件判断的结果为某一特定 case 的值就执行 case 下的程序语句，如果条件判断的结果都不满足时，则执行 default 下面的语句。

例如：

```
var holidayName: String;
holidayName = "五一";
switch (holidayName) {
case "春节":
trace ("春节放假7天");
break;
case "五一":
trace ("五一劳动节放假7天");
break;
case "十一":
trace ("国庆节放假7天");
break;
default:
trace ("这不是一个长假节日");
}
```

2. 循环语句

在 Flash 中有 4 种结构的循环语句：for、for in、while 和 do while。

（1）while 和 do while 循环

1）while 语法格式。while 的语法格式如下：

```
while (条件判断) {
循环程序
}
```

while 循环的执行过程是先对 while 后面括号里的条件进行判断，如果条件成立，执行循环体内的程序，然后再对条件进行判断，如条件成立，再执行循环体内的程序。如此，直到条件不成立，则跳出循环。例如计算“1 +2 +3 +… +100”的值，程序如下：

```
i = 1;
sum = 0;
```

```
while (i< =100) {
sum = sum + i;
i+ +;
}
trace (sum)
```

在上例中，i 在循环前被初始化为 1，而每次循环中 i 被递增，这样最终它会超过 100 并跳出循环。

2）do while 语法格式。do while 语法格式如下：

```
do {循环体程序;
} while (条件判断)
```

do while 与 while 循环的区别是 do while 先执行一次循环体内的程序，再判断条件是否满足，若满足则继续执行循环体内的程序，若不满足则跳出循环。例如，计算“1 +2 +3 +⋯ +100”的值，程序如下：

```
sum =0;
i =1;
do {
sum = sum + i;
i =i +1;
} while (i< =100)
trace (sum)
```

（2）for 和 for in

1）for 循环的语法。for 循环的语法格式如下：

```
for (初始表达式; 条件判断; 表达式计算) {
循环体程序
}
```

for 循环在循环条件表达式中设置循环条件的初始值、循环条件的判断和循环条件的计算 3 个参数，这 3 个参数用“;”隔开。

例如，计算“1 +2 +3 +⋯ +100”的值，程序如下：

```
sum =0;
for (i=1; i< =100; i=i+1) {
sum = sum + i
}
trace (sum);
```

2）for in 的循环格式。for in 的循环格式如下：

```
for (interativeVariable in object) {
//重复执行的语句
}
```

在这里，interativeVariable 是迭代变量的变量名，该变量会依次引用由 object 指定的对象中的各个项目。interativeVariable 是按倒序引用对象中的项目的，即会首先引用对象中最后一个项目，然后是倒数第二个，以此类推，直到对象的第一个项目。请看以下实例：

```
function person (age, sex) {
this. age = age;
this. sex = sex;
this. nationality = "china";
}
youngGirl = new Person (21,"female");
for (x in youngGirl) {
trace (youngGirl [x]);
}
```

输出为：

```
china
female
21
```

在本例中，x 就是 interativeVariable，它引用 youngGirl 中每一个属性。但要注意在 for in 循环中不能使用 youngGirl，x 这种形式来获取每个属性的值，而要使用 youngGirl［x］这种访问数组中元素值的形式才行。

技能要求

色彩斑斓的背景实例

操作要求

打开相关素材：第 1 章 \ 第 3 节 \ 学习单元 2 \ 1.5. fla 文件，创建火花实例，利用 ActionScript 制作色彩斑斓的背景图效果。实例样张如图 1—20 所示。

图 1—20　实例效果图

操作步骤

Step 1

打开素材文件，在时间轴面板上单击“插入图层”按钮，新建图层，并将其命名为“火花”，放置在最底层，如图 1—21 所示。

Step 2

选中“火花”图层的第 1 帧，将 red 和 blue 影片剪辑元件从库中拖动到舞台的任意位置，如图 1—22 所示。

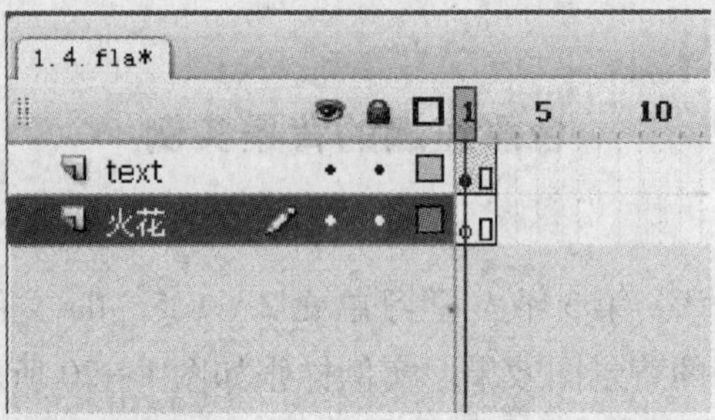

图 1—21　新建“火花”图层

图 1—22　将影片剪辑拖动到舞台上

Step 3

在舞台中选择蓝色的火花实例，并在其属性面板中设置实例名称为 blue，如图 1—23 所示。

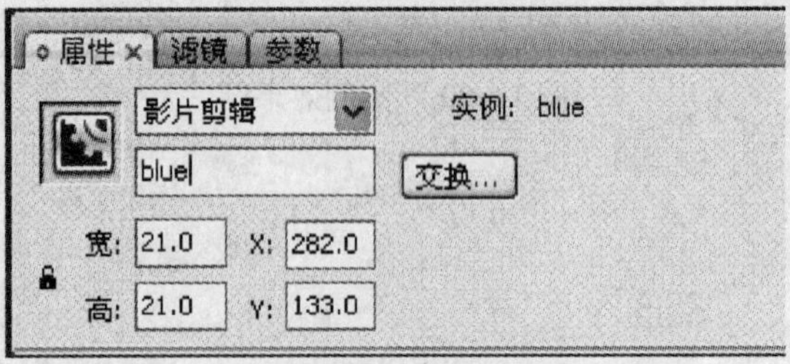

图 1—23　设置第一个影片剪辑的名称

Step 4

在舞台中选择红色的火花实例，并在其属性面板中设置实例名称为 red，如图 1—24 所示。

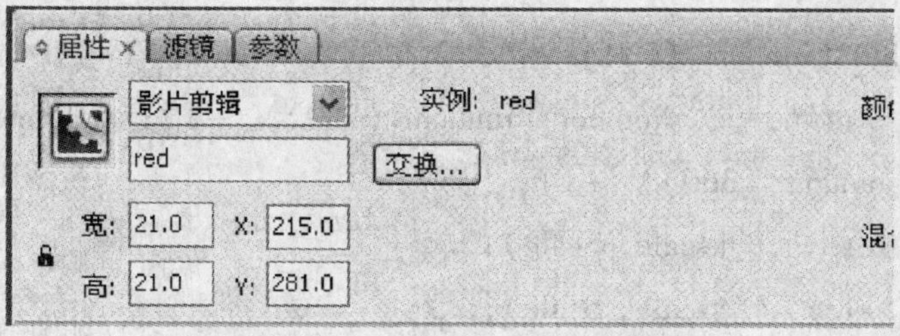

图 1—24　设置第二个影片剪辑的名称

Step 5

选中“火花”图层的第 1 帧，按下 F9 键，打开动作面板，在代码编辑器中输入如下代码。

```
loopie1 = Number (random (7)) +1; //随机获得 1 ~7 之间的整数赋值给 loopie1 变量
while (Number (loopie1) < =7) {
Loopie1 = Number (loopie1) +1;
Scale = Number (random (50)) +1;
setProperty ("/blue", _x, Number (random (550)) +1);
setProperty ("/blue", _rotation, Number (random (360)) +1);
setProperty ("/blue", _xscale, Scale);
setProperty ("/blue", _yscale, Scale);
setProperty ("/blue", _y, Number (random (400)) +1);
n = Number (n) +1;
bn = "blue" add n;
duplicateMovieClip ("blue", bn, n);
set (bn add ": n", n);
}  //这段代码实现的是循环复制 blue 实例，并且复制出的实例将出现在随机的位置上
loopie1 = "0";  //赋值给 Loopie1 变量
loopie2 = Number (random (7)) +1;  //随机获得 1 ~7 之间的整数赋值给 loopie2 变量
while (Number (Loopie2) < =7) {
loopie2 = number (Loopie2) +1;
```

```
    scale = number (random (50)) +1;
    setProperty ("/red", _x, Number (random (550)) +1); setProperty ("/red", _
rotation, Number (random (360)) +1);
    setProperty ("/red", _xscale, Scale);
    setProperty ("/red", _yscale, Scale);
    setProperty ("/red", _y, Number (random (400)) +1);
    n = Number (n) +1;
    bn = "red" add n;
    duplicateMovieClip ("red", bn, n);
    set (bn add ": n", n);
    } //这段代码实现的是循环复制“red”实例，并且复制出的实例将出现在随机的
位置上
    loopie2 = "0"; //赋值0给loopie2变量
```

Step 6

至此完成使用循环语句制作彩色斑点闪现的效果动画。当按下“Ctrl + Enter”快捷键可以看到影片中不断出现的彩色斑点效果，动画代码如图1—25所示。

学习单元3　Flash Action函数

知识要求

1．函数的概念

函数的英文是function，在英文中function是功能的意思。这很贴切，因为函数就是具有某种功能，能够完成某个任务的一个程序体。函数是模块化编程的思想体现，其最本质的优势是可以在一个位置保存一段代码，并在所希望用的地方访问它，只需要输入一次就能成百万次地使用它。本节将学习如何创建自定义函数及编写能够接收参数的函数，以及如何使函数能够返回等问题。

2．Flash内建函数的概览

在Flash ActionScript中定义了大量的内建函数，所有这些函数都是全局函数，这意味着无论身处哪个实例的时间线中，调用这些全局函数时无须使用目标路径就可以直接调用。例如，gotoAndPlay（）就是一个全局函数，可以在任何位置使用该函数来转到某一帧播放动画。

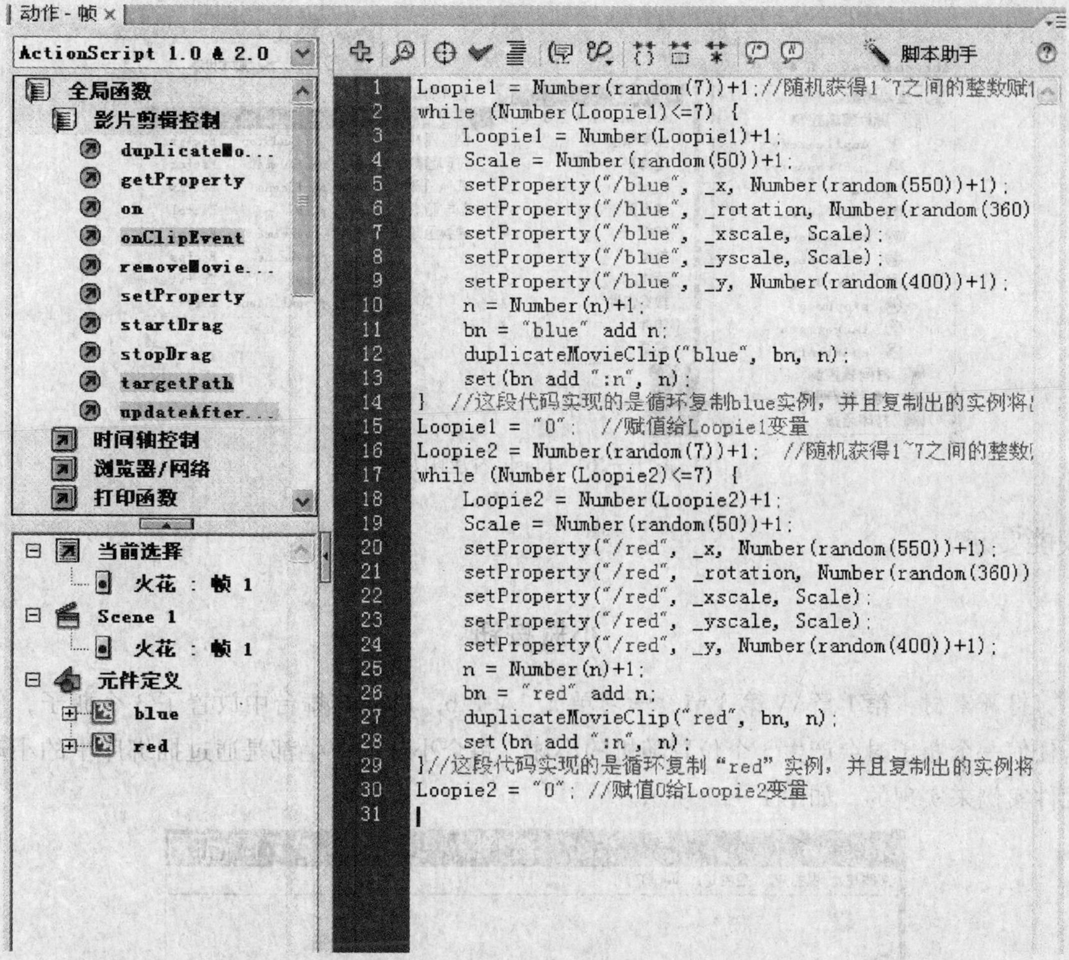

图 1—25　火花第 1 帧的动作代码

要查看所有的内建函数则单击“动作”面板中的“＋”按钮，然后选择“全局函数”命令中按功能分类的各个子菜单，如图 1—26 所示。

3. 创建自定义的函数

在烦琐的程序设计工作中，常常会遇到许多功能重复的代码，使用了自定义函数以后，可以使代码变得精练和易于维护。

创建既不接收参数也不返回值的自定义函数格式如下：

```
Function myFunction () {
//你的脚本
}
```

图 1—26　Flash 内建函数

技能要求

小瓶按钮

打开素材：第 1 章 \\ 第 3 节 \ 学习单元 3 \ 1.6. fla，在舞台中放置了 3 个瓶子，单击任何一个瓶子时会产生 3 个位置随机的小球，每个小球的产生都是通过捆绑库中的小球元件实例来实现的，如图 1—27 所示。

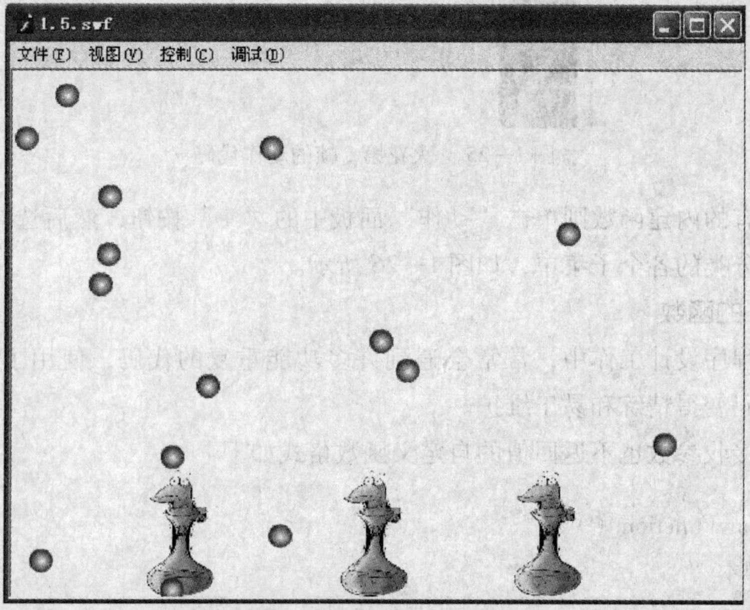

图 1—27　生成随机小球的实例

可以通过为三个“小瓶按钮”都捆绑的脚本来实现：

```
on (release) {
//利用循环来产生3个小球
for (j=1; j<=3; j++) {
This. attachMovie (" ball "," ball "  +i, i);
//为产生的每个小球随机的设置x和y坐标
setProperty (" _root.  ball "  + i, _x, random (550));
setProperty (" _root.  ball "  + i, _y, random (400));
 //i是在时间线的第1帧中定义的时间线变量，用来使产生的每个小球的实例名都
不同且位于不同的深度
 i++;
}
}
```

但如果现在需要改变为单击每个按钮要产生4个小球，则不得不在3个按钮上分别进行代码修改。所以此时运用自定义函数比较合适。

因为每个按钮中的脚本都是完全一样的，因此可以创建一个函数来完成这件事。

```
function makeball () {
    for ( j=1; j<=3; j++) {
        this. attachMovie ("ball","ball" +i, i);
        setProperty ("_root. ball" +i, _x, random (550));
        setProperty ("_root. ball" +i, _y, random (400));
        i++;
    }
}
```

因为3个按钮都位于舞台中，因此为了使3个按钮都能无须指定目标路径就可以方便调用函数，可以把这个makeball()放在第1帧中。如下：

```
i=0;
function makeball () {
```

```
for (j=1; j<=3; j++) {
        this. attachMovie ("ball","ball" +i, i);
        setProperty ("_root. ball" +i, _x, random (550));
        setProperty ("_root. ball" +i, _y, random (400));
        i++;
    }
}
```

3 个按钮上捆绑脚本如下：

```
on (release) {
    makeball ();
}
```

这样，如果还需改变小球数量时，只需要在时间线的第 1 帧中修改 makeball（）函数即可。

圆面积计算

操作要求

定义一个求圆面积的函数，并求半径为 20 的圆面积，如图 1—28 所示。

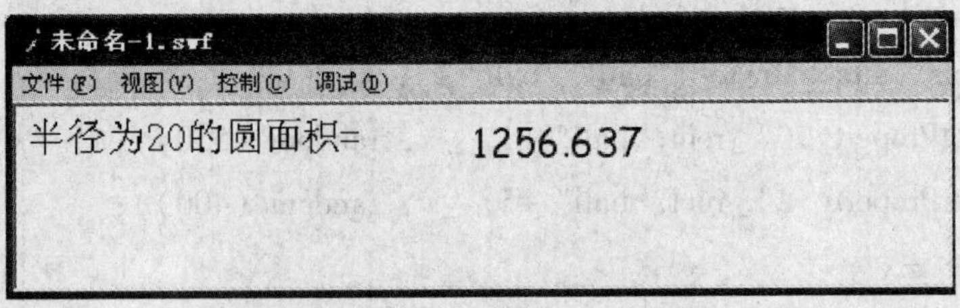

图 1—28　计算圆面积的函数动画

操作步骤

Step 1

在第 1 帧设置一个动态文本框和一个静态文本框。动态文本框用来显示计算结果。在静态语本框中输入“半径为 20 的圆面积 =”字样，并以 1.7. fla 保存（最终文件：第 1 章\ 第 3 节\ 学习单元 3\ \ 1.7. fla）。

Step 2

选中动态文本框，在属性栏中的变量名输入“area”。将动态文本框命名为变量“area”。

Step 3

在第 1 帧关键帧中输入程序如下：

```
function areacircle (radius) {
    m = Math. PI * radius * radius;
    return (m);
    }
    area = areacircle (20);
```

第 1 行：创建了一个求圆面积的函数 areacircle ( )。

第 2 行：圆面积计算程序。数学对象的所有方法和属性都是静态的，都应使用 Math. method（参数）来调用，这里 PI 为圆周率。

第 3 行：return 将把函数中的计算值传送函数外面。

第 5 行：调用该函数，计算半径为 20 的圆面积，并将结果放入 area 变量。

Step 4

测试运行。运行结果：area = 1 256. 637。

第 2 章

脚本编程 JavaScript

学习目标

了解 JavaScript 基本语法
熟悉 JavaScript 基本语句
掌握 JavaScript 处理事件
能够完成网页动态效果的制作

知识准备

JavaScript 是由 Netcape 公司所开发并完成的。该语言的核心已经嵌入了 IE，Firefox 等浏览器之中。JavaScript 作为一种脚本语言，与程序语言的区别在于比较简单易用，而且更灵活。

1. JavaScript 数据类型

JavaScript 脚本语言同其他语言一样，有自身的基本数据类型、表达式和算术运算符以及程序的基本框架结构。JavaScript 提供了四种基本的数据类型用来处理数字和文字，而变量提供存放信息的地方，表达式则可以完成较复杂的信息处理。

（1）基本数据类型

在 JavaScript 中有四种基本的数据类型：数值（整数和实数）、字符串型（用""号或''括起来的字符或数值）、布尔型（使 true 或 false 表示）和空值。在 JavaScript 的基本类型中的数据可以是常量，也可以变量。由于 JavaScript 采用弱类型的形式，因而一个数据的变量或常量不必首先作声明，而是在使用或赋值时确定其数据的类型。当然也可以先声明该数据的类型，即通过在赋值时自动说明其数据类型。

1）常量。常量的说明详见表 2—1。

表 2—1　　常量的说明

常量类型	说　明
整型常量	JavaScript 的常量通常又称字面常量，是不能改变的数据。其整型常量可以使用十六进制、八进制和十进制表示其值
实型常量	实型常量是由整数部分加小数部分表示，如 12.32，193.98。可以使用科学或标准方法表示：5E7，4e5 等
布尔值	布尔常量只有两种状态：True 或 False。它主要用来说明或代表一种状态或标志，以说明操作流程。它与 C + +是不一样的，C + +可以用 1 或 0 表示其状态，而 JavaScript 只能用 True 或 False 表示其状态

续表

常量类型	说　明
字符型常量	使用单引号（'）或双引号（"）括起来的一个或几个字符。如"ThisisabookofJavaScript""3245""ewrt234234"等
空值	JavaScript 中有一个空值 Null，表示什么也没有。如试图引用没有定义的变量，则返回一个 Null 值
特殊字符	同 C 语言一样，JavaScript 中同样有以反斜杠（/）开头的不可显示的特殊字符，通常称为控制字符

2）变量。变量的主要作用是存取数据、提供存放信息的容器。对于变量必须明确变量的命名、变量的类型、变量的声明及变量的作用域。

①变量的命名。JavaScript 中的变量命名同其他计算机语言非常相似，这里要注意以下两点：

第一，必须是一个有效的变量，即变量以字母开头，中间可以出现数字如 test1，text2 等。除下划线"_"作为连字符外，变量名称不能有空格、"+""-"","或其他符号。

第二，不能使用 JavaScript 中的关键字作为变量。

在 JavaScript 中定义了 40 多个关键字，这些关键字是 JavaScript 内部使用的，不能作为变量的名称。如 var，int，double，true 不能作为变量的名称。

②变量的类型。在 JavaScript 中，变量可以用命令 var 作声明：

```
var name;
```

该例子定义了一个 name 变量，但没有赋予值。

```
var name = "This is a pen"
```

该例子定义了一个 name 变量，同时赋予了值。

在 JavaScript 中，变量可以不作声明，在使用时再根据数据的类型来确其变量的类型。如：

```
x = 100
y = "125"
xy = True
cost = 19.5
```

其中 x 为整数，y 为字符串，xy 为布尔型，cost 为实型。

（2）变量的声明及其作用域

JavaScript 变量可以在使用前先作声明，并可赋值。通过使用 var 关键字对变量作声明。对变量作声明的最大好处就是能及时发现代码中的错误；因为 JavaScript 是采用动态编译的，而动态编译不易发现代码中的错误，特别是变量命名的方面。

2. JavaScript 操作符

（1）表达式

在定义完变量后，就可以对它们进行赋值、改变、计算等一系列操作，这个过程通常用一个表达式来完成，可以说它是变量、常量、布尔及运算符的集合，因此表达式可以分为算术表述式、字符串表达式、赋值表达式以及布尔表达式等。

（2）运算符

运算符是完成操作的一系列符号，在 JavaScript 中有算术运算符，如“+”“-”“*”“/”等；有比较运算符，如“! =”“= =”等；有逻辑布尔运算符，如“!（取反）”“|”“||”；有字符串运算符，如“+”“+ =”等。

JavaScript 中主要有双目运算符和单目运算符。双目运算符由操作数 1、运算符、操作数 2 组成，即由两个操作数和一个运算符组成。如 50 + 40、"This" + "that" 等。单目运算符，只需一个操作数，其运算符可在前或后。

1）算术运算符。JavaScript 中的算术运算符有单目运算符和双目运算符，详见表 2—2。

表 2—2　　算术运算符

类别	说明	
双目运算符	+	加
	-	减
	*	乘
	/	除
	%	取模
	|	按位或
	&	按位与
	< <	左移
	> >	右移
	> > >	右移，零填充

续表

类别	说　明	
单目运算符	-	取反
	~	取补
	+ +	递加 1
	- -	递减 1

2）比较运算符。比较运算符的基本操作过程是，首先对操作数进行比较，然后再返回一个 True 或 False 值，共有 8 个比较运算符，详见表 2—3。

表 2—3　　　　比较运算符

符　　号	说　　明
<	小于
>	大于
< =	小于等于
> =	大于等于
= =	等于
! =	不等于

3）布尔逻辑运算符。在 JavaScript 中增加了几个布尔逻辑运算符，详见表 2—4。

表 2—4　　　　布尔逻辑运算符

<table>
<tr><th>符号</th><th>说明</th><th>符号</th><th>说明</th></tr>
<tr><td>!</td><td>取反</td><td>^</td><td>逻辑异或</td></tr>
<tr><td>& =</td><td>与之后赋值</td><td>||</td><td>或</td></tr>
<tr><td>&</td><td>逻辑与</td><td>= =</td><td>等于</td></tr>
<tr><td>| =</td><td>或之后赋值</td><td>| =</td><td>不等于</td></tr>
<tr><td>|</td><td>逻辑或</td><td>?:</td><td>三目操作符</td></tr>
<tr><td>^ =</td><td>异或之后赋值</td><td></td><td></td></tr>
</table>

其中三目操作符主要格式如下：操作数？结果 1：结果 2

若操作数的结果为真，则表述式的结果为结果 1，否则为结果 2。

第 1 节 JavaScript 基本语法

学习单元 1 JavaScript 数据类型

知识要求

JavaScript 的简单数据类型指的是 JavaScript 中常用的数据类型，包括数字、字符串、布尔值、函数等。下面进行详细讲解。

1. 数字

（1）整型数值

整型数值指的是十进制的整数，例如“10”“. 10”等。在 JavaScript 中允许使用 -900 719 925 474 099 2 ~9 007 199 254 740 992 之间的数值。其示例如下。

```
0
100
1000
```

（2）浮点型数值

浮点型数值可以使用小数点，也可以使用指数的形式表示，其示例如下：

```
0. 314
0. 55
```

（3）八进制和十六进制的数值

在 JavaScript 中，使用十六进制量，要以“OX”或者“Ox”开头，其后加上十六进制的数值，使用 0 ~9 的数值和 a（A）~f（F）中的字母组成。其示例如下。

```
Oxff
```

2. 字符串

字符串是使用 Unicode 字符、数字、标点符号等组成的，用来表示文本内容。字符串要由单引号或者双引号括起来。单引号中可以使用双引号，双引号中可以使用单引号，同时字符串要写在一行中。其示例如下：

```
"abcd"
"123"
"你好"
```

3. 布尔值

布尔值中只有两个值：true、false。

在 JavaScript 中，通常用来表示比较的结果，例如，比较两个值“a”与“b”是否相等，相等则为 true，不相等则为 false。有时也会将 true 和 false 转换成“1”和“0”。

下面是一个在 JavaScript 中使用布尔值的实例。其代码如下：

```
<html>
<head>
<script>
function button1 ()
{
var a =1;
var b =2;
if (a = =b)
alert ("true");
else
alert ("false");
}
</script>
</head>
<body>
<form action ="" >
<input type ="button" name ="name1" value ="Welcome1" onclick ="button1
()" >
</form>
</body>
</html>
```

在该实例中，使用 var 定义了两个变量，并对两个变量进行赋值。其代码运行后效果如图 2—1 所示。

4. 函数

函数是一段可以执行的代码段。在 JavaScript 中，可以多次调用一个函数。

图 2—1　使用布尔值的显示效果

在 JavaScript 中，函数包括自定义的函数和预定义的函数。自定义函数的语法如下：

```
function　函数名称（参数）{函数主体部分}
```

在 JavaScript 中可以方便地调用函数。同时函数作为真正的数据类型，可以存储在变量、对象中。

技能要求

制作状态栏跑马灯效果

操作要求

在 Dreamweaver CS3 中新建网页 1. html，制作状态栏跑马灯效果。实现每隔 100 ms 在状态栏滚动显示文字"状态栏跑马灯效果"。

操作步骤

用 Dreamweaver CS3 打开素材文件：第 2 章 \ 第 1 节 \ 学习单元 1 \ 1. html，在 <head> 与 </head> 之间输入以下代码：

```
<script language = "javascript" >
var msg = "状态栏跑马灯效果"; //状态栏要显示的文字
var i =0; //截取状态栏文字用，不断地使其值变为状态栏文字的长度，可一个个显示状态的文字，像打字一样的效果
var speed =100; //效果的速度
var spacelen =100; //加在状态栏文字前的空字符长度
```

```
var space = " "//空字符
function stroll（）//此函数可出现打字的效果，即状态栏的文字一个个地显示
{
window. status = msg. substring（0，i）//一个个显示状态栏文字
i + + //递增 i 值
if（i < = msg. length）{setTimeout（"stroll（）"，speed）;}//当 i 值小于文字的长度时循环 stroll（）
else //当 i 值大于状态栏文字的长度时运行 stroll2（）
{
i = spacelen + 1；//此时的 i 值为状态栏文字长度加 1，使打字效果结束后，连续出现跑马灯效果
setTimeout（"stroll2（）"，speed）;}
}
function stroll2（）
{
var out = " "//定义一个空变量作为此效果的输出
for（var k = 0；k < = spacelen/space. length；k + +）{out + = space;}//给 out 赋值为 spacelen 个空字符
out = out + msg；//给 out 赋值为 spacelen 个空字符加上状态栏的文字
window. status = out. substring（i）；//从 i 值处截取全部 out 的文字
i + + //i 值递增
if（i > = out. length）{i = 0}//如果 i 值大于 out 的长度，则给 i 重新置为 0，使循环一直进行下去
setTimeout（"stroll2（）"，speed）；//循环 stroll2（）
}
stroll（）
</script>
```

学习单元2　变量

知识要求

1. 变量的定义

代数课程中常用到 x=5，y=6，z=x+y 等。

这些字母称为变量，变量可用于保存值（x=5）或表达式（z=x+y）。正如代数一样，JavaScript 变量用于保存值或表达式。可以给变量起一个简短名称，比如 x，或者更有描述性的名称，比如 length。JavaScript 变量也可以保存文本值，比如 carname="Volvo"。

2. 变量的使用

（1）变量的申明

在 JavaScript 中使用 var 关键字定义变量。语法结构如下：

```
var 变量名称，变量名称；
```

var 关键字与变量名称之间用空格分开。如果要定义几个变量，要在每个变量之间用逗号分隔。同时也可以在定义变量的时候定义其初始值。

JavaScript 变量名称的规则：

第一，变量对大小写敏感（y 和 Y 是两个不同的变量）。

第二，变量必须以字母或下划线开始。

由于 JavaScript 对大小写敏感，变量名也对大小写敏感。

（2）变量的类型

在 JavaScript 中，变量是无类型的。程序中会自动转换数据类型。例如：

```
var x=5; //变量 x 为数值型数据
var carname="Volvo";    //变量 carname 为字符型数据
```

（3）变量的作用域

变量的作用域指 JavaScript 中定义变量的区域。分为全局变量和局部变量。全局变量的作用域是全局性的，局部变量的作用域是局部性的。局部变量的优先级要高于全局变量。如下例所示：

```
<html>
<head>
</head>
```

```
<body>
<script>
var a = "全局变量";
function bianliang () {
var a = "局部变量";
document. write (a);
}
bianliang ();
</script>
</body>
</html>
```

在该实例中，定义了相同名称的全局变量和局部变量。其代码运行后，效果如图 2—2 所示。

图 2—2 JavaScript 变量作用域的实例

从图中可以看到，同时使用相同名称的全局变量和局部变量时，最终输出的是局部变量中定义的值。

技能要求

变量代码分析及结果预测

操作要求

打开源文件：第 2 章 \ 第 1 节 \ 学习单元 2 \ 2. txt，分析以下代码并预测其运行结果：

```
<html>
<body>
<script type="text/javascript">
var firstname;
firstname = "George";
document. write (firstname);
document. write ("<br/>");
firstname = "John";
document. write (firstname);
</script>
</body>
</html>
```

操作步骤

在程序中定义了变量“firstname”，为其赋值“George”然后显示该值。接着改变变量的值为“John”并重新显示变量的值“John”。

运行结果如下：

```
George
John
```

学习单元3　运算符和表达式

知识要求

1. 运算符

（1）JavaScript 算术运算符

算术运算符用于执行变量与或值之间的算术运算。如定义 y = 5，算术运算符的具体说明见表 2—5。

（2）JavaScript 赋值运算符

赋值运算符用于给 JavaScript 变量赋值。如定义 x = 10 和 y = 5，赋值运算符见表 2—6。

表 2—5　　算术运算符详表

运算符	描述	例子	结果
+	加	x = y + 2	x = 7
−	减	x = y − 2	x = 3
*	乘	x = y * 2	x = 10
/	除	x = y/2	x = 2. 5
%	求余数（保留整数）	x = y% 2	x = 1
+ +	累加	x = + + y	x = 6
− −	递减	x = − − y	x = 4

表 2—6　　赋值运算符详表

运算符	例子	等价于	结果
=	x = y		x = 5
+ =	x + = y	x = x + y	x = 15
− =	x − = y	x = x − y	x = 5
* =	x * = y	x = x * y	x = 50
/ =	x/ = y	x = x/y	x = 2
% =	x% = y	x = x% y	x = 0

（3）比较运算符

比较运算符在逻辑语句中使用，以测定变量或值是否相等。如定义 x =5，比较运算符见表 2—7。

表 2—7　　比较运算符详表

运算符	描述	例子
= =	等于	x = =8 为 false
= = =	全等（值和类型）	x = = =5 为 true；x = = = "5" 为 false
! =	不等于	x! =8 为 true
>	大于	x >8 为 false
<	小于	x <8 为 true
> =	大于或等于	x > =8 为 false
< =	小于或等于	x < =8 为 true

（4）逻辑运算符

逻辑运算符用于测定变量或值之间的逻辑。如定义 x = 6　和 y = 3，逻辑运算符见表 2—8。

表 2—8　　逻辑运算符详表

运算符	描述	例子
&&	and	（x < 10 && y > 1）为 true
||	or	（x = =5 || y = =5）为 false
!	not	!（x = =y）为 true

2．表达式

在 JavaScript 中，表达式用来计算并生成相应的值。表达式使用各种变量和运算符进行定义。下面是一个在 JavaScript 中使用表达式的实例：

```
<script>
var a = 123, b = 456;
var c = a + b;
document. write (c);
</script>
```

其代码运行后输出 579。

技能要求

显示提示框的操作

操作要求

利用 JavaScript 制作一个显示提示框实例，当用户点击按钮“显示提示框”后，系统会提示用户输入用户名，然后在网页中显示文字“你好！××今天过得怎么样?”

操作步骤

Step 1

打开素材文件：第 2 章 \ 第 1 节 \ 学习单元 3 \ 3. html，并在 <head> 与 </head> 之间定义以下函数：

```
<script type="text/javascript">
function disp_prompt ()
{
var name=prompt ("请输入您的名字","王大毛")
if (name! =null && name! ="")
{
document. write ("你好!" + name + " 今天过得怎么样?")
}
}
</script>
```

Step 2

函数调用时，在 <body> 与 </body> 之间修改控件 button 的调用方式：

```
<input type="button" onclick="disp_prompt ()" value="显示提示框"/>
```

效果如图 2—3 和图 2—4 所示。

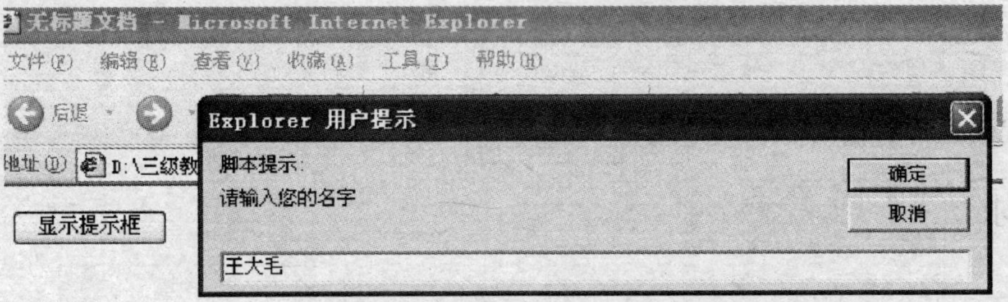

图 2—3　提示用户输入用户名

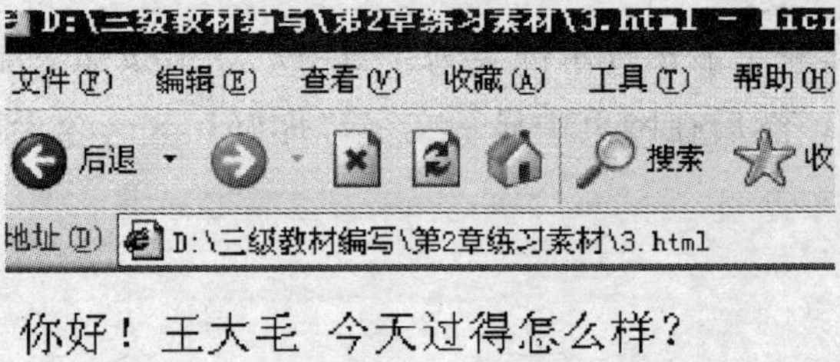

图 2—4　系统向用户问好

第2节　JavaScript 基本语句介绍

学习单元1　if 语句

知识要求

1．if 语句的基本格式和功能

（1）if 条件语句

1）基本格式

```
if（表述式）
语句段1；
……
else
语句段2；
……
```

2）功能。若表达式为 true，则执行语句段 1；若表达式为 false，执行语句段 2。

①if －else　语句是 JavaScript 中最基本的控制语句，通过它可以改变语句的执行顺序。

②表达式中必须使用关系语句实现判断，它是作为一个布尔值来估算的。

③它将零和非零的数分别转化成 false 和 true。

④若 if 后的语句有多行，则必须使用大括号将其括起来。

下面是一个在 JavaScript 中使用 if 语句的实例：

```
<script>
 var a =2, b =3;
if (a = =b)
document. write ("两个值相等");
else
document. write ("两个值不同");
</script>
```

其代码运行后显示“两个值不同”。

2．if 语句的嵌套

```
if（布尔值）语句1；
else（布尔值）语句2；
else if（布尔值）语句3；
……
else  语句4；
```

在这种情况下，每一级的布尔表述式都会被计算，若为真，则执行其相应的语句，否则执行 else 后的语句。

下面是一个在 JavaScript 中使用的 else if 语句的实例。其代码如下：

```
<html>
<body>
<script type="text/javascript">
var d = new Date ()
var time = d. getHours ()
if (time <10)
{
document. write ("<b>Good morning</b>")
}
else if (time > =10 && time <16)
{
document. write ("<b>Good day</b>")
}
else
{
document. write ("<b>Hello World!  </b>")
}
</script>
<p>本例演示 if.. else if... else  语句。</p>
</body>
</html>
```

该程序是用来返回系统的时间，当时间早于10点，系统显示“Good morning”；当时间在10点至16点之间，系统显示“Good day”；当时间在16点以后，系统显示“Hello World!”

技能要求

显示月份值的实例操作

操作要求

打开素材文件：第 2 章\ 第 2 节\ 学习单元 1\ 4. html，设计一个 JavaScript 代码能够实现在文本框中输入月份值弹出对话框返回其相应的英文单词。

显示效果如图 2—5 所示。

图 2—5　显示月份的操作

操作步骤

Step 1　函数定义

在 <head>与 </head>之间定义函数 check

```
<SCRIPT language = javascript type = text/javascript >
        function check ( ) {
            var a = document. formdata. name1. value;
                if (a = =1) {
              alert ("January");}
              else if (a = =2) {
              alert ("February");}
              else if (a = =3) {
                alert ("March");}
              else if (a = =4) {
                alert ("April");}
```

```
            else if (a = =5) {
             alert ("May");}
            else if (a = =6) {
             alert ("June");}
            else if (a = =7) {
             alert ("July");}
            else if (a = =8) {
             alert ("August");}
            else if (a = =9) {
             alert ("September");}
            else if (a = =10) {
             alert ("October");}
            else if (a = =11) {
             alert ("November");}
            else if (a = =12) {
                          alert ("December"); }
                          else {
             alert ("you are wrong!");}
 }
 </SCRIPT>
```

Step 2 函数调用

在 <body> 与 </body> 之间找到按钮所在代码添加调用方式。

```
<INPUT onclick = check () type = button value = 确认 name = name2 >
```

学习单元2 while 语句

知识要求

1. while 语句基本格式

```
while (条件)
语句集;
```

该语句与 for 语句一样，当条件为真时，重复循环，否则退出循环。

下面是一个用 while 循环语句编写的程序代码：

```
<script>
var a = 0;
while (a < 30) {
document. write (a);
a = a + 2;
}
</script>
```

该实例中，使用 while 语句定义了一个循环，用来显示 2，4，6…28 的数字，其代码运行后效果如图 2—6 所示。

图 2—6　while 语句效果

2. do while 语句基本格式

```
do
{
    需执行的代码
}
while (变量 < = 结束值)
```

在 do - while 语句中，循环语句至少要执行一次。下面是一个在 JavaScript 中使用 do - while 语句的实例：

```
<script>
var a = 0;
do
document. write (a);
```

```
while ( + +a<20);
</script>
```

该实例运行后系统显示0～19这20个数字。

技能要求

do－while代码分析及结果预测

操作要求

请对以下代码进行功能分析并预测其操作结果：

```
<html>
<body>
<script type="text/javascript">
i = 0
do
{
document. write ("数字是" + i)
document. write ("<br>")
i + +
}
while (i < = 5)
</script>
<h1>解释：</h1>
<p><b>i</b> 等于0。</p>
<p>循环首先会运行。</p>
<p>每循环一次，<b>i</b> 就会累加1。</p>
<p>当 <b>i</b> 小于或等于5 时，循环会继续运行。</p>
</body>
</html>
```

操作步骤

Step 1　分析程序功能

i 等于 0。

循环首先会运行。

每循环一次，i 就会累加 1。

当 i 小于或等于 5 时，循环会继续运行。

Step 2　分析程序运行结果

```
数字是 0
数字是 1
数字是 2
数字是 3
数字是 4
数字是 5
```

学习单元 3　for 语句

知识要求

1. for 语句格式

for 循环语句的基本格式如下：

```
for（初始化；条件；增量）
语句集；
```

功能：实现条件循环，当条件成立时，执行语句集，否则跳出循环体。

说明：

（1）初始化参数告诉循环开始的位置，必须赋予变量的初值。

（2）条件是用于判别循环停止时的条件。若条件满足，则执行循环体，否则跳出。

（3）增量：主要定义循环控制变量在每次循环时按何种方式变化。

（4）三个主要语句之间，必须使用逗号分隔。

2. for 语句实例

下面是一个在 JavaScript 中使用 for 语句的实例：

```
<html>
<body>
<script type="text/javascript">
var i =0
for (i =0; i< =10; i+ +)
{
document. write ("The number is " + i)
document. write ("<br />")
}
</script>

</body>
</html>
```

程序运行后操作结果如下：

```
The number is 0
The number is 1
The number is 2
The number is 3
The number is 4
The number is 5
The number is 6
The number is 7
The number is 8
The number is 9
The number is 10
```

小贴士

for 与 while 语句

两种语句都是循环语句，使用 for 语句在处理有关数字时更易看懂，也较紧凑；而 while 循环对复杂的语句效果更特别。

技能要求

for 代码分析及结果预测

操作要求

请对以下代码进行功能分析并预测其操作结果：

```
<html>
<body>
<script type="text/javascript">
for (i = 0; i <= 5; i++)
{
document. write ("数字是 " + i)
document. write ("<br/>")
}
</script>
<h1>解释：</h1>
<p>for 循环的步进值从 i=0 开始。</p>
<p>只要 <b>i</b> 小于等于 5，循环就会继续运行。</p>
<p>循环每循环一次，<b>i</b> 就会累加 1。</p>
</body>
</html>
```

操作步骤

Step 1　分析程序功能

for 循环的步进值从 i=0 开始。

只要 i 小于等于 5，循环就会继续运行。

循环每循环一次，i 就会累加 1。

Step 2　分析程序运行结果

```
数字是 0
数字是 1
数字是 2
```

```
数字是 3
数字是 4
数字是 5
```

第3节　JavaScript 处理事件

学习单元1　单击事件

知识要求

1. 单击事件的编写方法

单击事件 onclick 即当用户单击鼠标左键时触发的事件。语法如下：

```
onclick = "事件内容"
```

当用户单击按钮时，产生 onclick 事件。同时 onclick 指定的事件处理程序或代码将被调用执行。通常在下列基本对象中产生：button（按钮对象）、checkbox（复选框或检查列表框）、radio（单选钮）、reset buttons（重要按钮）、submit buttons（提交按钮）。

例如，可通过下列按钮激活 change（）文件：

```
<Form>
<Input type = "button" value = " " onclick = "change ()" >
</Form>
```

在 onclick 等号后，可以使用自定义函数作为事件处理程序，也可以使用 JavaScript 的内部函数，还可以直接使用 JavaScript 的代码等。例：

```
<Input type = "button" value = " " onclick = alert ("这是一个例子");
```

2. onclick 属性的实例

下面是一个 onclick 属性的实例。其代码如下：

```
<html>
<head>
<script type = "text/javascript" >
function myfunction ()
```

```
{
alert ("您好!")
}
</script>
</head>
<body>
<form>
<input type="button" onclick="myfunction ()" value="调用函数">
</form>
<p>通过点击这个按钮，可以调用一个函数。该函数会提示一条消息。</p>
</body>
</html>
```

以上程序中通过点击按钮“调用函数”，可以调用一个函数。该函数会提示一条消息“你好”。

技能要求

5 秒弹出警告框

操作要求

打开素材文件：第 2 章 \ 第 3 节 \ 学习单元 1 \ 5．html，编写一个程序代码，当用户单击按钮时能在 5 s 后弹出警告框。效果如图 2—7 所示。

操作步骤

Step 1 定义函数

用 Dreamweaver 打开 5．html，定义函数：

```
在<head>与</head>之间定义以下函数：
<script type="text/javascript">
function timedMsg ()
{
var t=setTimeout ("alert ('5 秒！ ')", 5000)
}
</script>
```

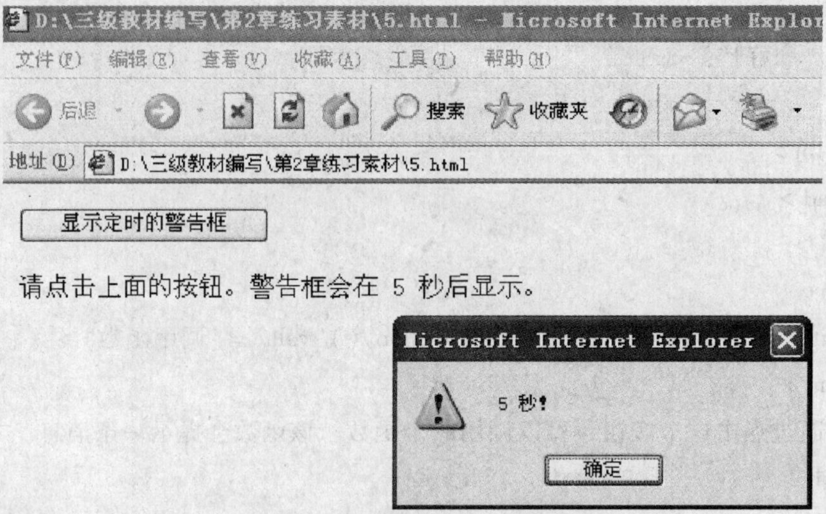

图 2—7　用 onclick 调用函数

Step 2　调用函数

在 <form> 与 </form> 修改按钮的属性，使用 onclick 进行程序调用：

```
<input type = "button" value = "显示定时的警告框" onclick  =  "timedMsg ( )" >
```

学习单元 2　鼠标悬停事件

知识要求

鼠标悬停事件（onmouseover）即鼠标悬停时触发的事件，发生在鼠标进入对象范围的时候。这个事件和 onmouseout 事件，再加上图片的预读，就可以做到当鼠标移到图像链接上，图像更改的效果了。在指向一个连接时，状态栏上不显示地址，而显示其他的资料，看起来这些资料是可以随时更改的。语法结构如下：

```
onmouseover =” 事件内容”
```

下面是一个 onmouseover 属性的实例。其代码如下：

```
<html >
<head >
<script >
```

```
function button1 ( ) {
alert ( "悬停事件");
}
</script>
</head>
<body>
<form action = "" >
<input type = "button" name = "name1" value = "ok" onmouseover = "button1 ( )"/>
</form>
</body>
</html>
```

效果如图 2—8 所示。

图 2—8　悬停事件实例效果图

技能要求

鼠标悬停事件变色实例

操作要求

打开素材文件：第 2 章\ 第 3 节\ 学习单元 2\ 6. html，设计修改代码，要求实现当鼠标悬停时文字背景变色的效果，如图 2—9 与图 2—10 所示。

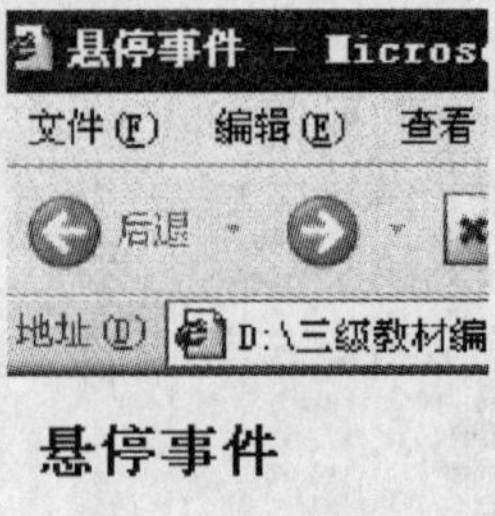

图 2—9　正常状态

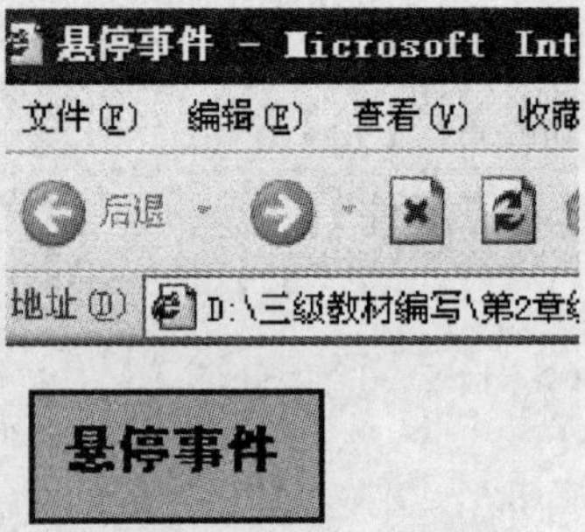

图 2—10　悬停状态

操作步骤

Step 1

打开网页，转换到代码区域，定义样式表。

```
<style>
.nomal {
  font-size: 18px;} //正常状态的文字属性
.mouseover {
display: block;
width: 80px;
padding: 10px;
border: 2px solid #333333;
font-size: 18px;
font-family: "黑体";
background-color: #FFCC66; //鼠标悬停时的文字属性
}
</style>
```

Step 2

在 div 标签内引用样式。

```
<div id = "id1" class = "nomal" onmouseover = "id1.className = 'mouseover'" > <strong>悬停事件
</strong> </div>
```

学习单元 3　鼠标离开事件

知识要求

鼠标离开事件（onmouseout）即当鼠标离开时触发的事件。语法结构如下：

```
onmouseout ="事件内容"
```

下面是一个关于 onmouseout 属性的实例。其代码如下：

```
<img src ="/i/example_mouse2.jpg" alt ="mouse"
onmousemove ="alert（'您的鼠标刚才离开了图片！'）"/>
```

其程序运行效果如图 2—11 所示。

图 2—11　鼠标离开时弹出对话框

技能要求

制作动态按钮效果

操作要求

打开素材文件：第 2 章\第 3 节\学习单元 3\button，用脚本语言编写动态按钮实例，当鼠标经过图像时显示微笑图片（a. jpg），当鼠标移开时显示大笑图片（b. jpg），效果如图 2—12 与图 2—13 所示。

操作步骤

Step 1　函数定义

在 <head> 与 </head> 之间定义以下函数：

图 2—12　鼠标经过

图 2—13　鼠标离开

```
<script type = "text/javascript" >
function mouseOver ()
{
document. getElementById ('b1'). src ="a. jpg"
}
function mouseOut ()
{
document. getElementById ('b1'). src ="b. jpg"
}
</script>
```

Step 2　**函数调用**

在 <body> 与 </body> 之间进行函数调用：

```
<a href = "http://www. w3school. com. cn"
onmouseover = "mouseOver ()" onmouseout = "mouseOut ()" >
<img src = "b. jpg" alt = "hello" name = "b1" id = "b1" / > </a>
```

学习单元4　其他事件属性

知识要求

1. onload 和 onunload

当用户进入或离开页面时就会触发 onload 和 onunload 事件。

onload 事件常用来检测访问者的浏览器类型和版本，然后根据这些信息载入特定版本的网页。

onload 和 onunload 事件也常被用来处理用户进入或离开页面时所建立的 cookies。例如，当某用户第一次进入页面时，可以使用消息框来询问用户的姓名。姓名会保存在 cookie 中。当用户再次进入这个页面时，可以使用另一个消息框来和这个用户打招呼，如"Welcome John Doe"。

2. onfocus，onblur 和 onchange

onfocus、onblur 和 onchange 事件通常相互配合用来验证表单。

下面是一个使用 onchange 事件的例子。用户一旦改变了域的内容，checkEmail（）函数就会被调用。

```
<input type="text" size="30" id="email" onchange="checkEmail()">
```

3. onsubmit

onsubmit 用于在提交表单之前验证所有的表单域。

下面是一个使用 onsubmit 事件的例子。当用户单击表单中的确认按钮时，checkForm（）函数就会被调用。假若域的值无效，此次提交就会被取消。checkForm（）函数的返回值是 true 或者 false。如果返回值为 true，则提交表单，反之则取消提交。

```
<form method="post" action="xxx.htm" onsubmit="return checkForm()">
```

其他事件属性的语法和以上属性基本相同，只是各个属性的适用范围不同。其中具体使用范围见表 2—9。

表 2—9　　其他常用的事件

事件	描　述
onkeypress	当键盘上的某个键被按下并且释放时触发的事件。注意：页面内必须有被聚焦的对象

续表

事件	描　述
onkeydown	当键盘上某个按键被按下时触发的事件。注意：页面内必须有被聚焦的对象
onload	页面内容完成传送到浏览器时触发的事件，包括外部文件引入完成
onunload	当前页面将被改变时触发的事件
onchange	当前元素失去焦点并且元素的内容发生改变而触发的事件。鼠标与键盘的触发均可
onsubmit	一个表单被递交时触发的事件
onfocus	当某个元素获得焦点时触发的事件

技能要求

页面标题转换实例

操作要求

打开素材文件：第2章\第3节\学习单元4\8. html，用 onload 事件编写一个标题转换实例，实现网页标题“网页设计制作员三级”与“JavaScript 脚本”之间的转换。

操作步骤

Step 1

打开文件8. html，切换到代码区域，在<head>与</head>之间定义以下函数：

```
<SCRIPT language = JavaScript >
step =0
function title ( )
{step + +
if (step = =3) {step =1}
if (step = =1) {document. title = '网页设计制作员三级'}
if (step = =2) {document. title = 'JavaScript 脚本'}
setTimeout ("title ( )", 300);
}
</SCRIPT >
```

Step 2

在 < body > 区域设定函数调用

```
< BODY onload = " title ( ) " >
```

该实例中页面默认的标题是“页面标题”，当执行 title 函数后，step 取值为 1，使用 document 对象的 title 属性，将默认的标题更换为“网页设计制作员三级”。当 step 变量取值为 2 时，将标题转换为“JavaScript 脚本”。为了实现轮转效果，当变量 step 取值为 3 时重新定义其取值为 1，这样就实现了转换。效果如图 2—14 所示。

图 2—14　转换的页面标题

第 3 章

Photoshop CS3 综合应用

学习目标

熟悉 Photoshop 的基础操作

能够使用 Photoshop 绘制网页元素

知识准备

1. Photoshop 简述

Photoshop 是当前最流行的图像处理软件，广泛应用于广告、平面设计、网页制作等领域。在设计网页的软件中，Adobe 公司的 Photoshop 含有许多功能让用户把图像有效地保存为 Web 格式的特性。Photoshop 集图像设计、扫描、编辑、合成以及高品质输出功能于一身。

2. Photoshop 的应用领域

（1）平面设计

平面设计是 Photoshop 应用最为广泛的领域，无论是图书封面，还是招贴画、海报，这些具有丰富图像的平面印刷品都需用 Photoshop 软件对图像进行处理，图 3—1 所示为用 Photoshop 合成的海报。

图 3—1 平面设计作品

（2）修复照片

Photoshop 具有强大的图像修饰功能。利用这些功能，可以快速修复一张破损的老照片，也可以修复人脸上的缺陷，如图 3—2 所示。

修复前　　修复后

图 3—2　用 Photoshop 进行图片修复

（3）广告摄影

广告摄影作为一种对视觉要求非常严格的工作，其最终成品往往要经过 Photoshop 的修改才能得到满意的效果，如图 3—3 所示。

图 3—3　广告摄像作品

（4）影像创意

影像创意是 Photoshop 的特长，通过 Photoshop 的处理可以将原本风马牛不相及的对象组合在一起，也可以使用“狸猫换太子”的手段使图像发生面目全非的巨大变化，如图 3—4 所示。

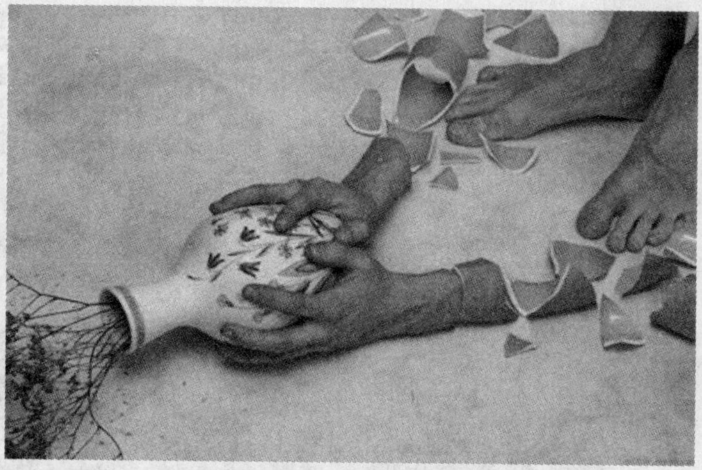

图 3—4　影像创意作品

（5）艺术文字

利用 Photoshop 可以使文字发生各种各样的变化，并利用这些艺术化处理后的文字为图像增加效果，如图 3—5 所示。

图 3—5　用 Photoshop 设计的艺术文字

（6）网页制作

网络的普及是促使更多人需要掌握 Photoshop 的一个重要原因。因为在制作网页时，Photoshop 是必不可少的网页图像处理软件，如图 3—6 所示。

图 3—6　用 Photoshop 设计的网页效果图

（7）建筑效果图后期修饰

在制作建筑效果图包括许多三维场景时，人物与配景包括场景的颜色常常需要在 Photoshop 中增加并调整，如图 3—7 所示。

（8）绘画

由于 Photoshop 具有良好的绘画与调色功能，许多插画设计制作者往往使用铅笔绘制草稿，然后用 Photoshop 填色的方法来绘制插画。

除此之外，近些年来非常流行的像素画也多为设计师使用 Photoshop 创作的作品，如图 3—8 所示。

图 3—7　建筑图后期修饰

图 3—8　用 Photoshop 实现绘画

第 1 节　Photoshop CS3 的新增功能

知识要求

1. 熟悉工作区

Photoshop 默认的工作界面由工作区顶部的菜单栏、菜单栏下方的工具选项栏、左侧的浮动工具箱、浮动调板等构成，如图 3—9 所示。

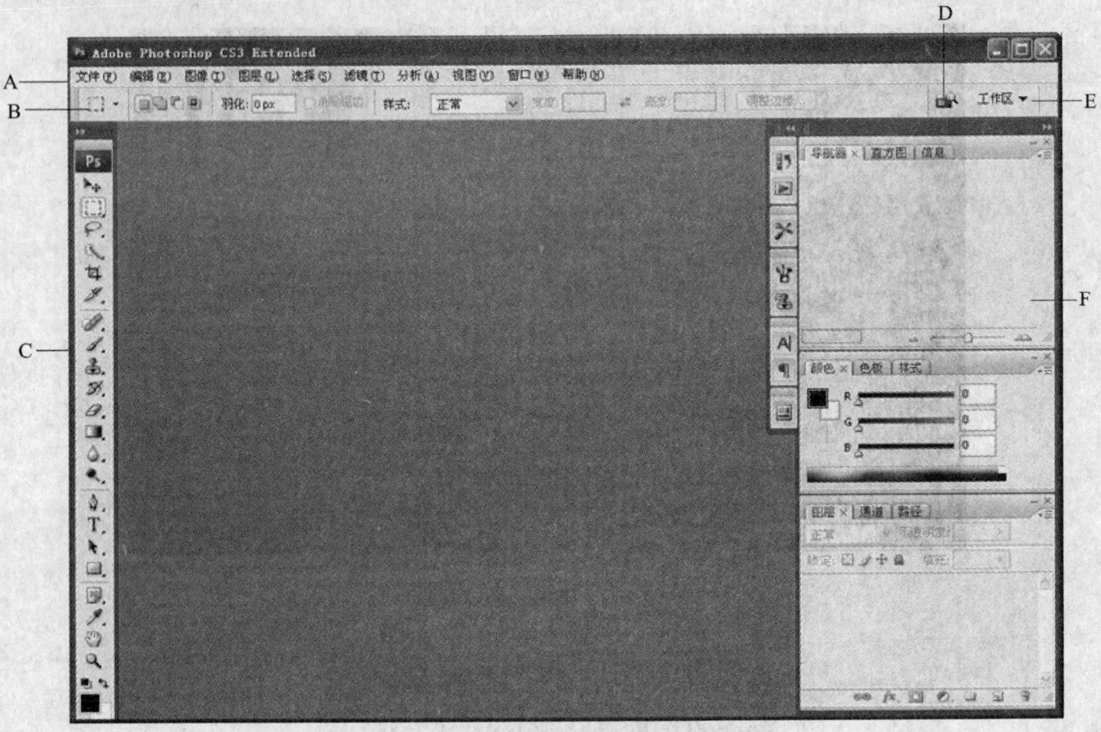

图 3—9　Photoshop CS3 工作面板

A——菜单栏　B——工具选项栏　C——工具栏　D——Adobe Bridge 按钮　E——调板　F——浮动面板

工具箱的简要介绍见表 3—1，工具栏如图 3—10 所示。

表 3—1　　　　工具箱的简要介绍

名称	作用	图例
选框工具	选择矩形、椭圆、一行和一列	
移动工具	移动选区、图层和参考线	

续表

名称	作用	图例
套索工具	建立手绘、多边形和磁性选区	
快速选择工具	快速建立以图像边缘为边界的选区	
魔棒工具	选择颜色相似的区域	
裁剪工具	裁剪图像	
切片工具	创建切片	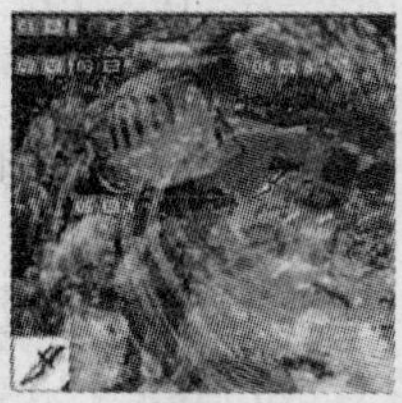

续表

名称	作用	图例
污点修复画笔工具	使用统一的背景快速消除照片中的污点	
画笔工具	绘制画笔描边	
仿制图章工具	使用样本绘画	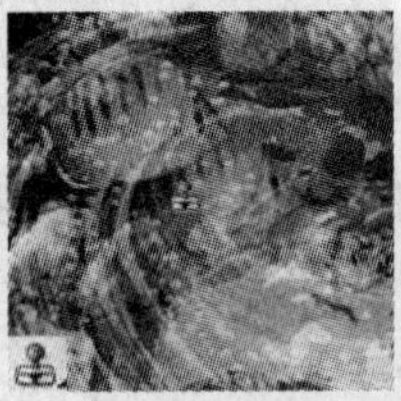
图案图章工具	使用图案绘图	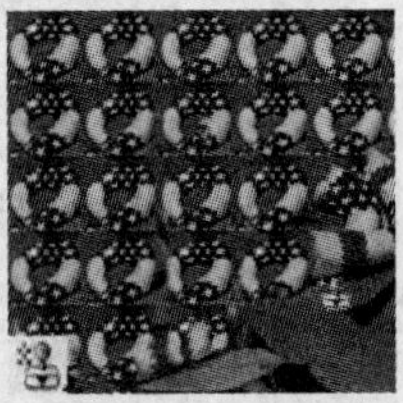
历史笔工具	在当前图像窗口绘制状态或快照的拷贝	

续表

名称	作用	图例
文字工具	在图像中创建文字	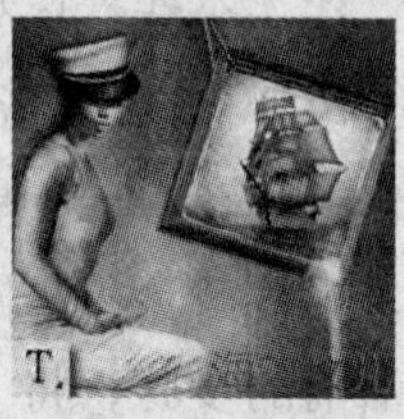
钢笔工具	绘制边缘平滑的路径	
渐变工具	创建不同颜色间的线性、径向、角度、对称、菱形混合	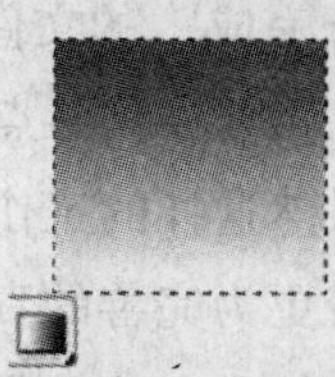
修饰工具	使图像变得模糊或清晰	
变色工具	使图像局部变亮或变暗	
形状工具	创建自定义形状列表中的自定义形状	

2. Photoshop CS3 新增功能

（1）全新的智能过滤器

过去，在一个线性序列中应用过滤器及效果时，一个过滤器就会改变图像，而第二个过滤器则会改变当前已经被改变了的图像，而第三个过滤器又会再次对此图像做出改变。这样的工作流程存在的问题就是，如果想要对第二个过滤器略微做出改动，就必须撤销还原到那点，这样就会失去随后对它的编辑效果，或者使用历史记录调板直接回到添加了第二个过滤器前的步骤，将“校定”后的第二个过滤器添加进去，接着再手动地添加第三个。要是经常这样操作的话，就很容易忘记之前的三个过滤器是如何设置的。若项目中应用了多个过滤器，需要对其中某一个做出更改，就意味着需要对之后的所有过滤器都进行重新设定。操作将变得非常烦琐。由于这个问题的存在，人们在进行开发时通常都会储存多次“部分完成”的文件版本，将这些文件一次又一次地储存，希望在需要回到某点上时能够很快地返回需要的地方进行处理。虽然这样的工作方法已经构思得足够聪明，但人们仍在期待着更为完善的真正能够解决问题的办法。

目前的解决办法就是智能过滤器。在这个新版本中，所应用到图层中的每个过滤器和效果都是实时并能够不断重新编辑的，在实时的情况下，无论之后对图层添加了什么过滤器或效果，所调节的参数都能够得到应用。这些都可储存、可移动、可复制粘贴，最重要的是可调节。

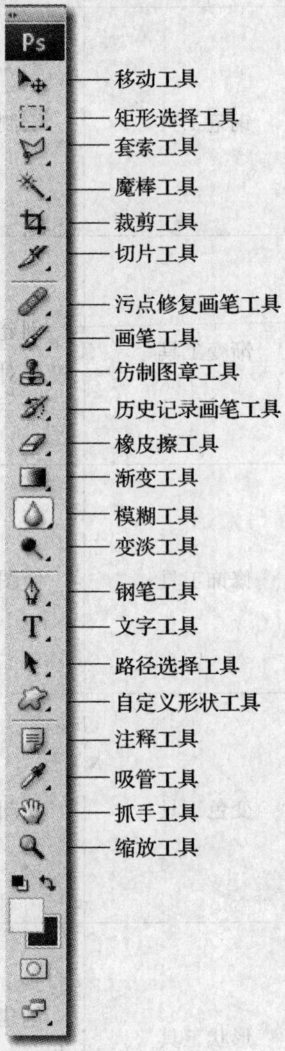

图3—10 Photoshop CS3 工具栏

（2）快速选择工具

快速选择工具是将所拍摄的一系列图片进行缝合，尝试将它们变成一副全景图。此时，可以用上一些单独的工具（这些工具中有一些是用来做 quicktime 的虚拟实境用的，它们都比较复杂难以操作），但都需要花费相当长的时间。在 Photoshop 中有内置的一些工具能够合并这些照片，自动图层校准和混合中的特性在这里也可以使用，而 CS3 中新的图层校准特性则是应用广泛的，并且在不同领域的应用程序中都能够使用。

（3）自动图层校准和混合

自动图层校准和混合技术能够将成堆的照片进行分析，

判断哪些东西是恒定的，例如在所有图像中出现的建筑物、大树、人行道，哪些部分在某张图片中有些晦暗，从其他的图像中借来一些像素将其恢复，并建立一个用所有图像制成的高级合成。还有一个滚动条可以帮助处理其中模糊的部分。

（4）用可调节的角度使用消失点工具

Photoshop CS2 中最为强大的新特性之一就是消失点功能。它的一个缺陷就是，在消失点界面中，仅能使用直角来进行操作。Adobe 这次对此做了长足改进，将多样的、可调解的角度透视平面添加到了这个消失点特性中。这样就可以复制、粘贴以及克隆更多更为复杂的图像平面，而不是仅能在某些角度下克隆一座建筑物的部分。

技能要求

理论思考题

1. 指出两种可以在 Photoshop 中打开的图像。

2. 在 Photoshop 中如何选择工具？

3. 描述两种修改图像的方法。

思考题解答

1. 通过扫描将照片、底片或图形导入到 Photoshop 中，捕获视频图像；导入在绘图程序中创作的作品，还可以导入数字照片。

2. 单击工具箱中相应的按钮或按相应的快捷键。选择的工具将一直处于活动状态，直到选择了其他工具。要选择隐藏的工具，可使用键盘快捷键或在工具间切换，也可单击工具箱中的工具按钮打开隐藏工具列表。

3. 可以从“视图”菜单中选择相应的命令来缩放或适合屏幕，也可以使用缩放工具在图像上单击或拖动其视图，另外还可以使用键盘快捷键和“导航器”调板来控制图像的显示比例。

第 2 节　Photoshop 实际应用

学习单元 1　Photoshop 的选区操作

知识要求

1. 选区的一般选取步骤

在 Photoshop CS3 中，选择图像中的一个区域并对其进行修改可由两步组成：首先使用某种选取工具来选择要修改的图像区域；然后使用其他工具进行修改，如将选中的像素移到其他地方或删除选区中的像素。可以使用 3 组基本的工具（选框、套索、魔棒工具，如图 3—11 所示），基于大小、形状和颜色来创建选区。通过选择，可以将修改限制在选区内，而其他区域不受影响。

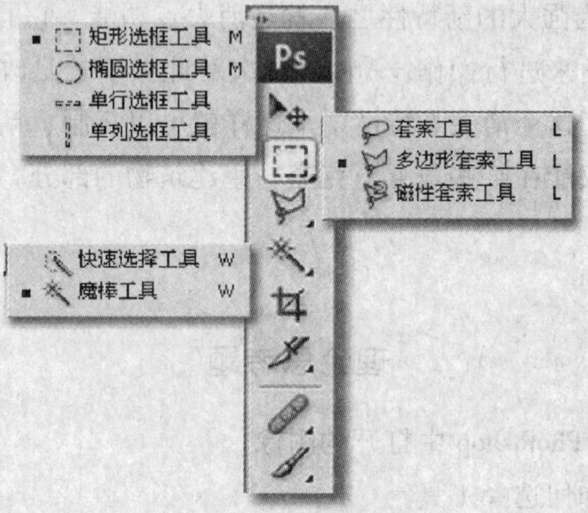

图 3—11　选区创建工具

2. 创建选区

创建选区是 Photoshop 中最基本的操作，在使用这一功能前，首先要根据创建对象选择不同的选区工具，如图 3—12 所示。

a)　　b)　　c)

图 3—12　选区的应用

a）椭圆选择工具　b）魔棒选择工具　c）多边形选择工具

（1）选框工具

用户可以对矩形选框工具和椭圆选框工具规定样式。当样式为正常时，可以随意建立选区；当样式为约束长宽比时，宽度和高度输入框被激活，可以通过输入数值来控制选区的长宽比；当样式为固定大小时，可以直接输入长度和宽度值来精确控制选区的尺寸（若先按住 Alt 键，创建的选区以鼠标落点为中心；若先按住 Shift 键，创建的选区为正方形或圆形）。

单行选框工具和单列选框工具可以分别选取一行或一列像素（凡是选区工具选择的选区都是首尾相接的、闭合的区域，只不过单行选框工具和单列选框工具所选取的区域只有一个像素的宽度，所以选区看上去像一条虚线，但放大观看，它仍是一个闭合的区域）。

（2）套索工具

套索工具可以用鼠标随意画出一个选区。多边形套索工具可以通过鼠标的连续点击画出一个多边形选区。磁性套索工具适用于快速选择边缘与背景对比强烈且边缘复杂的对象，因此有几个独有的选项设置，宽度决定磁性套索检测指针周围区域大小，边对比度决定套索对图像边缘的灵敏度，较高的数值只检测与它们的环境对比鲜明的边缘，而较低的数值则检测低对比度边缘。最后的光笔压力选项是为拥有光笔绘图板的用户所设的。

（3）魔棒工具

可以选择颜色一致的区域，而不必跟踪其轮廓。较低的容差值使魔棒选取与所点按的像素非常相似的颜色，而较高的容差值可以选择更宽的色彩范围。如果“连续的”被选中，则容差范围内的所有相邻像素都被选中。若选中“用于所有图层”，那么魔棒工具将在所有可见图层中选择颜色，否则只在当前图层中选择颜色。

3. 编辑选区

遇到较为复杂的图像时，使用选区工具有时无法一次性创建选区，这时就需要对创建的选区进行编辑，例如添加或者减去选区范围、更改选区的形状以及在现有的选区基础上进行其他操作等。

要想在现有的选区中添加或减去选区范围，可以使用选取工具选项中的“运算模式”选项，如图 3—13 所示。

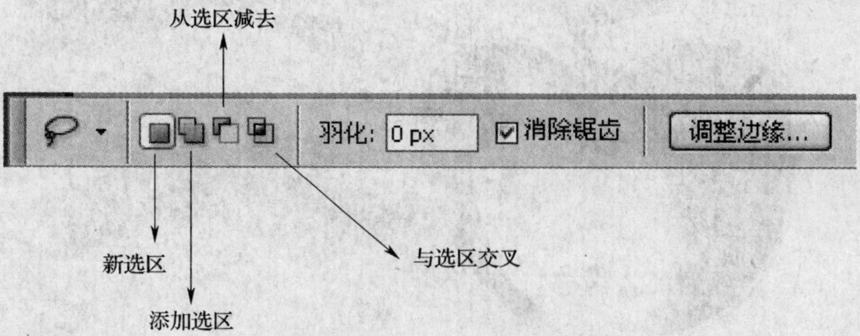

图 3—13　选取工具选项介绍

例如从一个选区选择完毕以后再添加另一选区。那么在画布中存在一个选区时，启用“添加到选区” 就可以在该选区中单击并且拖动鼠标绘制另外一个选区，完成后释放鼠标，那么两个选区就能并为一个选区，如图3—14所示。

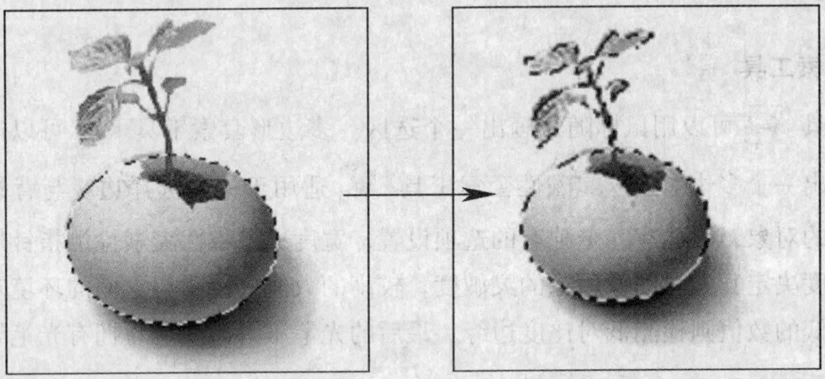

图3—14　修改选区操作

技能要求

苹果女孩的实例制作

操作要求

打开素材：第3章\第2节\学习单元1\苹果女孩，引用苹果图片将女孩照片贴入其中，并复制到背景图片中。按样张对苹果进行描边，内部为白色3个像素，外部为红色3个像素。

最终效果如图3—15所示。素材图片如图3—16~图3—18所示。

图3—15　苹果女孩的实例

图 3—16　背景素材

图 3—17　苹果素材

图 3—18　女孩素材

操作步骤

Step 1

启动 Photoshop CS3，同时打开 3 个素材文件。

Step 2

切换到苹果素材文件，用魔棒工具选中黑色苹果，如图 3—19 所示。

Step 3

切换到女孩图片，用选区工具移动苹果选区，将苹果选区粘贴到女孩画面中，如图 3—20 所示。

Step 4

单击“编辑”→“拷贝”，复制选区内的图像。

图 3—19　使用魔棒工具选中苹果

图 3—20　移动选区

Step 5

切换到背景素材文件，单击“编辑”→“粘贴”，将苹果女孩图粘贴到画面中，如图3—21所示。

图3—21　合成苹果女孩图像

Step 6

单击“编辑”→“描边”，为苹果女孩图层描边，颜色为白色，宽度为3个像素，如图3—22所示。

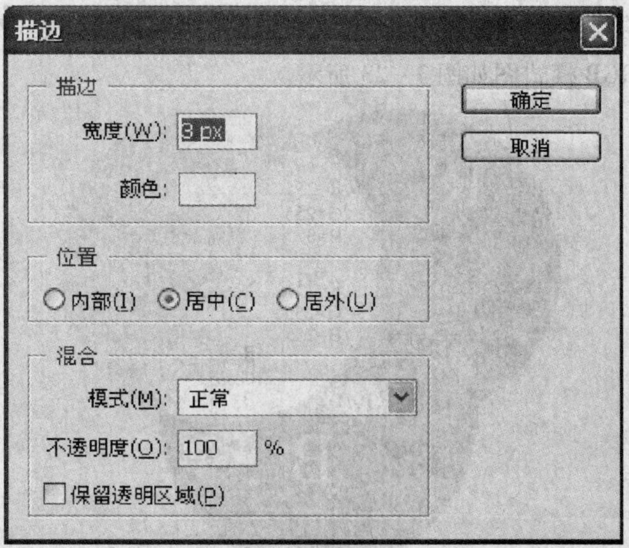

图3—22　描边

Step 7

再次对图层描边，颜色为红色，宽度为 3 个像素。

学习单元 2　Photoshop 图像色彩处理

知识要求

1．色彩的模式

在 Photoshop 中，了解模式的概念是很重要的，因为色彩模式决定显示和打印电子图像的色彩模型（色彩模型是用于表现颜色的一种数学算法），即一副电子图像用什么样的方式在计算机中显示或打印输出。常见的色彩模式包括位图模式、灰度模式、双色调模式、HSB（表示色相、饱和度、亮度）模式、RGB（表示红、绿、蓝）模式、CMYK（表示青、洋红、黄、黑）模式、Lab 模式、索引颜色模式、多通道模式以及 8 位/16 位模式，每种模式的图像描述和重现色彩的原理及所能显示的颜色数量是不同的。

（1）RGB 模式

RGB 模式是基于自然界中 3 种基色光的混合原理，将红（R）、绿（G）和蓝（B）3 基色按照从 0（黑）到 255（白色）的亮度值在每个色阶中分配，从而指定其色彩。当不同亮度的基色混合后，便会产生出 256×256×256 种颜色，约为 1670 万种。例如，一种明亮的红色可能 R 值为 246，G 值为 20，B 值为 50。当 3 种基色的亮度值相等时，产生灰色；当 3 种亮度值都是 255 时，产生纯白色；而当所有亮度值都是 0 时，产生纯黑色。当 3 种色光混合生成的颜色一般比原来的颜色亮度值高，所以 RGB 模式产生颜色的方法又被称为色光加色法。RGB 模式图如图 3—23 所示。

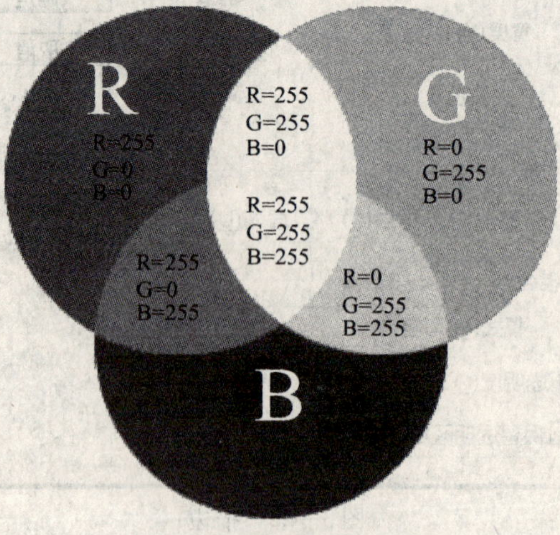

图 3—23　RGB 模式图

小贴士

初次接触 Photoshop 时，能理清颜色混合之间的关系确实有很大难度。不过可以自己动手在 Photoshop 中制作一个辅助记忆相环，形象地描述上述枯燥的公式。例如：R + B（等量）= M，为品红，当红色不断减弱时，品红偏向蓝色，红色完全消失时，颜色就变为纯正的蓝色。

（2）CMYK 模式

CMYK 模式和印刷中油墨配色的原理相同。它由青（Cyan）、洋红（Magenta）、黄（Yellowr）、黑（Black）4 种颜色混合而成。它和 RGB 模式一样，每个像素在每种颜色上可以负载 2^8（256）种亮度级别，范围值从 0～100%（0 为白色，100 为黑色）。理论上它可以产生 256^4 种颜色，但由于输出过程中颜色信息的损失、输出技术和环境的限制（如某些油墨的浓度不能过高，否则会产生溢色），实际上能产生的颜色数量比 RGB 还少。

CMYK 模式的图像支持多个图层。具有 C、M、Y、K 四个单色通道和一个由它们混合颜色的彩色通道。

CMYK 模式的图像中，某种颜色的含量越多，如同印刷中某种油墨的浓度越高，那么它的亮度级别就越低，在其结果中这种颜色表现的就越暗，这一点与 RGB 模式的颜色混合是相反的。它和颜色的物理混合原理相同，CMYK 分析图如图 3—24 所示。

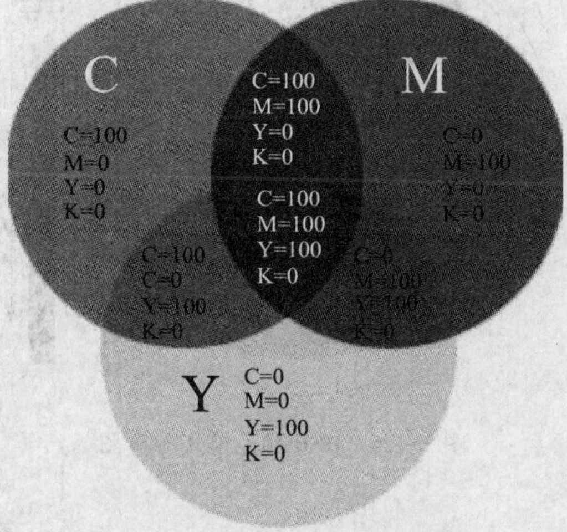

图 3—24　CMYK 分析图

从理论上讲，当 C = M = Y 时，即 CMYK 含量相等时，随着油墨成分含量的减少，颜色呈现由黑到白的不偏色渐变，理由是 C，M，Y 能够分别吸收 RGB 三色光。但是事实却并非如此，C，M，Y 三色等量混合时，印刷显示的颜色并非纯色的中性灰，而是一种偏茶色的灰。为了解决纯黑色颜色印刷问题，印刷行业引入了黑版 K。

当设计的网页变成为印刷品时，就需要将 RGB 模式的颜色转换为 CMYK 模式。

（3）HSB 模式

HSB 模式是基于人眼对色彩的观察来定义的，在此模式中，所有的颜色都用色相（或色调）、饱和度、亮度三个特性来描述。

1）色相（H）。色相是与颜色主波长有关的颜色物理和心理特性，从实验中可以知道，不同波长的可见光具有不同的颜色。众多波长的光以不同比例混合可以形成各种各样的颜色，但只要波长组成情况一定，那么颜色就确定了。非彩色（黑、白、灰色）不存在色相属性，所有色彩（红、橙、黄、绿、青、蓝、紫等）都是表示颜色外貌的属性。它们就是所有的色相，有时色相也称为色调。

2）饱和度（S）。饱和度指颜色的强度或纯度，表示色相中灰色成分所占的比例，用 0～100%（纯色）来表示。

3）亮度（B）。亮度是颜色的相对明暗程度，通常用 0（黑）～100%（白）来度量。图 3—25 所示是关于 HSB 颜色模式分析图。

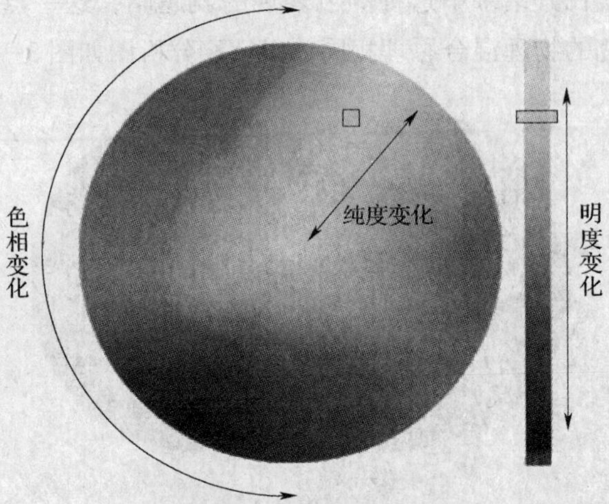

图 3—25　HSB 颜色模式分析图

（4）Lab 模式

Lab 模式是唯一不依赖外界设备而存在的一种色彩模式。它由亮度（L）通道、a 通道和 b 通道组成，其中亮度的范围从 0～100；a 代表从绿色到红色，b 代表从蓝色到黄色，a 和 b 的颜色值范围都是从 -120～120。这三种通道包括了所有的颜色信息。

Lab 模式也支持多个图层。具有 L、a、b 三个单色通道和由它们混合的彩色通道。

Lab 能创造理论上能产生的所有颜色，它的颜色范围涵盖了 RGB 模式和 CMYK 模式的所有颜色。当 RGB 模式和 CMYK 模式转换为 Lab 模式时，它们的颜色信息不会有任何损失，所以当 RGB 模式和 CMYK 模式互相转换时，实际上是将它们先转换为 Lab 模式，再转换为另一种模式的。这种过程能减少颜色信息的损失，只不过在 Photoshop 中将这个过程省略了。

（5）索引颜色模式

索引颜色模式是网上和动画中常用的图像模式，当彩色图像转换为索引颜色的图像后包含近 256 种颜色。索引颜色图像包含一个颜色表。如果原图像中颜色不能用 256 色表现，则 Photoshop 会从可使用的颜色中选出最相近的颜色来模拟这些颜色，这样可以减小图像文件的尺寸。用来存放图像中的颜色并为这些颜色建立颜色索引，颜色表可在转换的过程中定义或在声称索引图像后修改。

小贴士

索引颜色模式使用不超过 256 种颜色，这样就有效地控制了图像的大小。

2. 色彩模式的转换

为了在不同的场合正确输出图像，有时需要把图像从一种模式转换为另一种模式。Photoshop 通过执行“Image/Mode（图像/模式）”子菜单中的命令，来转换需要的颜色模式。这种颜色模式的转换有时会永久性地改变图像中的颜色值。例如，将 RGB 模式图像转换为 CMYK 模式图像时，CMYK 色域之外的 RGB 颜色值被调整到 CMYK 色域之外，从而缩小了颜色范围。

（1）将彩色图像转换为灰度模式

将彩色图像转换为灰度模式时，Photoshop 会扔掉原图中所有的颜色信息，而只保留像素的灰度级。灰度模式可作为位图模式和彩色模式间相互转换的中介模式，如图 3—26 所示。

（2）将 RGB 模式的图像转换成 CMYK 模式

如果将 RGB 模式的图像转换成 CMYK 模式，图像中的颜色就会产生分色，颜色的色域就会受到限制。因此，如果图像是 RGB 模式的，最好选在 RGB 模式下编辑，然后再转换成 CMYK 图像。

（3）将其他模式转换为索引模式

在将色彩图像转换为索引颜色时，会删除图像中的很多颜色，而仅保留其中的 256 种颜色，即许多多媒体动画应用程序和网页所支持的标准颜色数。只有灰度模式和 RGB 模式的图像可以转换为索引颜色模式，如图 3—27 所示。由于灰度模式本身就是由 256 级灰度构成，因此转换为索引颜色后无论颜色还是图像大小都没有明显的差别。但是将 RGB 模式的图像转换为索引颜色模式后，图像的尺寸将明显减少，同时图像的视觉品质也将受损。

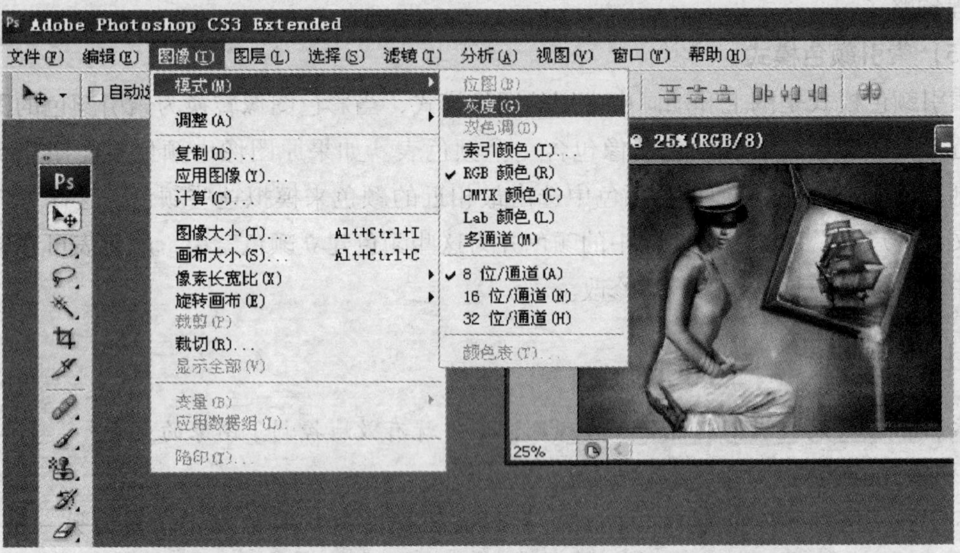

图 3—26　将彩色图片变为灰度模式

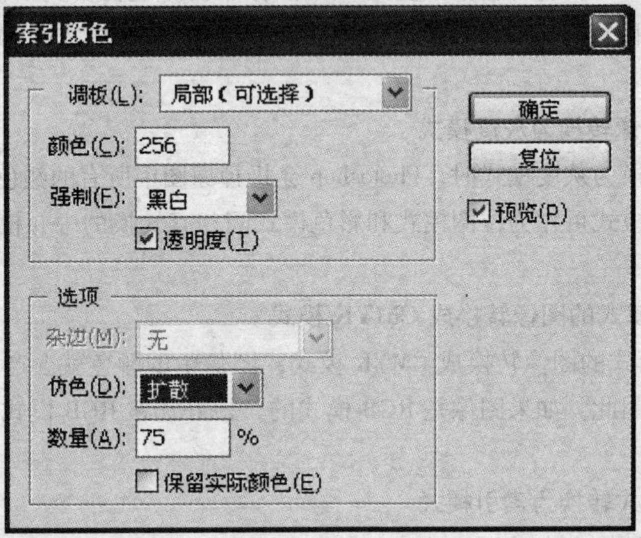

图 3—27　索引颜色对话框

技能要求

色彩模式的综合应用

操作要求

Banner中文字是以网络游戏中的画面为背景，背景中搭配了激烈燃烧的火焰字，不仅增强了游戏刺激性，热烈的画面气氛，而且增添了视觉冲击力。请利用所学的色彩模式知识，制作火焰字效果，如图3—28所示。

图3—28　火焰字实例效果图

操作步骤

Step 1

新建空白Photoshop文档，400像素×400像素，72分辨率，灰度模式，如图3—29所示。

Step 2

按“Ctrl + Del”组合键，将背景色改为黑色。

Step 3

输入文字“魔王争雄”，文字属性为华文行楷、72点、白色，如图3—30所示。

Step 4

系统会自动生成“T”文字层。单击右键选择“栅格化图层”将其转换为普通图层。

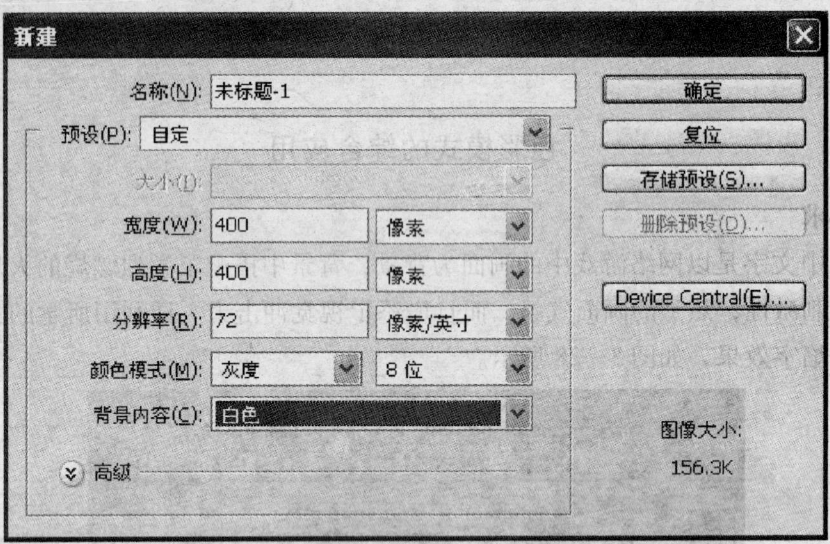

图 3—29　新建文档

图 3—30　设置文字属性

Step 5

按“Ctrl + E”组合键将文字层与背景层合并。

Step 6

单击“图像”→“旋转画布”→“90 度（顺时针）”，将整个图像旋转 90°，如图 3—31 所示。

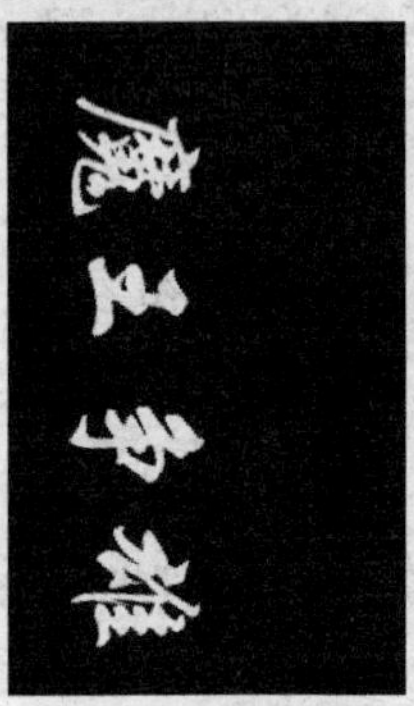

图 3—31　将图像旋转 90°

Step 7

单击“滤镜”→“风格化”→“风”，增加图像的风效果，方法为默认方式，方向“从左”，如图 3—32 所示。

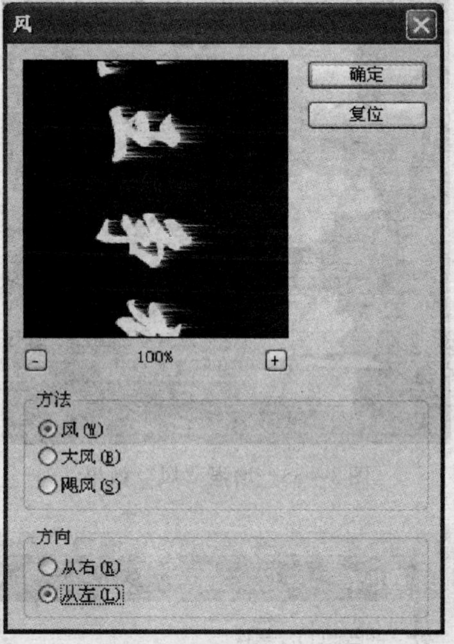

图 3—32　滤镜“风”效果

Step 8

连续按两次“Ctrl + F”组合键增强“风”效果，如图 3—33 所示。

Step 9

单击“图像”→“旋转画布”→“90 度（逆时针）”，将图像方向恢复原状。

Step 10

单击“图像”→“模式”→“索引颜色”，将“灰度模式”改为“索引颜色模式”。

Step 11

单击“图像”→“模式”→“颜色表”，打开二级对话框，选择“黑体”，如图 3—34 所示。

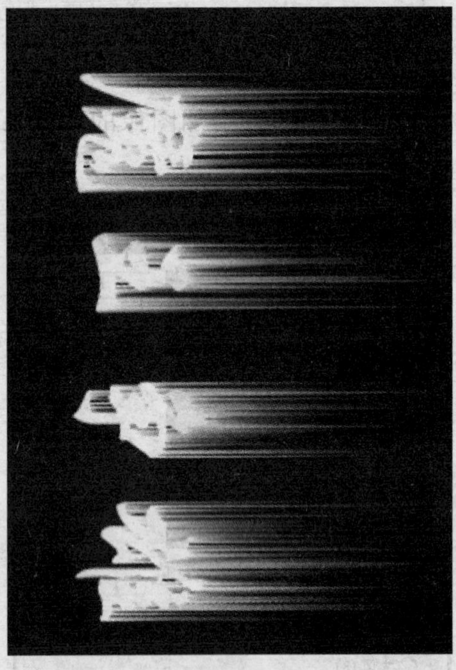

图 3—33　增强“风”效果

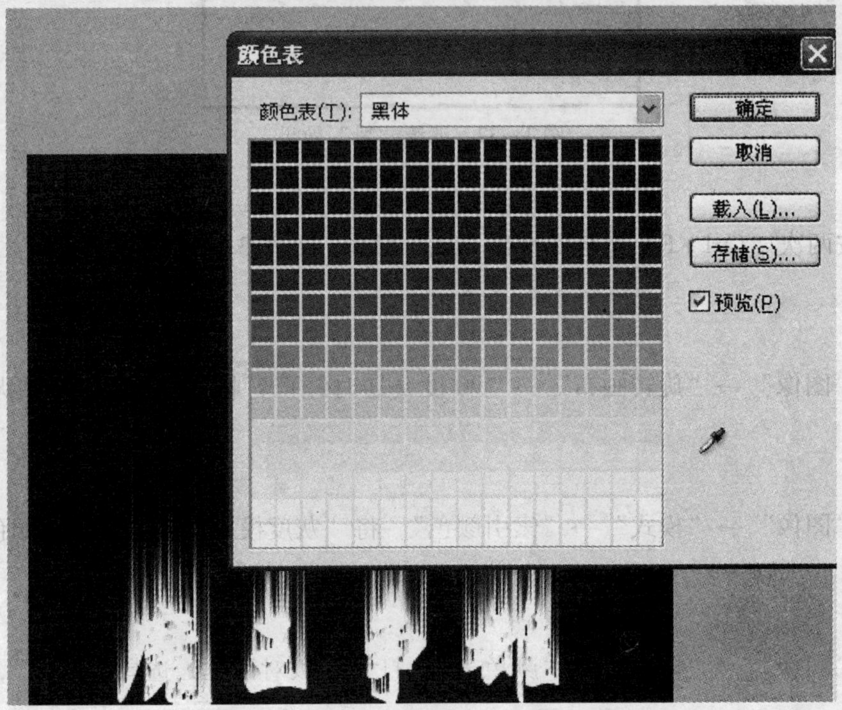

图 3—34　设定颜色表对话框为黑体

Step 12

单击“图像”→“模式”→“RGB 颜色”，将图层模式转换为 RGB 模式，以更好地使用滤镜菜单。

Step 13

单击“图像”→“模式”→“波纹”，增强火焰字的效果，如图 3—35 所示。

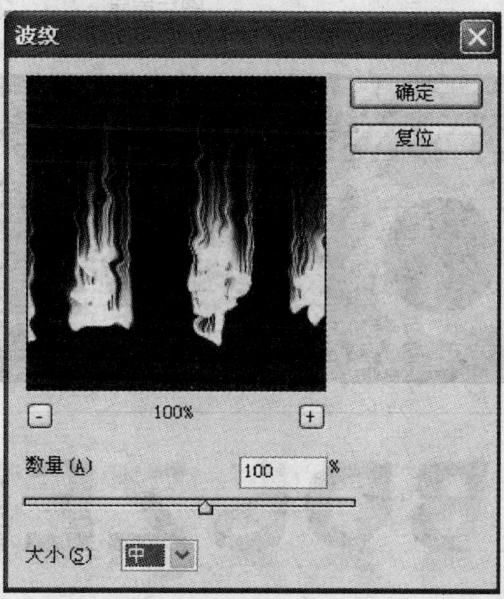

图 3—35 波纹效果

Step 14

重新输入文字“魔王争雄”，颜色为金黄色，华文行楷，72 点，如图 3—36 所示。

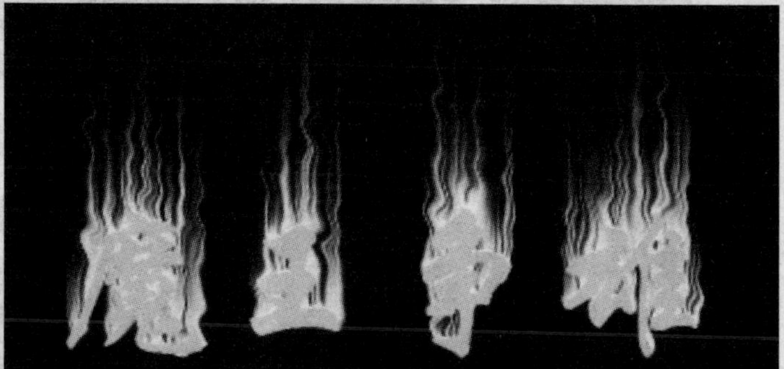

图 3—36 完成最终效果

学习单元3　Photoshop 文字的应用

知识要求

在网页中艺术字往往最吸引人们的眼球，运用 Photoshop 已能灵活地进行 Logo 标志的设计及广告宣传。文字是网页信息中最为直接的传递方式。表 3—2 是文字在网页中的应用。

表 3—2　　文字在网页中的应用

类型	图片展示
漩涡字	
边角折叠字	
火花字	

续表

类型	图片展示
苹果字	

技能要求

制作实例彩色镀铬文字

操作要求

在本单元中，将更进一步学习如何创建一个彩色镀铬的文字效果，效果如图 3—37 所示，制作过程可参见素材：第 3 章 \ 第 2 节 \ 学习单元 3 \ 镀铬文字。

图 3—37　彩色镀铬文字效果

操作步骤

Step 1

利用粗的圆形字体，创建一个新文件，尺寸为 500 像素 ×500 像素，设为深灰色的背景，不要选择黑色的，以免影响后面的操作。用大约 190 pt 大小的字体在新图层上写出 BIG，如图 3—38 所示。

图 3—38　输入文字

Step 2

左键双击字体图层打开图层样式窗口。左键单击渐变叠加，创建渐变，设置如图 3—39 所示。

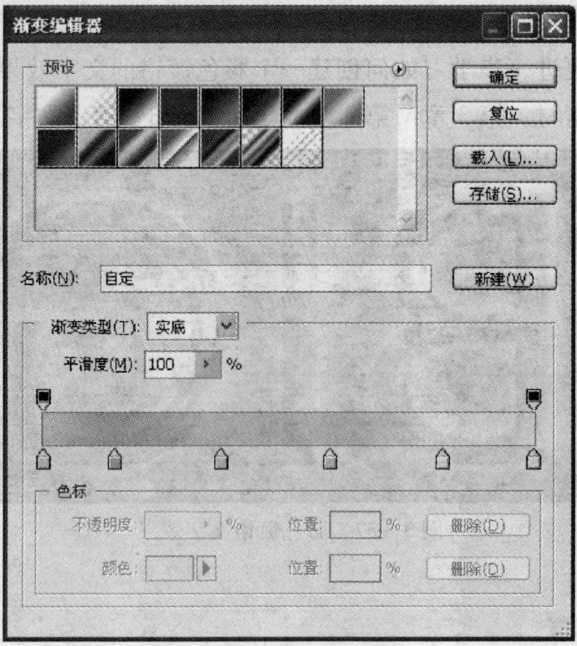

图 3—39　设定渐变叠加

需要的 6 种颜色（从左到右）是：#bedeec、#bcb7d7、#f0c9d7、#f5c8b5、#f5f2ca、#dff3fe，效果如图 3—40 所示。

图 3—40　渐变叠加后的文字效果

Step 3

回到图层面板，点击光泽，使用如图 3—41 所示的设置。

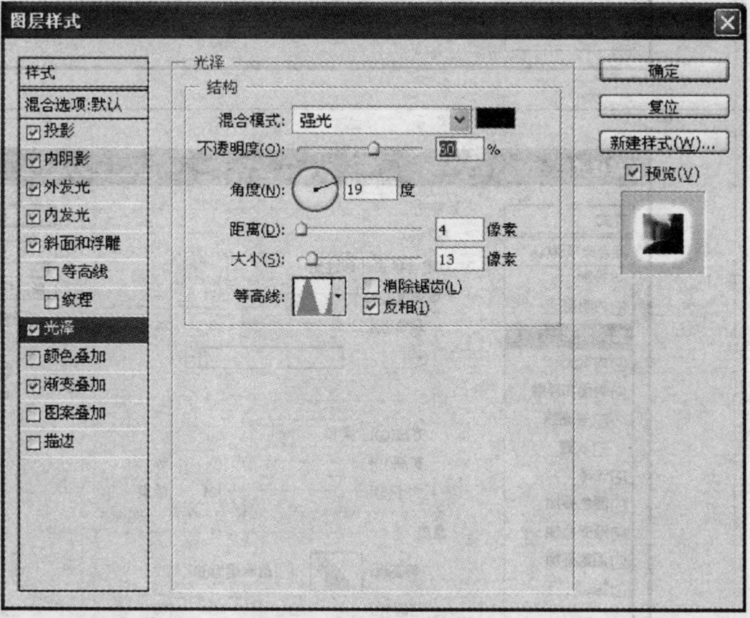

图 3—41　光泽效果设置

Step 4

应用的风格是内发光、外发光、内阴影和投影。其设置详见表 3—3。

表 3—3　　　　　图层样式效果介绍

<table>
<tr><th>风格</th><th>图　示</th></tr>
<tr><td>内发光</td><td>
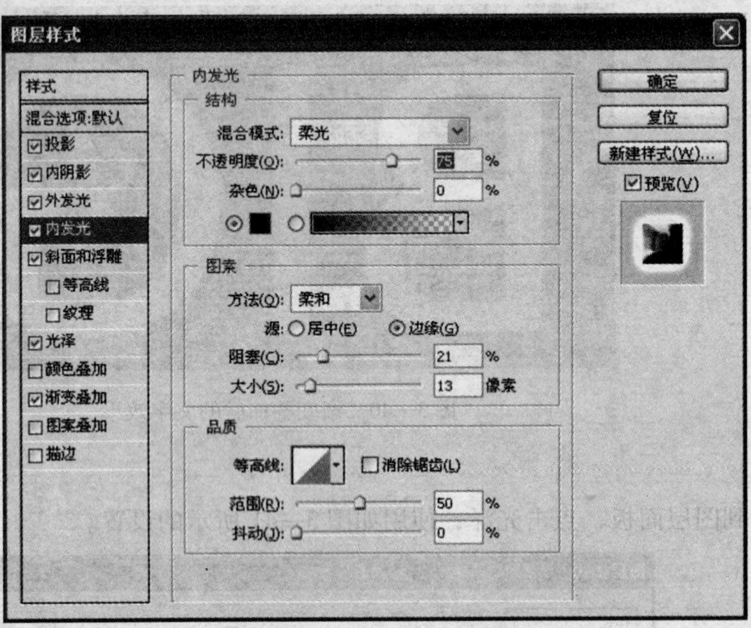

</td></tr>
<tr><td>外发光</td><td>
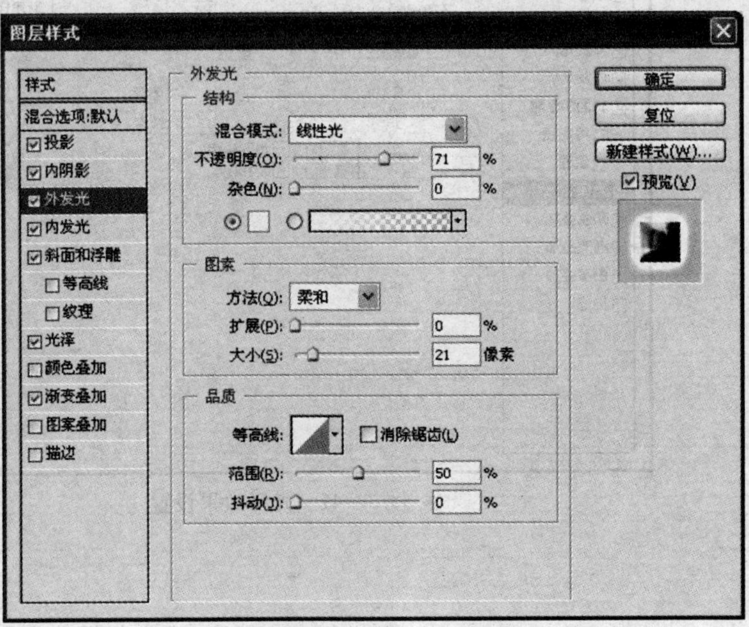

</td></tr>
</table>

续表

风格	图　示
内阴影	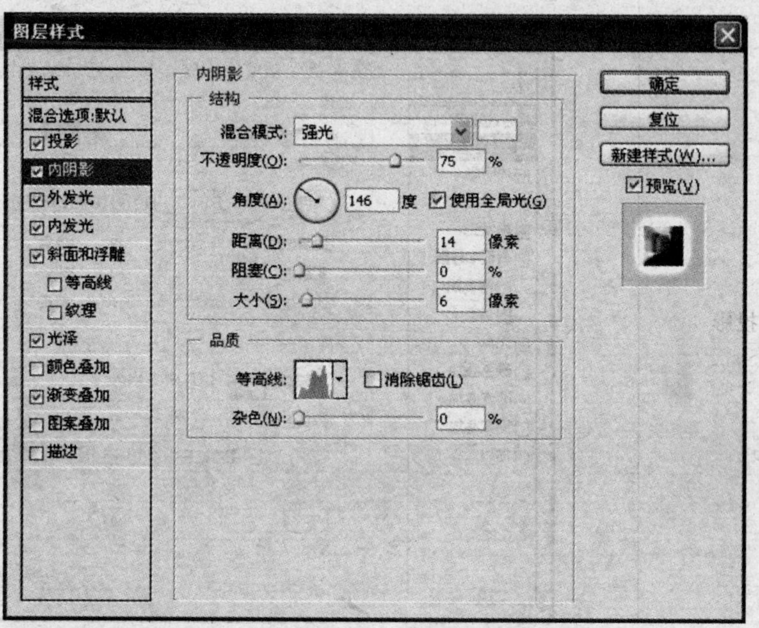
自定义等高线	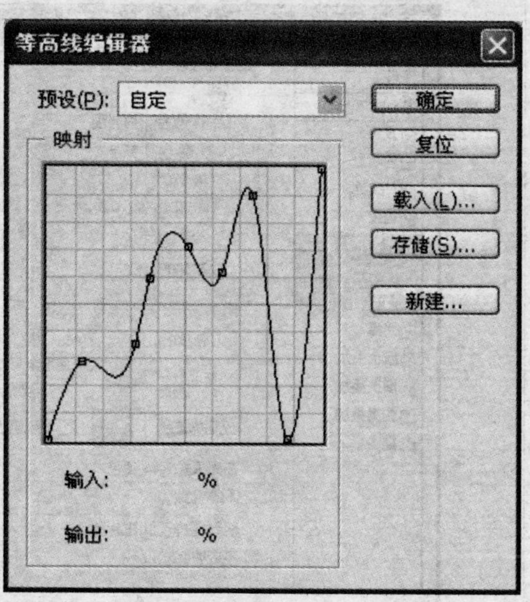

续表

风格	图　示
投影	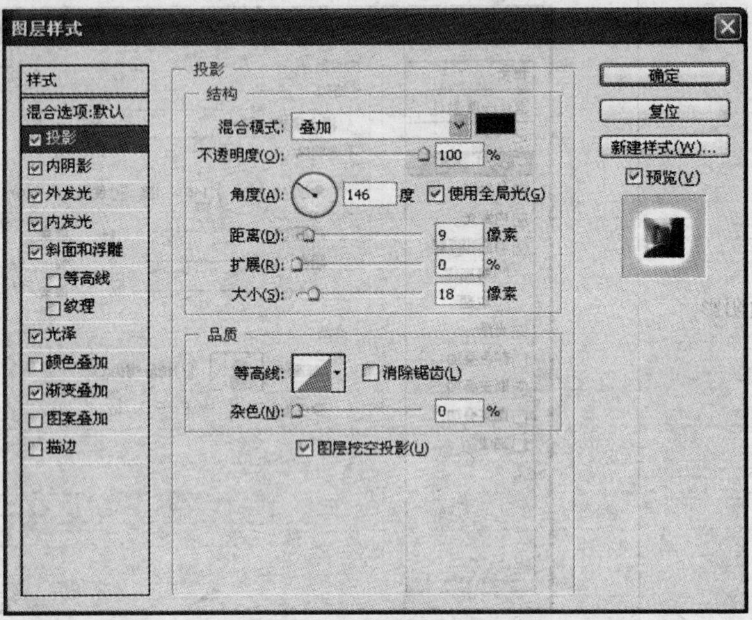
斜面和浮雕	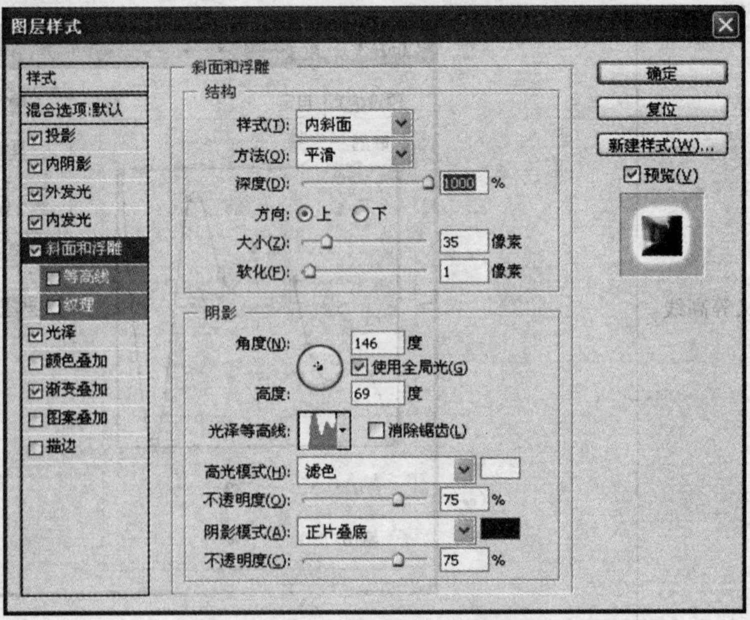

Step 5

单击“图层”→“新建调整图层”→“曝光度”，如图 3—42 所示。

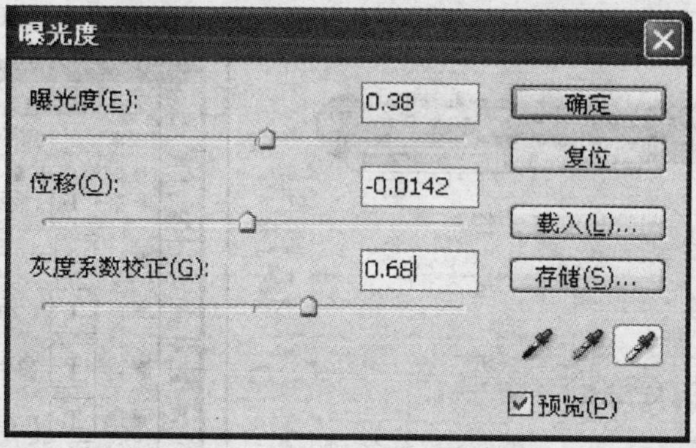

图 3—42 设置图层曝光度

Step 6

最终效果如图 3—43 所示。

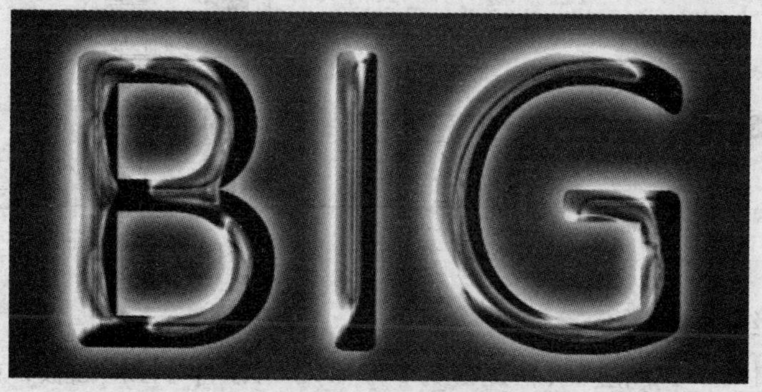

图 3—43 最终效果图

学习单元 4 Photoshop 图层的应用

知识要求

1. 图层的基本知识

在 Photoshop 中，图层使修改变得十分方便。如画一个人的时候，可将眼睛、鼻子、嘴巴分别放在不同的图层上，如果要修改眼睛，可直接在眼睛图层上修改，而不会影响鼻子和嘴巴的图层。

图层的基本工作原理是将构成图像的不同对象和元素隔离到独立图层上进行的编辑操作。组成图像的各个图层就相当于一个单独的文档相互堆叠在一起，透过上一个图层的透明区域可以看到下一图层中不透明的内容。当每个图层都制作完毕，呈现的就是一幅完整的网页效果图作品了，图 3—44 所示是一个用 Photoshop 制作的宠物网站商店效果图页面。

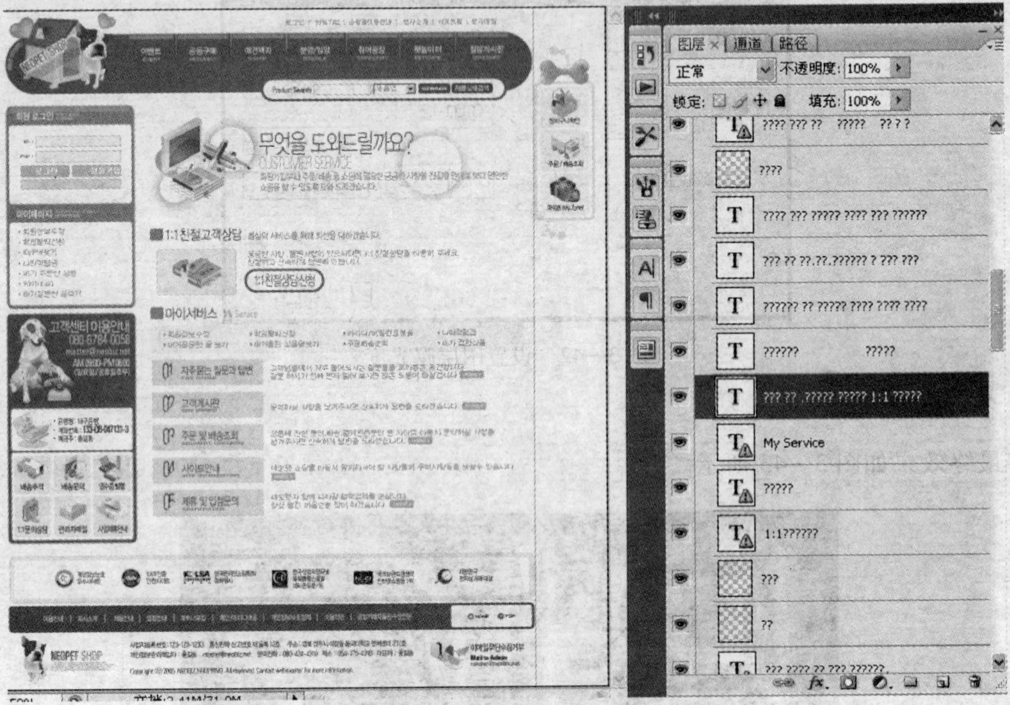

图 3—44　宠物网站商店效果图

2．图层面板的介绍

当执行“窗口”→“图层”（快捷键为 F7）时，可以打开图层面板，如图 3—45 所示。

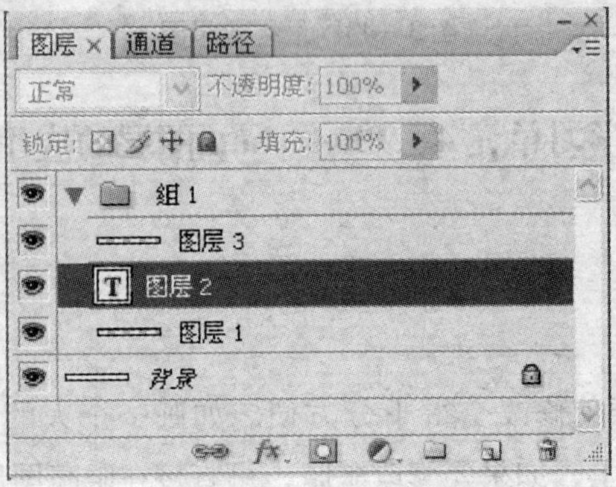

图 3—45　打开图层面板

图层面板的按钮与选项介绍见表 3—4。

表 3—4　　　　图层面板的介绍

名称	图标	功能
图层的混合模式	正常	在下拉列表中可以选择当前图层的混合模式
图层的不透明度	不透明度: 100%	在文本框中输入数值可以设置当前图层的不透明度
图层内部的不透明度	填充: 100%	在文本框中输入数值可以设置当前图层的填充区域不透明度
锁定	锁定: 	可以分别控制图层的编辑、移动、透明区域可编辑性等属性
眼睛图标		单击该图标可以控制当前图层的显示与隐藏状态
图层链接		表示该图层与作用图层链接在一起，可以同时进行移动、旋转和变换等操作
折叠按钮		单击该按钮可以控制图层组展开或者折叠
创建新组		单击该按钮可以创建一个图层组
添加图层样式	fx	单击该按钮可以在弹出的下拉菜单中选择图层样式命令，为作用图层添加图层样式
添加图层蒙板		单击该按钮可以为当前图层添加蒙板
创建新的填充或调整图层	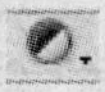	单击该按钮可以在弹出的下拉菜单中选择一个命令，为作用图层创建新的填充或者调整图层

续表

名称	图标	功能
创建新图层		单击该按钮可以在作用图层上方新建一个图层，或者复制当前图层
删除当前图层		单击该按钮可以删除当前图层

3. 图层的种类

图层的种类有背景图层、空白图层、文本图层、形状图层、调整层和填充层等。表 3—5 为图层的种类及其应用。

表 3—5　　图层的种类及其应用

名称	面板图标	功能
普通图层		可以执行所有 Photoshop 命令及编辑功能的图层
背景图层		始终在面板的最底层，作为整个图像的背景。该图层处于锁定状态，通过左键双击可以转换为普通层
文字图层		使用文字工具单击创建的图层，用于输入和编辑文本
样式图层		单击“增加图层样式”按钮可以对当前图层应用特殊的图层样式

续表

名称	面板图标	功能
蒙板图层		单击“增加矢量蒙板”按钮可以对当前图层应用蒙板。图层蒙板是一种灰度图像，因此用黑色绘制的区域将被隐藏，用白色绘制的区域是可见的，而用灰度梯度绘制的区域则会出现在不同层次的透明区域中
形状图层		用形状工具或钢笔工具可以生成，用于修改路径节点

4．图层的混合模式

图层的混合模式决定了当前图层与下一图层颜色的合成方式。表 3—6 是图层混合模式的分类及作用。

表 3—6　　　　图层的混合模式的分类及作用

名称	作用	效果图
正常模式	用当前图层像素的颜色叠加下层颜色	
溶解模式	把当前图层的像素以一种颗粒状的方式作用到下层，以获取融入式效果。将图层面板中不透明度调低，溶解效果更加明显，利用溶解可以轻松制作溶入式文字特效	

续表

名称	作用	效果图
变暗模式	对两个图层的 RGB 值分别进行比较，取两者中低的值再组合成混合后的颜色，所以总的颜色灰度降低，造成变暗的效果。用白色去合成图像是毫无效果的	
正片叠底模式	将上下两层图层像素颜色的灰度级进行乘法计算，获得灰度级更低的颜色成为合成后的颜色。图层混合后的效果是低灰阶的像素显现而高灰阶不显现	
颜色加深模式	加暗图层的颜色值，加上的颜色越亮，效果越细腻	
变亮模式	将两个像素的 RGB 值进行比较后，取高值称为混合后的颜色，因而总的颜色灰度级升高，造成变亮的效果。用黑色合成图像时无作用，用白色时仍为白色	
叠加模式	显现两个图层较高的灰阶，而较低的灰阶则不显现，产生一种漂白的效果	

续表

名称	作用	效果图
色相模式	用当前图层的色相值替换下层图像色相值，而饱和度和亮度不变	
饱和度模式	用当前图层的饱和度替换下层图像饱和度，而色相值和亮度不变	
颜色模式	用当前图层的色相值与饱和度替换下层图像色相值和饱和度，而亮度不变	
亮度模式	用当前图层的亮度值替换下层图像亮度值，而色相值和饱和度不变	

技能要求

用 Photoshop 制作笑脸图标

操作要求

结合所学的图层及相关 Photoshop 制作一个笑脸标志，效果如图 3—46 所示，制作过程可参见素材：第 3 章 \ 第 2 节 \ 学习单元 4 \ 笑脸。

图3—46　笑脸最终效果图

操作步骤

Step 1

新建一个800像素×600像素的文件，选择渐变工具，颜色设置如图3—47所示，拉出如图3—48所示的径向渐变。

图3—47　设定渐变颜色

将需要3种颜色（从左到右），即#FEFEFE、#3E6CB3、#000000。

图3—48　拉出径向背景色

Step 2

新建一个图层，在图层的中心位置选择椭圆选框工具，以中心画出如图 3—49 所示的正圆选区。再选择渐变工具，颜色设置为如图 3—50 所示的线性渐变。

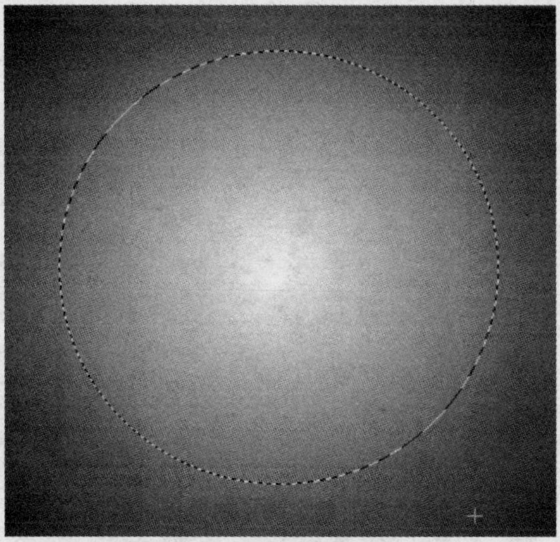

图 3—49 绘制正圆选区

图 3—50 设定椭圆选区渐变样式

将需要两种颜色（从左到右），即#A37201、#825301，绘制后效果如图 3—51 所示。

图 3—51 拉出径向渐变

Step 3

新建一个图层，再以交点为中心画一个稍小的正圆选区，如图3—52所示。选择渐变工具，颜色设置如图3—53所示。画出如图3—54所示的径向渐变。

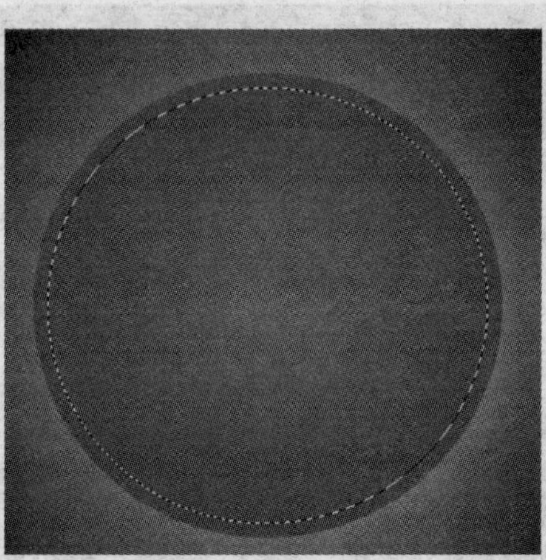

图3—52　绘制较小的椭圆选区

图3—53　设定椭圆选区渐变样式

将需要两种颜色（从左到右），即#FDF757、#C5A300。

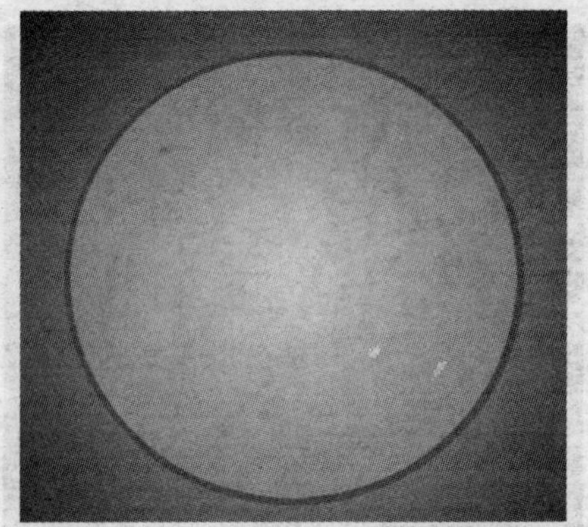

图3—54　绘制完的效果图

Step 4

新建一个图层，用椭圆选框工具在正圆上部画出如图 3—55 所示的椭圆选区，填充白色。取消选区后加上图层蒙板，用黑白线性渐变拉出底部透明效果，如图 3—56 所示。

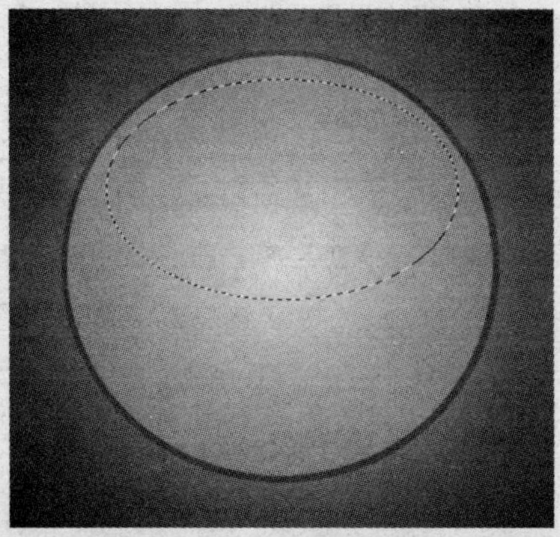

图 3—55　绘制椭圆选区

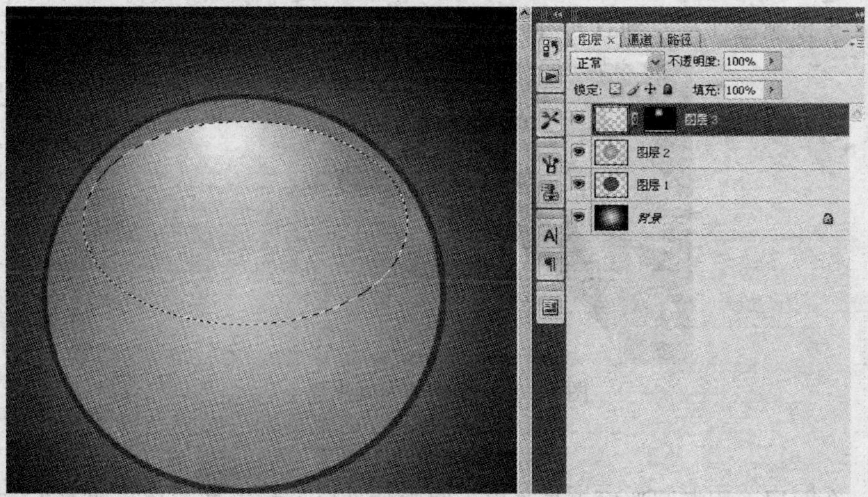

图 3—56　添加蒙板后的效果

Step 5

新建一个图层，用钢笔工具勾出眉毛的选区，选择渐变工具，拉出黑色到深灰色线性渐变，取消选区后，双击图层调出图层样式，选择描边，参数设置如图 3—57 所示，效果如图 3—58 所示。

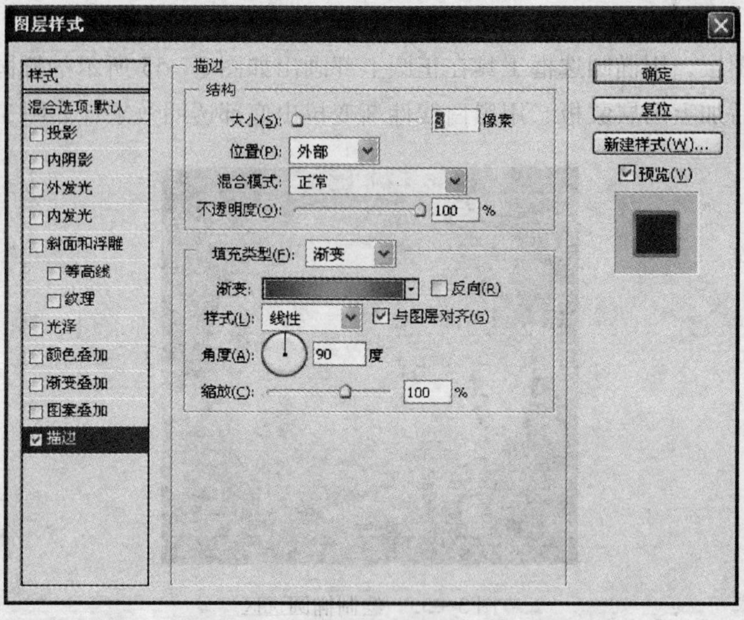

图 3—57　设定眉毛图层的描边参数

将需要 3 种颜色（从左到右），即#A77707、#E0BA0A、#A7707。

图 3—58　用钢笔勾画出眉毛

Step 6

新建一个图层，用椭圆选框工具画出大眼眶的选区，拉上渐变色，如图 3—59 所示。将需要两种颜色（从左到右），即#FFF446、#DAAE00。

Step 7

新建一个图层，用椭圆选框工具画一个稍小的眼眶选区，填充淡灰色，然后用减淡工具把中间部分涂白一点，效果如图 3—60 所示。

Step 8

用同样的方法作出眼珠和高光部分，效果如图 3—61 所示。

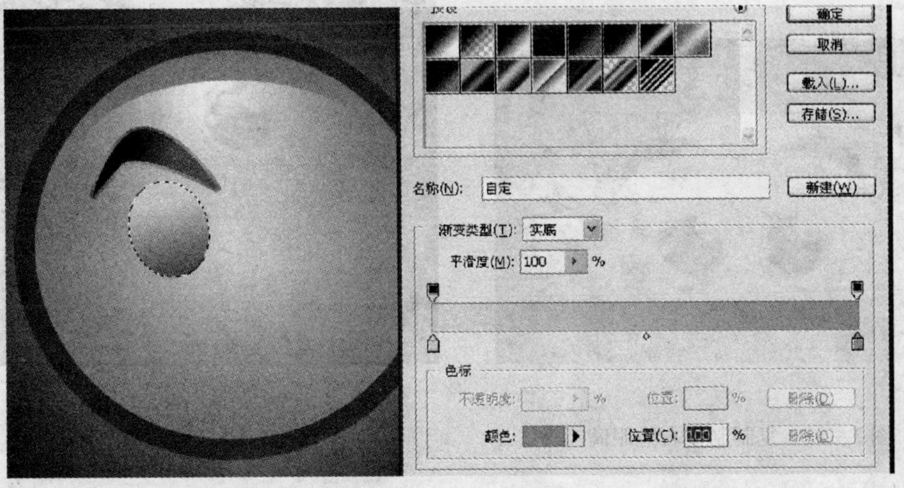

图 3—59　绘制眼睛

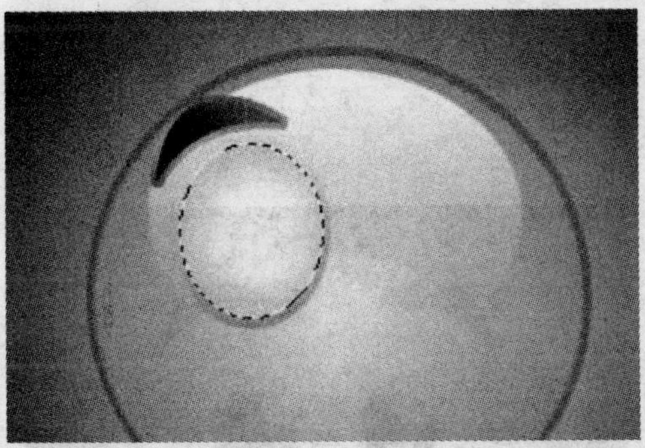

图 3—60　设定眼睛涂白部分

图 3—61　设定睛珠和高光

Step 9

右边眼睛可以直接复制左边做好的，如图 3—62 所示。

Step 10

嘴巴部分先用钢笔工具勾出选区，然后再填充渐变色，如图 3—63 所示。同理绘制牙齿部分，如图 3—64 所示。

图 3—62　复制制作右边眼睛

图 3—63　绘制嘴巴部分

Step 11

最后整体调整细节，完成最终效果，如图 3—65 所示。

图 3—64　绘制牙齿部分

图 3—65　填充嘴巴颜色

下　篇

综合应用

引　言

Love Flower 公司成立于 2009 年，公司总部设立在上海，并先后在北京、广州设立分公司。该公司是一家集婚庆服务、婚纱摄影为一体的合资企业，多年来以热情的服务态度及诚信的服务宗旨获得了大量的消费人群。为了扩大企业在市场的影响力，公司总经理王平委托网页设计师小刘设计和制作 Love Flower 网站，要求能结合企业性质及消费人群特点制作一个静态网站。

分析：

什么样的婚庆网站才算是有效的婚庆企业网站呢？

首先，婚庆企业的网站必须具有较强的赢利能力。一个真正有效的婚庆企业网站应该具有很多的赢利点，每个页面都可能给婚庆企业带来潜在客户和订单。

其次，网站的设计必须体现婚庆公司的专业化。随着网站策划的专业化进程加速，将使整体网站策划、网站设计、网站开发变得复杂，需要考虑到许多技术以外的市场、客户因素。婚庆类的网站就必须充分考虑客户人群。因此，设计表现风格应该会有所整合，并走向极致简约、个性十足两方面。极致简约风格是指以最简约的方式，分配、表现页面内容，以引导客户直抵目标内容，避免了因内容过多而产生的焦点分散问题，它对于网站策划和设计内容的分布合理性要求非常高。个性十足风格是指以多样化的表现方式，设计网站。它主要针对一些以娱乐性质为主的大型网站或企业网站，具备高强度的眼球吸引力、丰富的图片或文字表现形式，使客户能够愉悦地享受网站内容及服务。

最后，也是最重要的一点，就是网站推广。尽管搜索引擎推广只是网络营销的一个很小部分，但是它是网络营销中最有效的。网站不应以价格战的方式取得竞价排名的位置，而应加强自身建设，为企业赢得声誉。

一个有效的婚庆企业网站，不是需要流量，而是需要有效流量。为了婚庆企业长期的品牌发展需要和稳定有效的流量，在搜索引擎中争取一个稳定的排名就显得更为重要。一个婚庆企业网站要在搜索引擎中取得一个稳定的排名，对网站本身的要求除了流量外，最重要是网站的质量，因为搜索引擎的道理和原则都是相同的，都是把流量最大、网站基础最好的网站排在同行业竞争对手的前面。

4

第 4 章

设计网站总体效果

第 1 节　色彩分析及定位

第 2 节　进行网站设计创意

第 3 节　网站效果的规划处理

学习目标

熟悉平面构成的形态要素

掌握网页中色彩的基本原则

能够对网站效果进行规划处理

知识准备

1. 平面构成

所谓构成是指一种造型概念，也是现代造型设计的用语。其含意就是将不同形态的几个单元（包括不同的材料）重新组合成为一个新的单元，并赋予视觉化、力学的观念。

平面构成与立体构成都是现代科技美学应用于设计领域的成果，就构成要素而言，平面构成探讨的只是二维空间世界的方法，立体构成则直接牵涉到三维空间的实体，立体构成的设计自然比平面设计更为复杂。但就平面设计要在平面内塑造虚幻的立体视觉空间而言，其想象构思却又比塑造真实的立体空间更复杂。平面构成的基本要素是点、线、面。

（1）点

在几何学上，点只有位置，没有面积。但在实际构成练习中点要见之于图形，并有不同大小的面积。至于面积多大是点，要根据画面整体的大小和其他要素的比较来决定。点在构成中具有集中、吸引视线的功能。点的连续会产生线的感觉，点的集合会产生面的感觉，点的大小不同会产生深度感，几个点会有虚面的效果。如图4—1所示。

（2）线

几何学上的线是没有粗细的，只有长度和方向，但构成中的线在图面上是有宽窄粗细的。线在东方的绘画中被广泛运用，并有很强的表现力。线的种类很多，主要有直线（包括平行线、垂直线、折线、斜线等）和曲线（包括弧线、抛物线、双曲线、圆等）。

图4—1　平面构成作品——点

线在造型中的地位十分重要，因为面的形是由线来界定的。也就是形的轮廓线。不同的线表现不同的意念。粗线有力，细线锐利。线的粗细可产生远近关系，线还有很强的方向性。垂直线有庄重、上升之感；水平线有静止、安宁之感；斜线有运动、速度之感；而曲线有自由流动、柔美之感。图4—2所示为以线为主的平面作品。

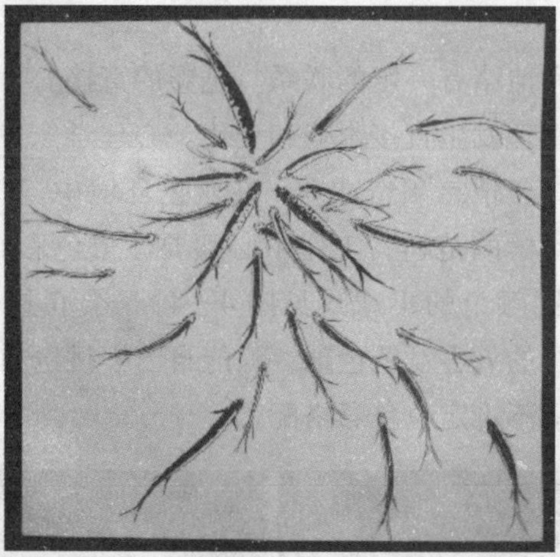

图 4—2　以线为主的平面作品

（3）面

面有长度、宽度，无厚度，是体的表面，它受线的界定，具有一定的形状。面有几何形、有机形、偶然形等。面又分两大类：一是实面；二是虚面。实面是指有明确形状的能实在看到的；虚面是指不真实存在但能被感觉到的，由点、线密集机动形成。图 4—3 所示为以面为主的平面作品。

图 4—3　以面为主的平面作品

2. 色彩分析

(1) 色彩情感

色彩与人的心理感觉和情绪有一定的联系。色彩的直接心理效应，来自于色彩的物理光学刺激，对人的大脑与生理发生直接影响和变化。心理学家发现，在红色环境中，人的脉搏会加快，血压有所升高，情绪兴奋冲动；在蓝色环境中，脉搏会减慢，情绪较沉静。其实心理学已从哲学转入科学的范畴，工作中必须要注重色彩心理的效果和联想的表现。例如，当看到下面几个不同颜色的小球（见图 4—4），会联想到什么呢？首先是冷暖对比，有的人喜欢黄色球，有的人喜欢蓝色球，只能自己去挑选自己喜欢的颜色。但是把球和传播的信息联系起来，就不难定位色彩搭配了。

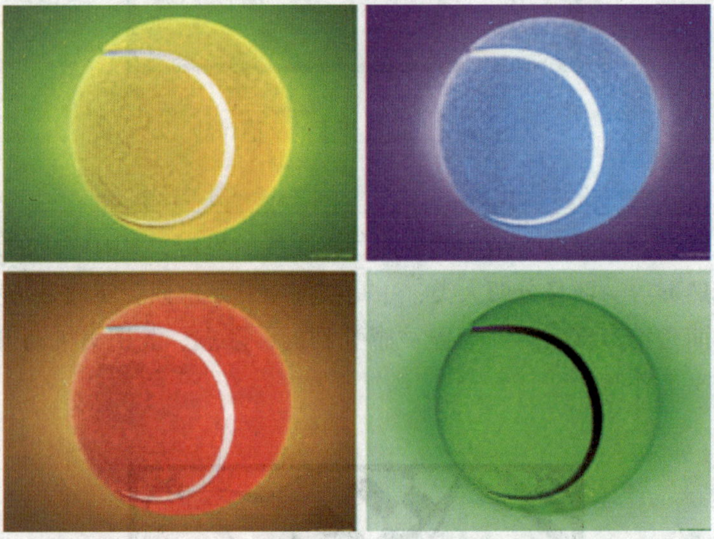

图 4—4　色彩的对比

人们在日常生活中既需要暖色，又需要冷色，只有这样，生活才能达到心理和情感上的平衡。每当看到不同季节的天空或者不同时间的天空，人们的心情也会随之产生变化。有时候天气的变化直接影响人们的心情，试体会不同颜色的云层效果给人们带来的不同的心理感觉，如图 4—5 所示。

在网页的色彩表现上也是如此，冷色与暖色会带来其他的一些感受与心理的变化，例如，地域感、季节感、性别感、重量感、湿度感等。黄色表示收获的季节，蓝色表示冰冷的冬天；暖色偏重，冷色偏轻；暖色有密度强的感觉，冷色有稀薄的感觉，色彩除了冷暖的变化外，更重要的是色彩的心理联想与其他变化，如暖色联想到阳光、火焰、亲人等，冷色联想到冷静、文雅、保守等。不同的色彩会表达不同的含义。

图 4—5　色彩的冷暖

不同的色彩给浏览者以不同的心理感受。但是同一种颜色通常不只含有一个象征意义。表 4—1 是几种色彩情感。

表 4—1　　色彩情感

色彩	积极的含义	消极的含义
红色	热情、亢奋、激烈、喜庆、革命、吉利、爱情、火热、活动	危险、痛苦、紧张、屠杀、残酷、爆炸
橙色	成熟、生命、永恒、温暖	不安、欺诈、嫉妒、暴躁
黄色	光明、兴奋、明朗、丰收、财富	病痛、胆怯、骄傲、下流
绿色	自然、和平、生命、青春、安全	失控
蓝色	平静、安宁、纯洁、透明	寒冷、伤感、冷酷
紫色	高贵、神秘、豪华、端庄	悲哀、忧郁、痛苦
黑色	深沉、高级、幽静、深刻	恐怖、孤独
白色	高雅、平和	恐怖、冷峻、单薄
灰色	高雅、沉着、平和	凄凉、空虚、抑郁、暧昧

（2）网页配色

1）网页安全色。网页的颜色跟自然色不太一样，因为网页上的颜色一般是在计算机屏幕中显示的，属于数字颜色，所以网页中的颜色会受到各种不同环境的影响。即使网页使用了非常合理、非常漂亮的配色方案，也有可能在不同的环境中产生不同的效果，那么配色方案就不能很好地传达给浏览者。例如，用户通过计算机浏览网页时，必须使用相应的网页浏览工具，而不同的浏览工具内置的调色板不一定都相同，所以使用不同浏览工具所浏览的网页颜色效果也不一样。为了避免各种问题的发生，设计网页时最好能够使用安全色来配色。

小贴士

在通过数据流交换数据的所有设备中显示的颜色统称为数字颜色。电影呈现的颜色、利用扫描仪扫描的颜色、在显示器中显示的颜色、打印机打印出来的颜色等都属于数字颜色。

网页安全色是指在不同硬件环境、不同操作系统、不同浏览器中都能够正常显示的颜色集合，也就是用户使用任何设备看到的网页颜色效果都一样。网页安全色又称为216安全色，即网页安全色包含了216种颜色。使用网页安全色作为配色方案，可以解决网页颜色失真的问题，如图4—6所示。

图4—6　网页的安全色

小贴士

216种网页安全色是当红色（Red）、绿色（Green）、蓝色（Blue）的颜色数字信号值分别为0，51，102，153，204，255时构成的颜色组合，它一共有6×6×6=216种颜色

（其中彩色为 210 种，非彩色为 6 种）。

2）网页配色的基本原则。网站设计时必须要考虑到背景颜色与前景文字的搭配问题。一般的网站侧重的是文字，所以背景可以选择纯度或明度较低的色彩，文字用较为突出的亮色。表 4—2 详述了背景色与文字色彩搭配的常用技巧。

表 4—2　　网页背景颜色与文字颜色的搭配

颜色图标	颜色十六进制值	文字色彩搭配技巧
	#F1FAFA	适宜做正文的背景色，淡雅
	#E8FFE8	适宜做标题的背景色，与上面的颜色搭配很协调
	#E8E8FF	适宜做正文的背景色，文字颜色为黑色
	#8080C0	配黄色或白色文字较好
	#E8D098	上配浅蓝色或蓝色文字较好
	#EFEFDA	上配浅蓝色或红色文字较好
	#F2F1D7	配黑色文字素雅，若是红色则显得醒目
	#336699	配白色文字较好
	#6699CC	配白色文字较好，可以做标题
	#66CCCC	配白色文字较好，可以做标题
	#B45B3E	配白色文字较好，可以做标题
	#479AC7	配白色文字较好，可以做标题
	#00B271	配白色文字较好，可以做标题
	#FBFBEA	配黑色文字较好，一般做正文
	#D5F3F4	配黑色文字较好，一般做正文

深色背景与浅色文字搭配的网页效果图如图 4—7 和图 4—8 所示，浅色背景与深色文字搭配的网页效果图如图 4—9 和图 4—10 所示。

图 4—7　深色背景与浅色文字搭配的网页效果图 1

图 4—8　深色背景与浅色文字搭配的网页效果图 2

图 4—9 浅色背景与深色文字搭配的网页效果图 1

图 4—10 浅色背景与深色文字搭配的网页效果图 2

3．网站主题与色彩的设计（见表4—3）

表4—3　　网站主题与色彩分析

分类	图示	配色
旅游类网站 提起旅游，大家一定会想起温暖的阳光，深蓝的大海，洁白的海浪……所以在该类网站的配色上要考虑到这些色彩元素	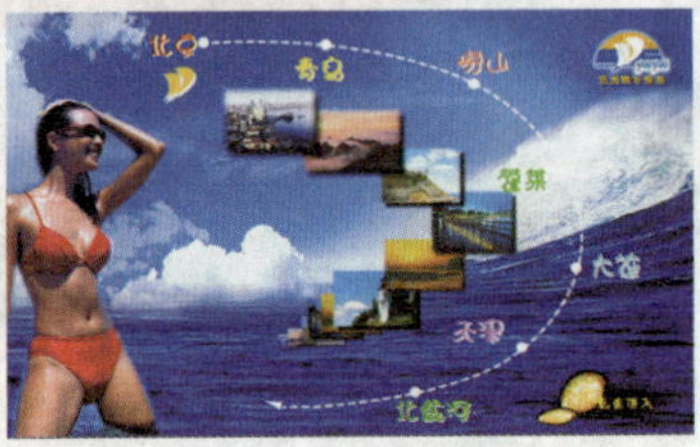	R: 0 G: 37 B: 181 R: 117 G: 161 B: 242 R: 255 G: 255 B: 255 R: 168 G: 99 B: 108
茶文化类网站 提起茶文化，脑海中很快就能浮现出翠绿色的鲜嫩茶叶。所以该实例中以绿色为主题不仅能增强人们的食欲，而且也能让人们体会中国历来崇尚文明、和平的主题，给人们带来清新的感觉		R: 140 G: 202 B: 57 R: 225 G: 227 B: 224 R: 232 G: 177 B: 76 R: 255 G: 255 B: 255
面包食品类网站 面包一直是人们最喜爱的食品之一，那松软的外皮、美味的口感叫人垂涎欲滴。所以在设计这一类网站时要充分体会大众心理，网页中运用了与面包色相近的橙色、红色及淡黄色，给人留下了深刻的印象		R: 255 G: 211 B: 163 R: 110 G: 37 B: 28 R: 188 G: 69 B: 64 R: 255 G: 255 B: 255

续表

分类	图示	配色
游戏类网站 游戏网站为了能适应小朋友的喜好，选用了明亮的天蓝色作为主色调以配合海底的深蓝色，同时加上橙色和红色使整个网页显得活泼、自然		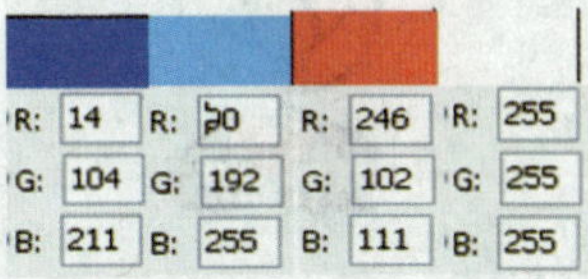

4. 网页创意设计方案的基本流程

网站是由许多网页（包括图片、链接、音乐、视频等内容以及程序）组成的，如何将所有内容组织成一个形式活泼、内容健康丰富、设计独特、受人欢迎的网站，就需要设计人员除了具备网页设计制作能力外，还应该对网站的内容、结构、美工等各方面有一个很好的规划设计。建立一个网站，一般需要考虑以下几方面：

（1）确定网站的主题

设计网站的第一步，就是要确定网站的主题，考虑为什么要建立网站，所建立的网站是针对什么类型的访问者，能提供什么样的信息内容给访问者，能有多少时间、人力、财力、技术来建立、支持和维护这个网站。只有将这些充分考虑清楚后，才能动手建立网站，制作网页。

当从客户方拿到客户单时，只有少量的客户可以很明确告知自己的需求，并对针对性很强的个性化部分也能拿捏得很准确。大多数客户并不清楚自己要建立怎样的网站，只能指出大的方向，面对设计出来的网站，凡能够看得顺眼的，大致都能接受。即使挑毛病，也是那些与突出信息或视觉审美毫无关系的环节。

实际上，即使同一个类型的网站，目的、实行方针将会根据客户的不同情况而有所偏差。这些偏差才是从真正意义上反映出网站的唯一性和特殊性。

网站文化和网页形式是表现这些个性方针及网站意图的最佳载体。没有深思熟虑和深谋远虑，网站作品也只能随波逐流、教条而平庸。形式化地照搬他人案例的结果不容乐观，忽略了自身的优势和特点，往往会以失败告终。客户如果不能明确创建网站的意图和能够从网站的发展中获取什么，那么网站的建设就毫无意义，即使设计师把网站做得再华丽，也不能起到真正的作用。

先思考以下几个问题：

Q1：建设网站的目的是什么？

A. 为业务、服务做广告

B. 电子商务、销售产品

C. 事业宣传，文化、观点传播

D. 为供求双方建立平台式网站

E. 提供公益服务

F. ……

Q2：要建设的网站规模有多大？

A. 很小，现有的资料能放下就可以了

B. 从最小的规模开始，然后逐步扩大化，最终网站内容是全面而丰富的

C. 相当复杂，更新快，积累快的

D. 不太好说，不好说将来怎么发展，走着看的

E. ……

Q3：关于网站实现的技术有何想法？

A. 全 Flash 实现的

B. 不需要程序，留言本都不需要，全 html 就够了

C. 先是 Flash 欢迎界面，里面是静态的，或者用小动画点缀一下

D. 局部用 PHP，ASP 或其他的动态程序来实现

E. ……

Q4：网站设计的风格有什么要求？

A. 比较现代，有时代感，比较大气

B. 专业、严谨，内容丰富

C. 活泼的，颜色鲜艳的，像水果糖

D. 只要不用不喜欢的颜色就可以

E. ……

（2）材料分析及整理

设计师如果不能更清楚地知道如何处理内容信息，就不能精确地对这个主题重新阐释。换句话说，创作就会没有依据，作品就不能正确地传播信息内涵。

“行业调查”与“同类网站调查”是设计进行前的重要步骤。

很多设计者仅仅通过“上网看看类似的网站”了解竞争对手，这样太片面了。把行业概念和网站概念分开来看，不仅更容易掌握材料知识，还能够帮助客户进一步确立主题的正确性。

行业知识的积累，一方面能有助于分析客户的资料，对作品将要传递出的文化内涵有一个初步的了解，同时，当客户提供的资料不足时，可以给予正确的反馈意见。另一方面，当对行业有了一定的认知后，能对同类网站的调查进行较好的识别。同类的网站并非都是优秀的，可以从中鉴别哪些是可以借鉴的。这些网站的发展、经营状况、优势和特点均是参照的对象，吸取其长处，帮助客户找出自己的优势，进一步明确网站的主题，以便选择一个好的出发点。

行业知识不过关，在进行同类网站的调查分析时，就只能流于形式、表面，不求甚解的结果只能是被动地运用客户的资料进行创作。

（3）策划书的书写

由于策划书的书写没有绝对的范本，在书写策划书时，可以依据具体情况添加或删除某些项目，基本项目见表4—4。

表4—4　　策划书的基本项目

项目	说　明
背景介绍	即通常所指的前言或概述。在策划书的开头，介绍因特网情况及公司背景等有关内容。如果是网站改版策划书的前言，一般写有关网站为什么改版的原因和必须进行改版的总结性发言。这部分尽量不要过于空洞。开头简练、醒目，可以给阅读的人一个颇有气势的感觉
市场分析	这部分要说明相关行业的市场是怎样的，有什么样的特点，是否在因特网上开展电子商务，市场的主要竞争对手，以及其网站情况和网站规划、功能等相关内容；另外还可以对公司自身条件进行分析，包括公司概况、市场优势等。有的策划书把这个部分放在后面，与建设目的结合起来分析，可以根据具体情况进行调整

续表

项目	说　明
建设目的及网站定位	这部分要说明为什么要建设网站，以及根据网站的功能，确定网站应达到的目的和作用等。网站的基本项目也可以在这部分给予介绍，如域名、网址、网站的标志、网站的口号等。目标用户的分析及总结既可以放到上一部分里，也可以放在此部分
技术解决方案	根据网站功能来决定网站使用技术的方案。对于大型网站来说，技术方面是一个重要的问题，小型企业网站这个项目可以删除。这部分要说明网站开发使用的软件环境、硬件环境情况；采用自建服务器，还是租用虚拟主机，以及相关的管理分配及费用输出；相关程序开发，选用 asp、jsp 等哪种语言；网站的安全性措施、防黑、防毒方案等
内容规划	即网站的栏目安排和结构。根据网站的目的和功能规划网站内容，企业网站基本上包括公司简介、产品及服务的介绍信息、联系方式、网上订单等。电子商务可能会需要考虑更多内容，如会员注册、产品的详细介绍、服务条款、信息搜索和查询、现金流系统、物流说明、相关帮助等。专题类网站主要考虑网站导航、内容分配、栏目负责人的制定等相关内容
页面设计	网页的美术设计包括首页信息分布、页面格局规划、网站 VIS 系统、网站广告条规范等。设计师可以针对目标用户的特征选择色彩、版式，也可以制定出网页改版计划，如某一段时间替换某个栏目或首页设计，半年到一年进行一次改版等
流程及人工	即网站开发时间进度表。建设时间的计划，网站需要什么岗位的人，以及每个岗位需要几个人都应写入策划书中，使阅览策划书的客户方便判断此项目的资金投入及可行性
网站维护	网站维护包括软硬件的维护和网站内容的维护。在这里也可以制定相关的网站维护的规定，将网站维护制度化、规范化
发布与推广	网站宣传推广方案。网站发布后的公关、广告活动及费用都可以在这里写明

除了以上众多项目外，商业赢利模式的有关介绍也是非常重要的。版式应尽量整洁，条理分明，易阅读即可。

第 1 节　色彩分析及定位

知识要求

1. 网页中色彩的选择方法

色彩是视觉设计学科的一大门类，其囊括的内容众多。本节仅仅从网页色彩基础和信息传达的角度探讨配色，从掌握网页色彩设计的特殊性上与大家做深入浅出的探讨。

（1）主色

在网页平面上，面积最大的色彩为画面的主色调；贯穿网站中所有的页面，出现次数最多的为主色调。主色调好似乐曲中的主旋律，在创造特定的气氛与意境上发挥主导作用。例如以红色为主色的作品，多数给人热情、积极和温暖的感觉，如图 4—11 所示。而以蓝色为主色的作品却给人感觉智慧、诚信和高科技，如图 4—12 所示。

图 4—11　红色主题的网页

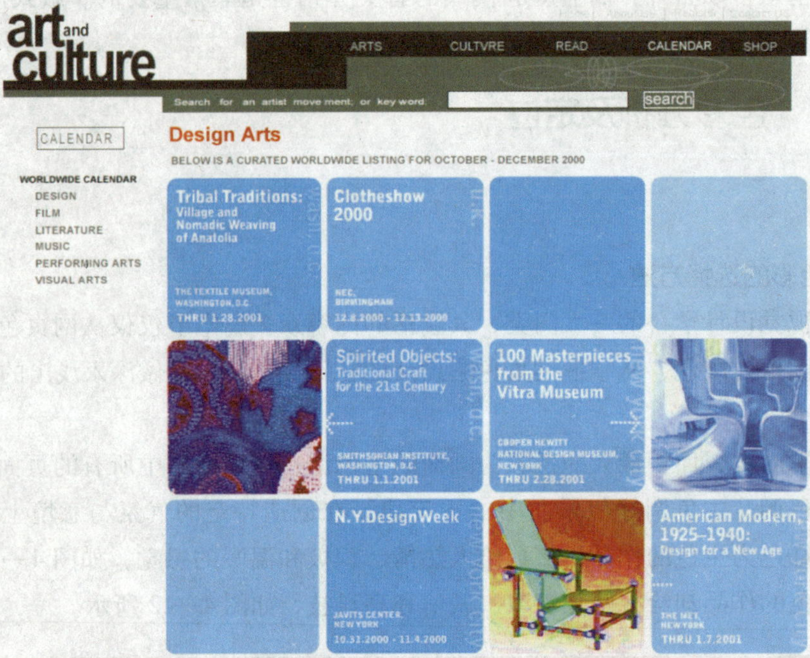

图 4—12　蓝色主题的网页

(2) 辅色

主色调是掌握整个画面色彩气氛的主要因素，而辅色面积小，起强调或缓冲调和的作用。起强调作用的辅色是空间中动感和活力的来源，还可以因其色彩点的作用使主色在整个画面中得到连贯。辅色一般为醒目突出的色彩。

类似图 4—13 的配色方案不多见，尽管紫色的面积不大，却由于它们抢眼的色相使人过目不忘。在信息区内铺垫的紫色起到了很好的辅助作用，使页面看起来更加丰富，缓冲了白色所造成的生硬感觉，这是辅助色应用最多的功能。

2. 色彩风格

随着时代的变迁，适应新时代的设计思想也随之产生，对色彩审美的价值取向也会有所不同。优秀的设计师会紧跟时代的步伐，敏锐地触摸到色彩的审美变化和对色彩感情的影响，并能将色彩运用与自我审美相融合，确立网页独具个性的色彩风格。优秀的设计师还善于从各方面汲取灵感。生活可以激发设计师的想象。如优雅华丽的传统图案、强烈而富有张力的现代绘画、具有优美节奏韵律的音乐等，都可能对设计师的设计思维产生重要影响。网页设计师只有超越自身的局限，把握住时代脉搏，自觉地运用色彩感觉、感情和色彩想象，才能够为网页设计出最适合的色彩风格，如图 4—14 所示。

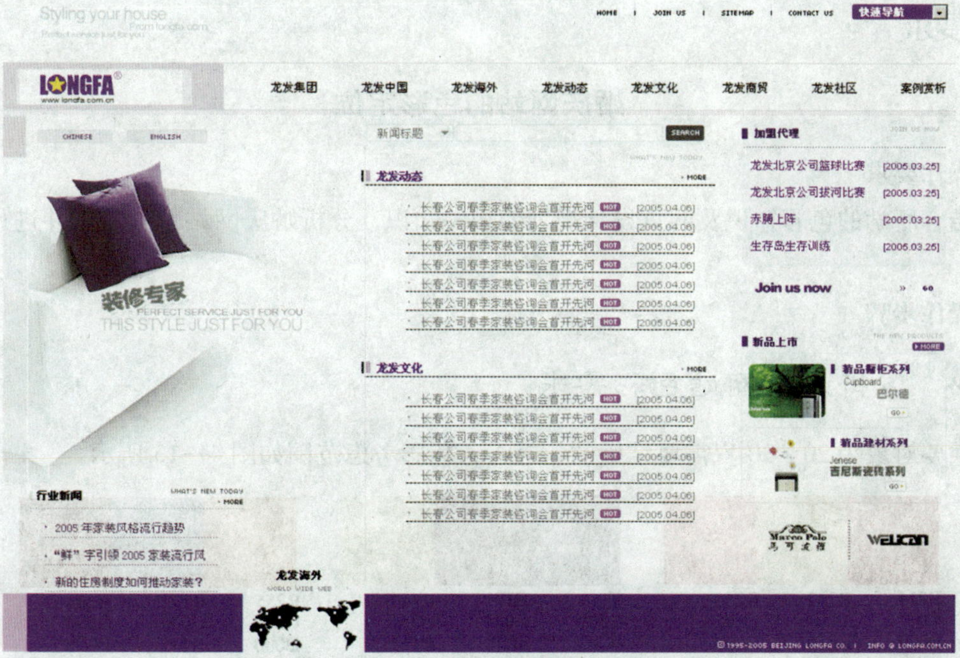

图 4—13　辅助色的应用

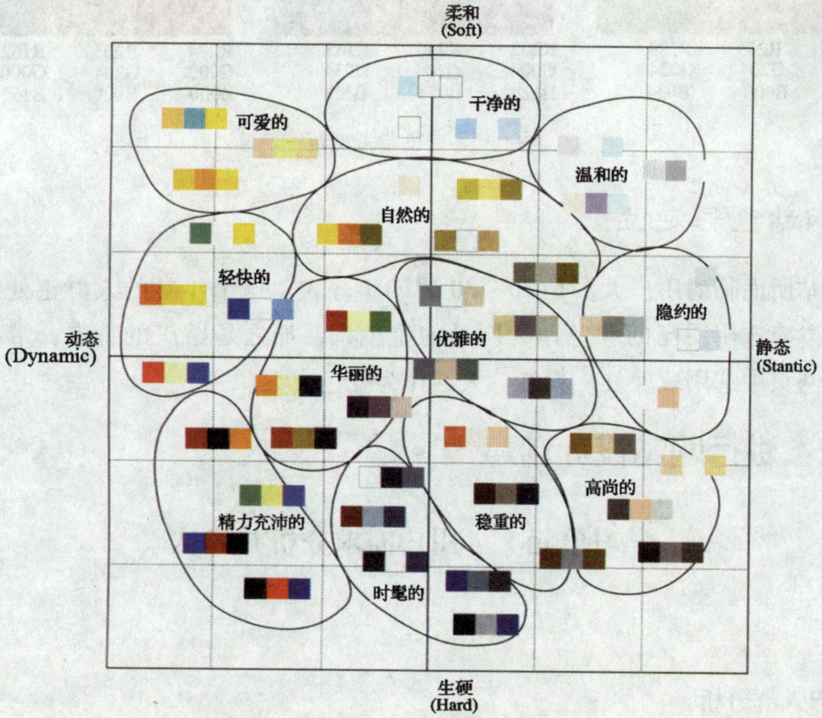

图 4—14　配色印象空间

技能要求

婚庆网站的色彩定位

操作要求

结合所学的色彩知识及网页设计规划的相关知识，分析婚庆网站色彩需求并进行色彩定位。

操作步骤

Step 1　分析婚庆网站色彩需求

主要对象为 20 ~ 30 岁需要结婚的年轻人，色彩考虑范围如图 4—15 所示。

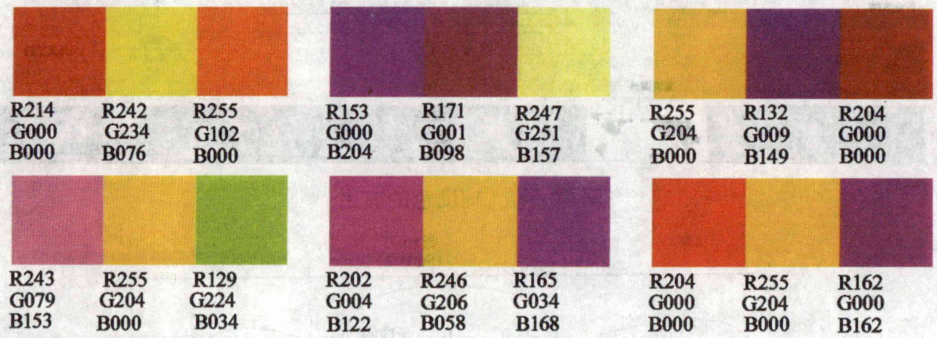

图 4—15　色彩考虑范围

Step 2　网站色彩定位

婚庆网站所面临的用户大多是 20 ~ 30 岁的年轻人。这个年龄的人群正处于朝气蓬勃的阶段，所以应选用明亮的颜色作为网站的主色调，加之是婚庆的特点，带有浪漫和喜庆，所以在网页中选用玫瑰红、粉红、大红作为配色方案。

第 2 节　进行网站设计创意

学习单元 1　用户需求分析并确认

知识要求

1. 网站客户人群分析

目标人群的行为习惯是制定推广计划的最重要依据，一定要尽可能详细地分析目标人群的性别、数量、年龄、学历、收入情况、上网时间、上网习惯、主要使用媒介、上网动机、消费决策链等，根据目标人群的消费行为习惯等来制定网站推广的策略和方法。

（1）用客户的语言说话

从客户的角度来实施网站分析的原则有很多。网站分析能不能影响到 HIPPO（highest paid person in the organization），绝对依赖于客户是否能够读懂设计师的作品。因此网站分析想要成为成功案例的第一步，就要用客户的语言说话。例如，如果客户没有任何网站分析的概念，报告中就不应写“bounce rate =95%”等表达式，而应该直接表述为“有 95% 的访客来到网站首页但没有继续访问其他的页面就选择了离开”。

（2）按客户的方式思考

用客户的语言来做网站分析能赢得客户的一些尊敬，但想要让客户认同必须按客户的方式思考。

客户的商业目标往往分为三个层次，即宏观目标、微观目标和具体的操作。宏观目标是整个客户企业的市场活动要达到的结果，比如增加利润、减少顾客的抱怨等；而微观目标则是宏观目标在网络营销领域的映射。具体的操作是为实现微观目标所需要执行的行动，比如增加客户访问量，提升网友口碑等。具体的操作往往是一系列的“行动”的组合，它们为达成微观目标的结果而一齐用力。

2．网站的用户体验

用户体验的英文缩写是 UE。它是指用户访问一个网站或者使用一个产品时的全部感受，即给用户留下的印象。用户体验在近几年被越来越多的人所重视，用户体验决定着网站是否能够吸引住用户，是否健康，受大家欢迎。

（1）品牌

用来衡量网站品牌的描述包括：

1）为访问的用户提供了有吸引力且难忘的体验。

2）网站的视觉效果与品牌一致。

3）图片、附加内容、多媒体内容提供了体验过程的价值。

4）网站传达了品牌设定的程度。

5）网站充分运用了个体能力，加强或延伸了品牌。

（2）功能性

用来衡量功能性的描述包括：所有技术上及屏幕之后的流程及应用，为所有最终用户提供互动服务，而且有时对公众和管理员都有意义。

1）用户及时获得对其查询和提交信息的反馈。

2）清晰的任务过程的告知（比如成功页面或邮件更新提示）。

3）网站和应用加上了一般的安全及个人隐私的标准。

4）在线功能与离线业务结合。

5）网站包含管理工具，加强管理员的效率。

(3) 使用性

使用性包括一般意义上的对所有网站的内容和特点的易用性。在可能之下的二级主题还包括导航的友好性。

1）网站防止错误发生，并帮助使用者从错误中恢复。

2）整体页面侧重应针对主要目标受众优化。

3）网站帮助其访问者达成一般性目标和任务。

4）网站保持其一致性和标准。

5）网站能为有残疾的用户提供特定内容。

(4) 内容

网站的实际内容包括文本、图片、多媒体等以及其结构、信息体结构。

1）连接密度带来的清晰度和简单的网站浏览。

2）内容组织方便了用户实现各自的目标。

3）内容及时准确。

4）内容与用户需要和商务目标相契合。

5）多语言的综合性内容。

技能要求

婚庆网站的用户需求分析

操作要求

结合所学知识，请对婚庆网站的用户需求进行分析并完成相应的用户需求分析策划书。

操作步骤

Step 1 需求分析

如今，各种奇异的婚典形式频繁地见于各类媒体，同时也被越来越多的年轻人所接受和认可。喜结良缘无疑是人生的一大喜事，但操办婚典却令人头痛。要把喜事办得隆重热闹而又体面省钱，自然少不了要东奔西跑。为了满足这些需求专门提供婚庆服务的婚庆公司的相关网站应运而生。

（1）市场前景分析

据国家宏观调查的资料表明，农村每对新人结婚费用在2万~10万元，城市在8万~25万元。其中光婚礼消费就占全部费用的1/6~1/5。从最初结婚时简单地照一张二人合影、亲朋好友吃顿婚宴，到现在照成套的婚纱摄影、参加专业婚庆公司组织的庆典，可见国人婚庆观念已有了很大变化。而且几乎半数以上的新人将吉日定在“劳动节”“国庆节”、元旦、春节期间，这必然形成结婚高峰期。结婚人数的增多，使婚庆生意日益火爆。2002年国庆前夕，北京、上海等地婚庆公司的订单爆满，以致难以招架。如果能提供优质的服务，定会分得婚庆服务的“一块蛋糕”。

（2）用户人群分析

现在的年轻人追求时尚和浪漫，对婚庆服务的要求也越来越高。所以在设计网页时不仅需要对网站的功能进行全方位考虑，必须具备完整的产品展示，同时能够及时听取客户意见进行不断地完善和提高，增加用户留言系统。为了能够在众多的婚庆网站中站稳脚，要有精美的Logo设计来树立企业的形象。

Step 2　完成分析表

（1）为了满足企业的宣传需求，必须在网站中建立完善的产品展示系统。

（2）为了满足信息互动的需求，还必须建立一个信息交流平台，如留言板或BBS论坛系统。

（3）为了满足用户对信息检索的需求，必须建立信息搜索系统，如站内的内容搜索或站点搜索。

（4）作为整个网站规划设计的条件和前提，同时根据网站类型——商业网站，必须树立诚信服务的企业形象。

学习单元2　编写网站UI设计方案

知识要求

1. 分析现有的网站UI设计

（1）UI的含义

UI（user interface）即用户界面，也称人机界面，是指用户和某些系统进行交互方法的集合。这些系统不单单指计算机程序，还包括某种特定的机器、设备、复杂的工具等。

（2）常见的UI版面布局形式

网页常见的布局结构有“国”字形布局、“匡”字形布局、“三”字形布局、“川”字形布局、封面型布局、Flash布局、标题文本型布局、框架型布局和变化型布局等，详见表4—5。

表 4—5　　常见的 UI 版面布局形式

网页常见的布局结构	图　示
“国”字形布局 也可称为“同”字形，是一些大型网站所喜欢的类型，即最上面是网站的标题以及横幅广告条，接下来就是网站的主要内容，左右分列两小条内容，中间是主要部分，与左右一起罗列到底，最下面是网站的一些基本信息、联系方式、版权声明等。这种结构是在网上能见到的最多的一种结构类型	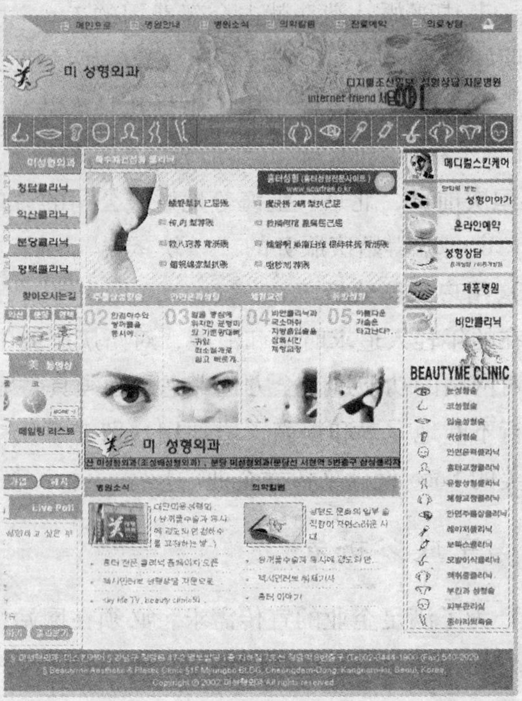
“匡”字形布局 这种结构与“国”字形布局其实只是形式上的区别，它去掉了“国”字形布局最右边的部分，给主内容区释放了更多空间。这种布局上面是标题及广告横幅，接下来的左侧是一窄列链接等，右列是很宽的正文	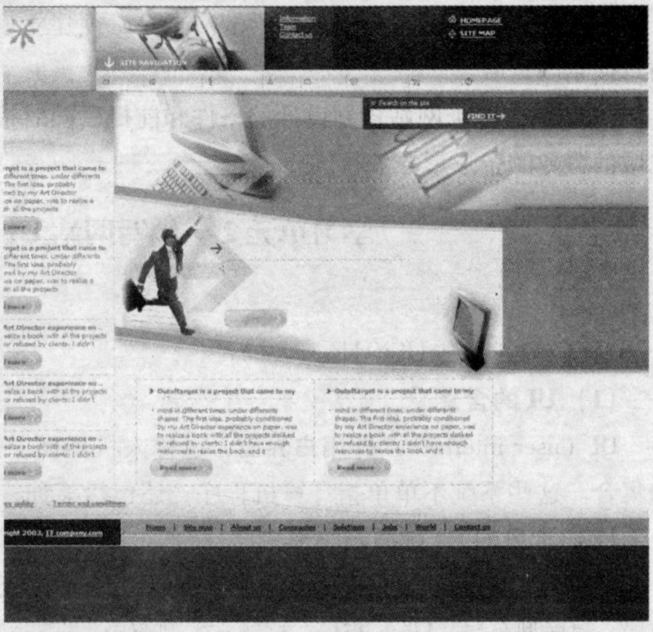

续表

<table>
<tr><th>网页常见的布局结构</th><th>图　示</th></tr>
<tr><td>“三”字形布局
这是一种简洁明快的网页布局，在国外用得比较多，国内比较少见。这种布局的特点是在页面上由横向两条色块将网页整体分割为三部分，色块中大多放置广告条与更新和版权提示</td><td>
</td></tr>
<tr><td>封面型布局
封面型布局主要应用在网站的主页上，一般为精美的图片设计加上简单的文字链接，或通过进入链接到下一个页面。一般企业展示型网站和个人网站大多使用这种布局</td><td>
</td></tr>
<tr><td>Flash 布局
这种布局是指整个网页就是一个 Flash 动画，本身就是动态的，画面一般比较绚丽、有趣，是一种比较新潮的布局方式。其实这种布局与封面型结构是类似的，不同的是由于 Flash 的强大功能，页面所表达的信息更丰富。其视觉效果和听觉效果如果处理得当，会是一种非常有魅力的布局</td><td></td></tr>
</table>

2．UI布局方案初定

在制作网页前，可以先布局出网页的草图。网页布局的方法有两种：第一种为纸上布局；第二种为软件布局。

（1）纸上布局

许多网页设计人员不喜欢先画出页面布局的草图，而是直接在网页编辑工具里边设计布局边加上内容。这种不打草稿的方法不能设计出优秀的网页。所以在开始制作网页时，最好首先在纸上画出页面的布局草图。这属于创造阶段，不必讲究细腻工整，不必考虑细节功能，只以粗陋的线条勾画创意的轮廓。如图4—16所示。

在草案的基础上，将确定需要放置的功能模块安排到页面上（功能模块在“首页设计－引子”中提过，主要包含网站标志、主菜单、新闻、搜索、友情链接、广告条、邮件列表、计数器、版权信息等）。注意，这里必须遵循突出重点、平衡协调的原则，将网站标志、主菜单等最重要的模块放在最显眼、最突出的位置，然后考虑次要模块的排放。

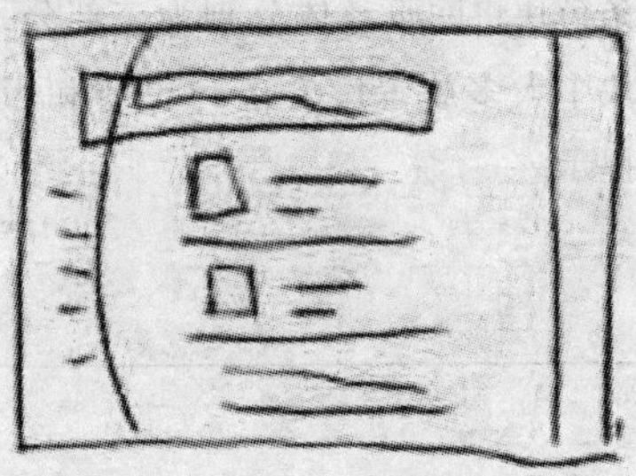

图4—16　网页布局草图

（2）软件布局法

如果不喜欢用纸来画出布局草图，还可以利用Photoshop，Fireworks等软件来完成这些工作。利用软件可以方便地使用颜色、图形，并且可以利用层的功能设计出用纸无法实现的布局理念。

技能要求

编写婚庆网站UI设计方案

操作要求

用Photoshop软件完成婚庆网站的网页布局方案设计。

操作步骤

Step 1　婚庆网站布局创意

经过思考，婚庆网站的设计布局采用的是“匡”字形结构布局，这种布局方式克服了“国”字形的结构封闭的缺陷，所列的信息量和“同”字形结构大体相同，这是因特网上常见的布局方式，直观、有条理、均衡，比较符合客户的要求。

Step 2　手绘草图

手绘草图设计如图 4—17 所示。

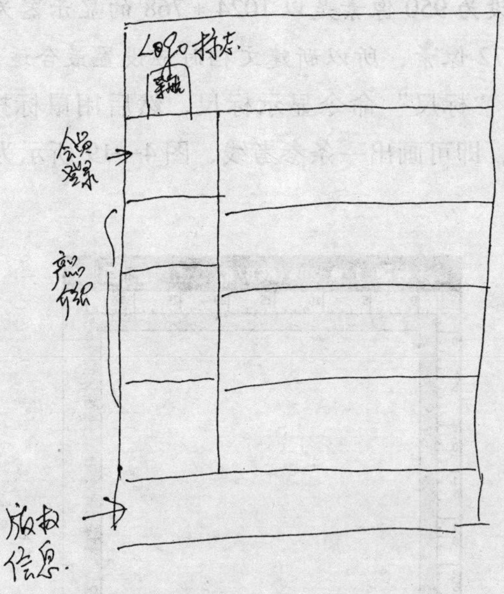

图 4—17　婚庆网站的布局草图

Step 3　利用 Photoshop 设计网页 UI 方案

（1）新建一个 Photoshop 空白文档，宽度为 950 像素，高度为 1 770 像素，分辨率为 72 像素，其他设计为默认，如图 4—18 所示。

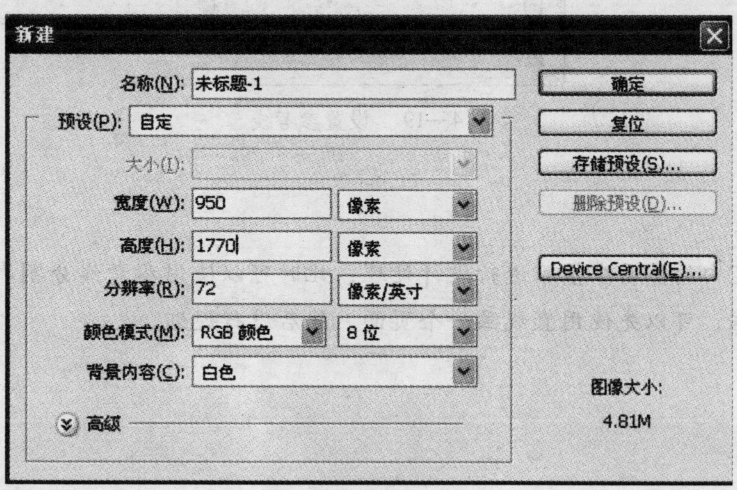

图 4—18　新建网页

小贴士

说明：将文件的宽度设为950像素是以1024＊768的显示器为基础。另外，在网络环境中，最合适的分辨率为72像素，所以新建文档时应设置最合适的尺寸和分辨率。

（2）执行“视图”→“标尺”命令显示标尺，然后用鼠标按住标尺的尺度值位置，并拖动到页面上合适位置，即可画出一条参考线，图4—19所示为按绘制的草图用参考线绘制出的样张。

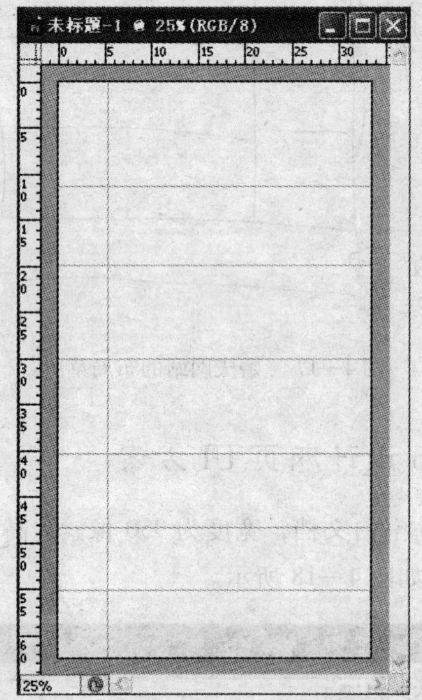

图4—19　设置参考线

小贴士

一个完全空白的界面中很难进行设计处理，此时可以使用参考线分割界面。但是分割界面需要有依据，可以先使用直线画一个页面，然后进行规划。

第 3 节　网站效果的规划处理

学习单元 1　分析并设计网站的功能模块

知识要求

1．网站层次结构设计的基本原则

网页页面布局有以下基本原则，熟悉这些原则将对页面的设计有所帮助。

（1）主次分明，中心突出

在一个页面上，必须考虑视觉的中心，这个中心一般在屏幕的中央，或者在中间偏上的部位。因此，一些重要的文章和图片一般可以安排在这个部位，在视觉中心以外的地方就可以安排那些稍微次要的内容，这样在页面上就突出了重点，做到了主次有别。

（2）大小搭配，相互呼应

较长的文章或标题不要编辑在一起，要有一定的距离；同样，较短的文章也不能编排在一起。对待图片的安排也是这样，要互相错开，使大小图片之间有一定的间隔，这样可以使页面错落有致，避免重心的偏离。

（3）图文并茂，相得益彰

文字和图片具有一种相互补充的视觉关系，页面上文字太多，就显得沉闷，缺乏生气。页面上图片太多，缺少文字，必然会减少页面的信息容量。因此，最理想的效果是文字与图片的密切配合，互为衬托，既能活跃页面，又使主页有丰富的内容。

（4）简洁、一致性

保持简洁的常用做法是使用醒目的标题，这个标题常常采用图形来表示，但图形同样要求简洁。另一种保持简洁的做法是限制所用的字体和颜色的数目。一般每页使用的字体不超过 3 种，一个页面中使用的颜色少于 256 种。

要保持一致性，可以从页面的排版下手，各个页面使用相同的页边距，文本、图形之间保持相同的间距。主要图形、标题或符号旁边留下相同的空白。

（5）网页布局时应注意的一些元素

这些元素包括：格式美观的正文，和谐的色彩搭配，较好的对比度，文字具有较强的可读性，生动的背景图案，页面元素大小适中，布局匀称，不同元素之间留有足够空白，各元素之间保持平衡，文字准确无误，无错别字，无拼写错误。

（6）控制文本和背景的色彩

考虑到大多数人使用 256 色显示模式，因此一个页面显示的颜色不宜过多，包括图像在内应当控制在256色以内。主题颜色通常只需要2～3种，并采用一种标准色。

2．网站功能模块的设计

在对网站进行规划时，一个必不可少的环节就是结合客户的要求及企业的性质，规划网站的功能模块，并结合功能模块绘制出网站层次结构图。下面就以北京天信咨询有限公司为例设计网站的功能模块。

（1）公司背景介绍

北京天信美容咨询有限公司创建于2000年，是一家专营奶茶美容的著名企业。为了让东方女性同样享用皇家贵族的美容方式，于2001年与英国Vicky May（薇琦美）皇家护肤研究中心合作，针对东方人的特质及各地风土人情和环境气候等因素，调整了薇琦美部分产品的配方。在中国加入WTO与世界接轨的时刻，将英国皇家宫廷美容秘方结合现代高科技的美容产品引进中国。

公司欲利用网络制作一个专业的美容网站，让更多的人了解公司的美容项目、美容产品，展示公司在美容方面的成就，提供一些方便的美容资讯及美容提示，并且提供一个交流美容知识的平台。在全国范围内推广最新美容护肤概念、美容美体机构管理模式及功效卓越的薇琦美产品，为更多的爱美人士及美容连锁加盟店的执行人士提供完善、科学、周到的服务。

（2）确定功能模块及其作用

1）首页模块。根据用户使用习惯，综合体现网页主体及网页内容。同时提供快捷的信息检索系统。

2）“关于我们”模块。介绍公司基本情况、愿景和价值观与公司战略等信息。在此模块下增加“加入我们”即职位招聘模块。

3）咨询服务模块。介绍公司提供的咨询服务内容以及软件和解决方案；咨询服务内容包括咨询、实施与部署、运行与维护、全程技术支持和知识中心；软件和解决方案中为了满足不同的用户需求，按应用方向对软件进行分类，包括远程接入软件、审计软件，方便用户可以有选择性地对产品进行了解。

4）成功案例模块。主要介绍公司曾经出色完成过的案例，并列举部分行业客户名录。

5）合作加盟模块。主要介绍公司在商业上和战略上的合作伙伴，并真诚地希望能够吸引新的合作伙伴的加盟。因此，在此模块下采用表单提交的形式设立了一个合作伙伴的信息收集系统。

6）“联系我们”模块。展示企业联系方式等信息。

7）快速访问模块。实现信息检索功能。

（3）规划网站层次结构

根据功能模块的设计，规划网站层次结构图，如图 4—20 所示。

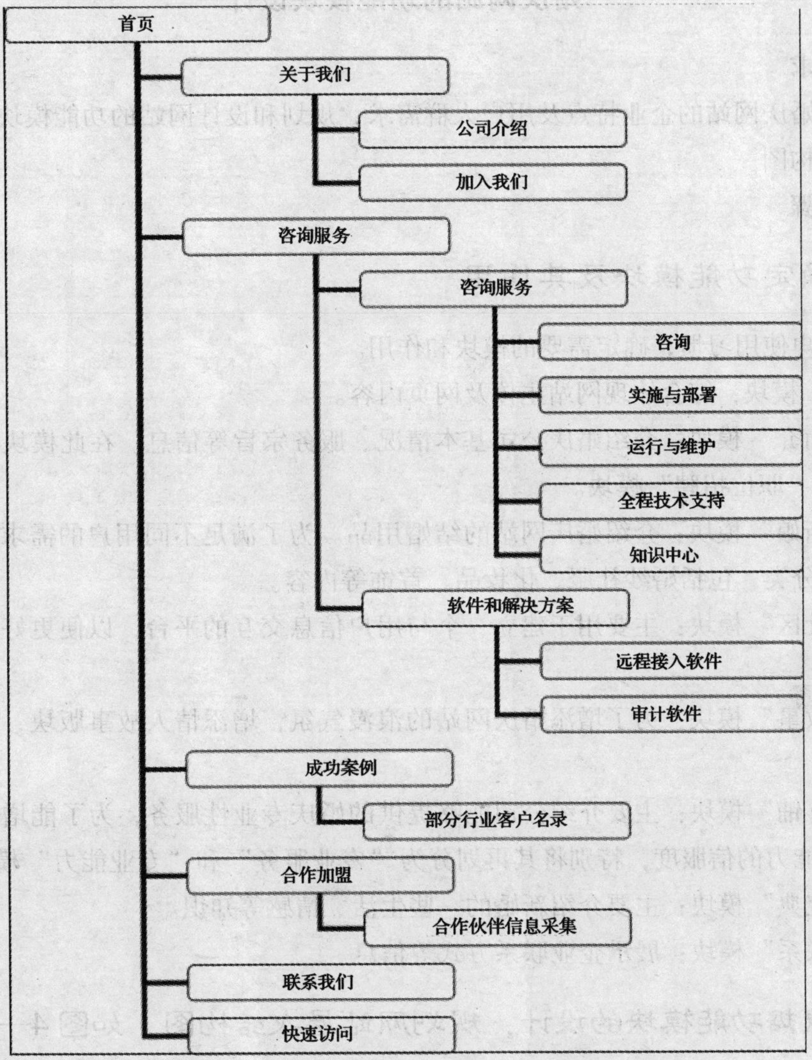

图 4—20　功能模块图

技能要求

婚庆网站的功能模块设计

操作要求

请结合婚庆网站的企业特点及用户人群需求，规划和设计网站的功能模块，并完成网站的层次结构图。

操作步骤

Step 1 确定功能模块及其作用

根据用户使用习惯，确定需要的模块和作用。

“首页”模块：综合体现网站主体及网页内容。

“公司简介”模块：介绍婚庆公司基本情况、服务宗旨等信息。在此模块下增加“企业咨询”与“职位招聘”模块。

“美丽新娘”模块：介绍婚庆网站的结婚用品。为了满足不同用户的需求，决定按实际应用进行分类，包括婚纱礼服、化妆品、首饰等内容。

“论坛社区”模块：主要用于建立一个与用户信息交互的平台，以便更好地提高服务质量。

“情人故事”模块：为了增添婚庆网站的浪漫气氛，增添情人故事版块，介绍一些爱情小故事。

“花嫁喜铺”模块：主要介绍公司能够提供的婚庆专业性服务，为了能增加用户对公司专业服务能力的信服度，特别将其再划分为“专业服务”和“专业能力”模块。

“新婚宝典”模块：主要介绍新婚的一些生活、情感等知识。

“与我联系”模块：展示企业联系方式等信息。

Step 2 根据功能模块的设计，规划网站层次结构图，如图4—21所示。

学习单元2 确定网页设计风格

知识要求

风格不是片面的与众不同。一来视觉设计的独特性只是网站设计的一部分；二来文化信息传达的准确性也是非常重要的。既要构思出有别于其他网站的作品，又不能是无根据、一味寻求特殊，必须在符合网站内容和建设目的的条件下寻找突破点。

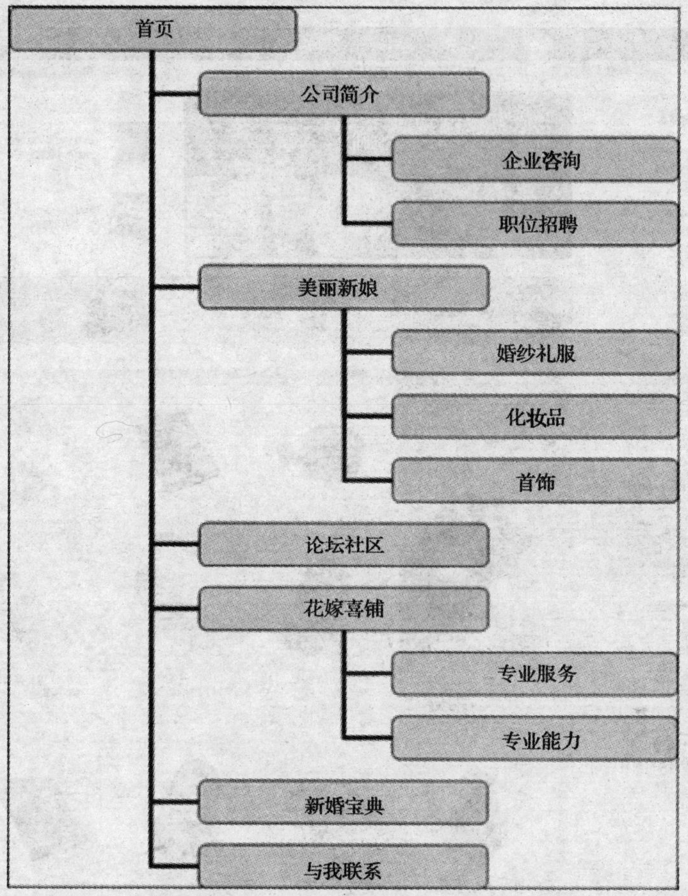

图 4—21　网站层次结构图

如果从形成统一外观的角度考虑，风格设计还是有些技巧可以学习的，反复与减弱是创作的两大重点技巧。

1. 重复、替换、调整——统一的过程

在学习网页设计制作员四级以后，大家有了一定的网页设计经验。构思时一般从某一页面开始，而这个页面总是网站的主页。一旦确定了主页的样式，就要把它运用到网站中的其他页面上。这个过程就是重复、替换、调整的过程。下面将通过某一化妆品网站的多个页面来进行分析，如图 4—22 到图 4—24 所示。

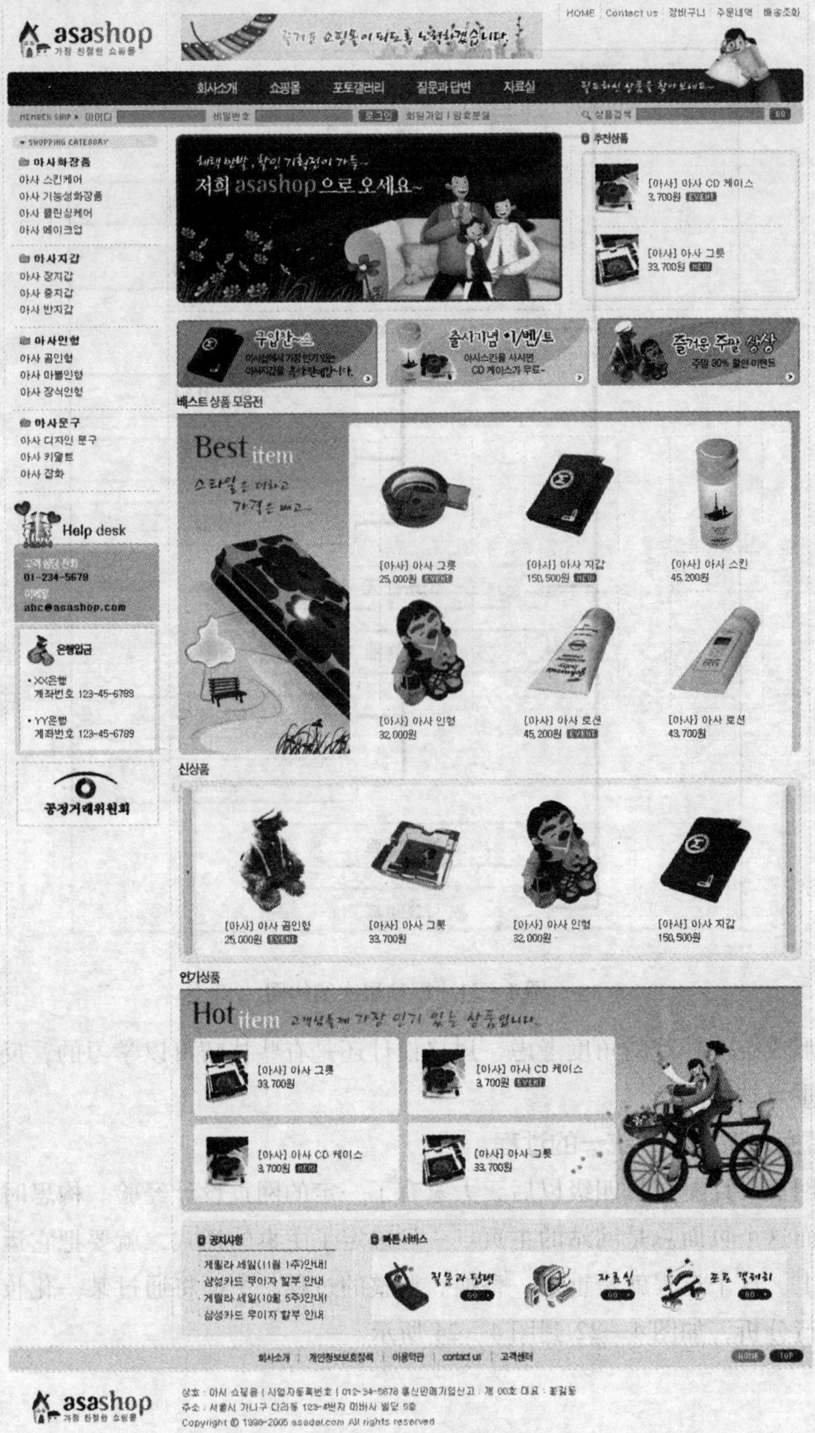

图4—22　化妆品网站首页

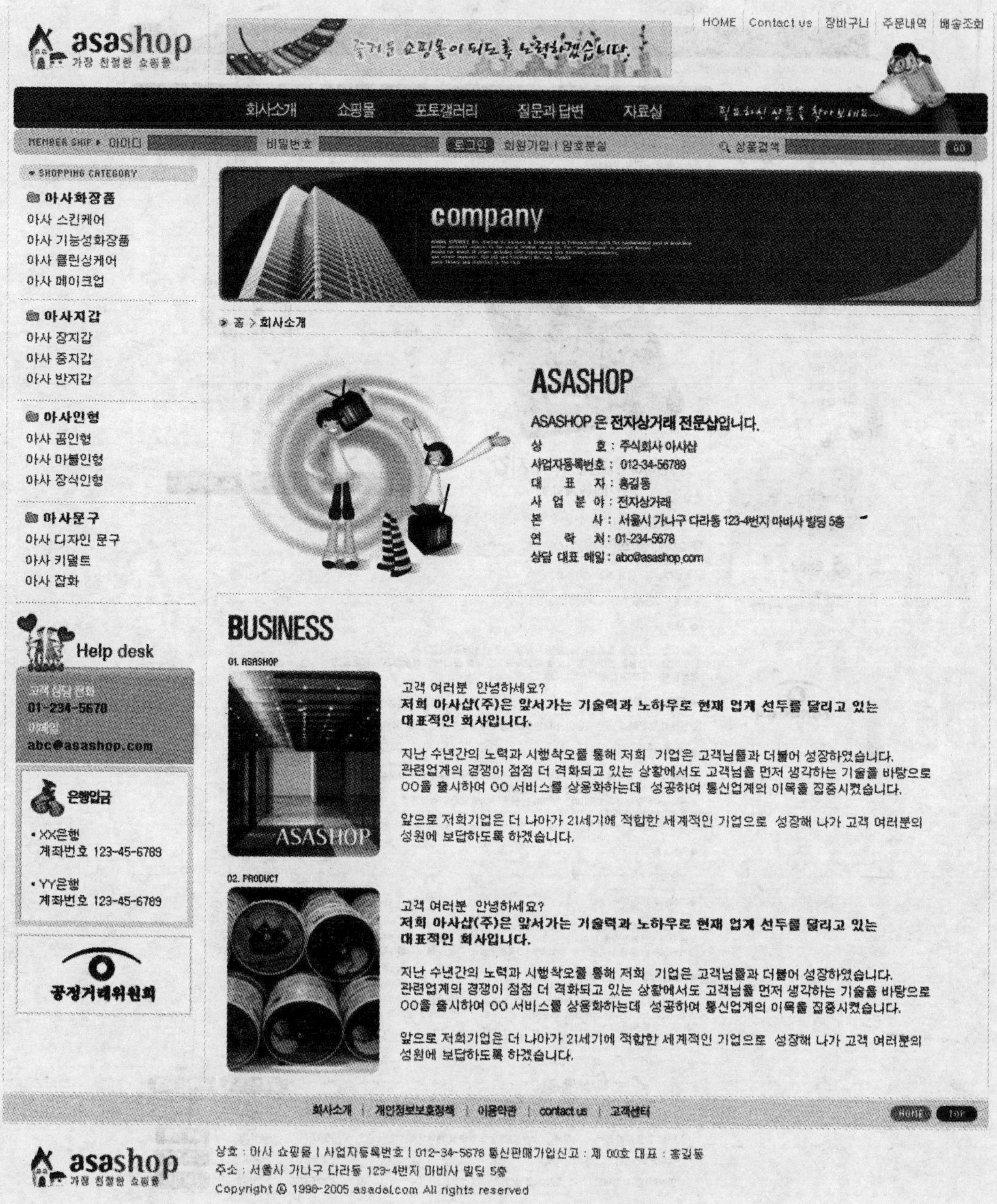

图 4—23　化妆品网站子页面 1

图 4—24　化妆品网页子页 2

这三个网页的横幅栏与导航栏的布局基本相同，信息和插图的位置也相同，只是根据信息内容的变化进行了少量调整。统一的布局与色调使整个网站有机地结合在一起。

2．减弱——强调和弱化

“优势在全面中变得平庸”，这是个普遍性很强的哲学道理，适用于一切视觉设计之中。如果想要突出页面或网站的某一特征，强调其意图，要通过弱化其他元素来实现。下面就通过实例来进行说明，如图4—25所示。

图4—25　ELLE网站首页

ELLE的页面条理分明，十分清爽。网站的特色在于红色的标志与时尚的味道。当看到这个作品时，会深深地记住它的标志。为了能够形成统一的外观，很多作品选用标志色彩作为网站的主色调，这样容易使画面和谐一致。但ELLE却没有这样做，如果页面到处都是大面积的红色，标志也就无法吸引人了。

进入内页，导航出现了一点黑色，黑色与红色开始了较量。这就是为什么当要突出某一个特征时，不是使它孤立，就是要减弱其他元素的原因。主角只能有一个，有了主角，网站形象就会鲜明起来。都是主角，一下子就失去了特色。不过，由于浏览者是从主页进入内页的，主页的红色已经给浏览者留下了深刻的印象，所以红色仍然具有识别特性。

技能要求

婚庆网站的风格设计

操作要求

结合所学知识及婚庆网站的特点，完成婚庆网站的风格设计。

操作步骤

Step 1

为了在最大程度上满足用户对网页的浏览需求，采用800像素 ×600像素的显示器分辨率作为默认显示器，在此基础上进行页面效果图及网页的设计制作。

Step 2

根据客户需求分析、网页特点分析，选择复合结构的形式，利用横幅栏来分割网页。

Step 3

根据公司类型（即婚庆网站），选择具有喜庆、浪漫色彩的玫瑰红色和粉红色作为网站的配色方案。

Step 4

语言可以选择简体中文。

学习单元3　确定网页的动态效果

知识要求

1. 动态网页的定义

动态网页与网页上的各种动画、滚动字幕等视觉上的动态效果没有直接关系，动态网页可以是纯文字内容的，也可以是包含各种动画的内容，这些只是网页具体内容的表现形式，无论网页是否具有动态效果，采用动态网站技术生成的网页都称为动态网页。

动态网页的一般特点简要归纳如下：

（1）动态网页以数据库技术为基础，可以大大降低网站维护的工作量。

（2）采用动态网页技术的网站可以实现更多的功能，如用户注册、用户登录、在线调查、用户管理、订单管理等。

（3）动态网页实际上并不是独立存在于服务器上的网页文件，只有当用户请求时服务器才返回一个完整的网页。

动态网页中的“?”对搜索引擎检索存在一定的问题，搜索引擎一般不可能从一个网站的数据库中访问全部网页，或者出于技术方面的考虑，搜索引擎不去抓取网址中“?”后面的内容，因此采用动态网页的网站在进行搜索引擎推广时需要做一定的技术处理才能适应搜索引擎的要求。

2. 动态网页技术

网络技术日新月异，细心的网友会发现许多网页文件扩展名不再只是“. htm”，还有“. php”“. asp”等，这些都是采用动态网页技术制作出来的。

早期的动态网页主要采用 CGI 技术，CGI 即 common gateway interface（公用网关接口）。可以使用不同的程序语言编写适合的 CGI 程序，如 Visual Basic、Delphi 或 C/C + + 等。虽然 CGI 技术已经发展成熟而且功能强大，但由于编程困难、效率低下、修改复杂，所以有逐渐被新技术取代的趋势。

动态效果在网页中的实现方式如下：

（1）适当利用 JavaScript 语言制作网页动态效果。

（2）适当运用 Flash 动画，突出网页的主题。

（3）开发与制作动态交互方式，如用户登录、用户注册、网上论坛等模块，实现用户与商家的交互，提高网站的亲和力。

技能要求

婚庆网站的动态效果方案设计

操作要求

结合所学的有关动态网页的知识，为婚庆网站设计网站的动态方案。

操作步骤

Step 1

为了缓和网站图文混排样式的信息浏览量过大而造成用户视觉疲劳的问题，可以使用 Flash 制作网页元素的技巧在页面中达到动静平衡的作用。

Step 2

在二次设计开发中可增加信息互动系统，实现网页交互功能。

Step 3

在各页面间进行链接时，为了缓解页面加载时的等待时间，可以在 Flash 动画中使用代码实现加载提示的功能。

考场练兵

设计制作网站总体方案及网页效果

1. 试题单

（1）操作条件

1）操作素材，素材为文件夹内的“1.1.1.txt” ~ “1.1.8.jpg”。

2）以上素材均在考试机指定的“第4章\考场练兵”文件夹内。

（2）操作内容

1）按要求，结合前言中给定的公司信息，完成网站设计方案。

2）打开素材“1.1.1.doc”，在设计方案模板提供的选项中，选择正确项匹配（　）中编号，将答案按编号填入文档最后部分的答题卷中，最后将文件保存在考生文件夹下。

设计方案

一、前言

惠龙电讯集团成立于1981年，公司总部设在香港，并先后在台北、上海和北京设立分公司。惠龙电讯致力于为中国内地、香港特区、台湾地区以及亚洲各国提供优质的专业语音、数据、视像通信系统及服务。目前客户累计超过3 000家，覆盖的行业极其广泛，包括能源、金融、政府机构、交通、工业以及国际最大的500家跨国公司等。

公司业务主要包括企业产品和网络产品。同时，惠龙公司竭诚欢迎优秀人才以及合作伙伴的加盟。

二、需求分析

1. 为了满足企业的商业需求，必须在网站中建立（a1）系统。

2. 为了满足（a2）的需求，还必须建立用户留言系统。

3. 为了满足用户对信息的检索需求，必须建立信息搜索系统。

4. 作为整个网站规划设计的（a3），同时根据网站类型——商业网站，必须树立诚信服务的企业形象。

三、系统分析

1. 确定功能模块及其作用

(1) 根据用户使用 (1) 首先需要 (a4) 模块：综合体现网页主体及网页内容。

(2)“公司资讯”模块：介绍公司基本情况、服务宗旨等信息。在此模块下增加“公司咨询”与“职位招聘”模块。

(3) (a5) 模块：介绍企业开发设计的主要产品；为了满足不同的 (a6)，决定按实际应用方向对其进行分类，包括 (a7)、(a8)，方便用户可以有选择性的对产品进行了解。

(4) (a9) 模块：主要介绍公司曾经出色完成过的任务；根据 (a10) 按任务类型对其进行分类，包括 (a11) 和 (a12)。

(5)“专业服务”模块：主要介绍公司能够提供的专业性的服务，为了增加用户对公司专业服务能力的信服度，特别将此再划分为“专业服务”和“专业能力”模块。

(6)“业务合作”模块：主要介绍公司在商业上和战略上的合作伙伴，并真诚地希望能够吸引新的合作伙伴的加盟。因此，在此模块下又设立了商业合作伙伴、战略合作伙伴、合作加盟三个模块。

(7)“联系我们”模块：展示企业联系方式等信息。

(8) (a13) 模块：实现信息检索功能。

2. 根据功能模块的设计，规划网站层次结构图

3. 详细设计分析

(1) 在为 (a22) 系统而设计的各功能模块中，依据信息形式、信息容量采用 (a23) 形式实现基本信息浏览功能。

(2) 在“用户留言系统”与“信息检索”系统中，使用 Dreamweaver 与数据库相结合的技术，实现留言与信息搜索功能。

四、风格设计

1. 为了在最大程度上满足用户对网页的浏览需求，采用 (a24) 的显示器分辨率为默认显示器，在此基础上进行页面效果图及网页的设计制作。

2. 根据客户需求分析、(a25)，选择 (a26) 形式的网页架构，利用 (a27) 来分割页面。

3. 根据公司类型——IT 商业，选择具有活力的橙色和绿色作为网站的配色方案。

4. 语言选择：简体中文。

五、动态效果设计

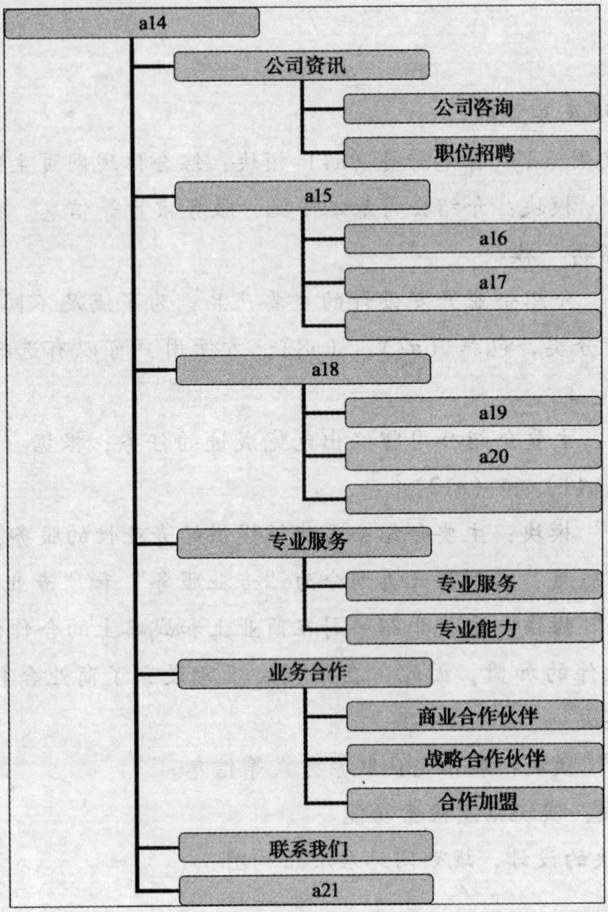

1. 为了缓和网站（a28）样式的信息浏览量过大而造成用户视觉疲劳的问题，可以使用 Flash 制作网页元素的技巧在页面中达到动静平衡的作用。

2. 在二次设计开发中可增加（a29）系统，实现网页交互功能。

3. 在各页面间进行链接时，为了缓解页面加载时等待的不适，可以在 Flash 动画中使用 Loading 动画，实现加载提示。

六、网站建设步骤

1. 根据风格设计，制作 2 ~ 3 套页面效果图。

2. 使用 Dreamweaver 制作网页。

3. 项目预计使用时间为 20 天。

4. 网站运营前，由制作团队进行调试完善。

5. 网站运营期间，由公司实现网站维护，删除那些不符合（a30）的内容。

选　　项			
1. 首页	2. 企业产品	3. 产品介绍	4. 网络产品
5. 网络产品典型案例	6. 企业产品典型案例	7. 经典案例	8. 站内搜索
9. 778 像素 ×439 像素	10. 800 像素 × 600 像素	11. 1 002 像素 ×623 像素	12. 1 024 像素 × 768 像素
13. 完善的产品展示	14. 完善的产品销售	15. 完善的售后服务	16. 信息反馈
17. 信息互动	18. 条件和前提	19. 重点和要求	20. 目标和核心
21. 用户需求	22. 用户使用习惯	23. 用户消费习惯	24. 列表
25. 文本	26. 图文混排	27. 网页访问量	28. 网页信息量
29. 单一结构	30. 混合结构	31. 复合结构	32. Logo
33. 横幅广告	34. 导航系统	35. 因特网信息安全	36. 因特网信息浏览
37. 文字	38. 法律法规	39. 道德规范	40. 图像

网站效果图如图 4—26 所示。

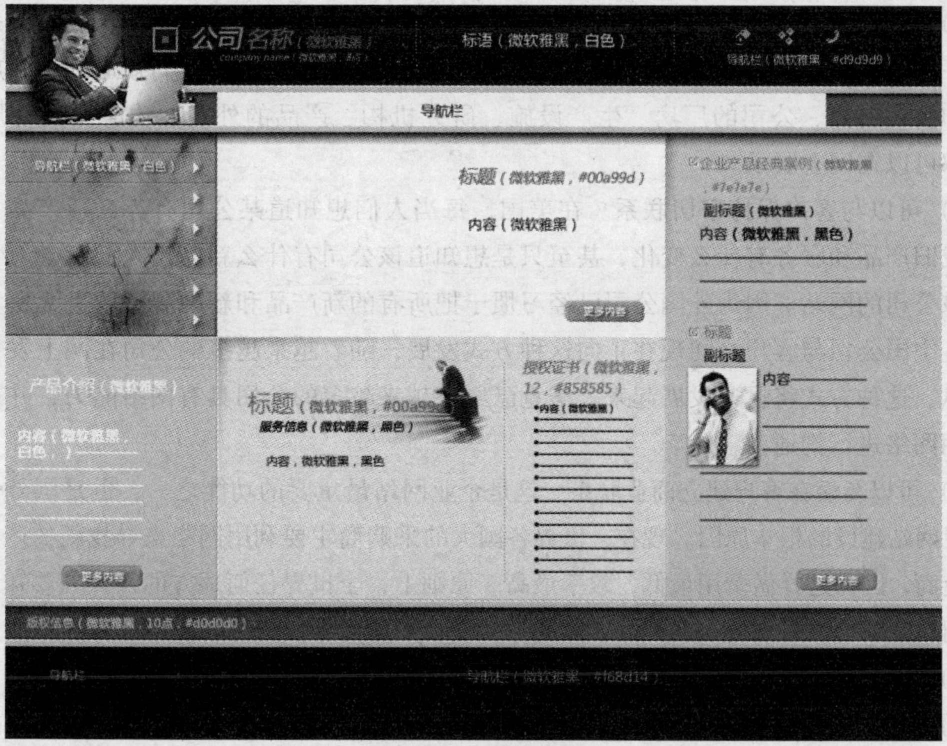

图 4—26　网站效果图

2．参考答案

许多同学当看到这么复杂的题目时往往会感到解题无从下手。其实在临场考试中这一部分的内容是最容易的。要想完善网页设计方案，首先应对企业网站的特点进行认真的分析。企业网站是网页设计的主流方向，只有掌握了设计的要领，才能真正做到举一反三、灵活运用。

（1）分析企业型网站的设计优势

1）有利于提升企业形象。企业网站的作用更类似于企业在报纸和电视上所做的宣传公司本身及品牌的广告。不同之处在于企业网站容量更大，企业几乎可以把任何想让客户及公众知道的内容放入网站。此外，相对来说，建立企业网站的费用也比其他广告方式要多。企业如拥有自己的网址，应在各种广告中尽量地推介该网址，并把具体性的内容放入网址中。

2）使公司具有网络沟通能力。在中国，人们对网络往往有所误解，以为电子信箱（e-mail）就是网络。不少公司将电子邮件地址当成网址，并印在名片上。实际上，电子邮件只是网络中一个最常用、最简单的功能。网络真正的内涵在于其内容的丰富性，几乎无所不包。对于一个企业来说，其具有网络沟通能力的标志是公司拥有自己的独立网站，而非电子信箱。

3）可以全面详细地介绍公司及公司产品。公司网站的一个最基本的功能，就是能够全面、详细地介绍公司及公司产品。事实上，公司可以把任何想让人们知道的东西放入网站，如公司简介、公司的厂房、生产设施、研究机构、产品的外观、功能及其使用方法等，都可以在网上展示。

4）可以与客户保持密切联系。在美国，每当人们想知道某公司有什么新产品、新服务，或旧产品和服务有什么变化，甚至只是想知道该公司有什么新闻，人们就会习惯性地进入该公司的网站。因为外国公司已经习惯于把所有的新产品和新的服务放进无所不能的网站。中国公司与客户之间现在正向这种方式发展，随着越来越多的公司在网上发布产品和信息，这种方式将迅速发展起来。毕竟已经有越来越多的公司具有网络能力，并逐渐习惯于用网络进行沟通。

5）可以与潜在客户建立商业联系。这是企业网站最重要的功能之一，也是国外企业非常重视网站建设的根本原因。现在，世界各国大的采购商主要利用网络来寻找新的产品和新的供应商，因为这样做费用最低，效率最高。原则上，全世界任何地方的人，只要知道了公司的网站，就可以看到公司的产品。因此，关键在于如何将公司网站推介出去。

6）可以利用网站及时得到客户的反馈信息。客户一般是不会积极主动地向公司反馈信息的。如公司在设计网站时，加入专门用于客户与公司联系的电子邮件和电子表格，由于使用极其方便，相对来说，一般客户还是比较乐于使用这种方式与公司进行联系。由此，公司可以得到大量的客户意见和建议。

（2）网站设计方案的制作

此类题型为选择题，而选择的项目都在设计方案选项表中。在做题时必须以此为基础进行规划与选择。

1）需求分析

①为了满足企业的商业需求，必须在网站中建立（完善的产品展示）系统（选项：完善的产品展示；完善的产品销售；完善的售后服务）。

注意：

a．产品展示功能模块、信息展示功能模块适用于销售企业类网站。如惠龙电讯公司。

b．企业宣传功能模块适用于事业单位的网站，如学校网站。

c．服务信息功能模块适用于服务业的网站，如旅游网站。

②为了满足（信息反馈）的需求，还必须建立用户留言系统（选项：信息反馈；信息互动）。

注意：

a．信息反馈通过留言系统来实现。

b．信息互动通过 BBS 系统来实现。

③为了满足用户对信息的检索需求，必须建立信息搜索系统。

④作为整个网站规划设计的（条件和前提），同时根据网站类型——商业网站，必须树立诚信服务的企业形象。

2）系统分析

①确定功能模块及其作用

a．根据用户使用（习惯）首先需要（首页）模块：综合体现网页主体及网页内容。

b．“公司资讯”模块：介绍公司基本情况、服务宗旨等信息。在此模块下增加“公司咨询”与“职位招聘”模块。

c．（产品介绍）模块：介绍企业开发设计的主要产品；为了满足不同的（用户需求），决定按实际应用方向对其进行分类，包括（企业产品）、（网络产品），方便用户可以有选择性地对产品进行了解。

d．（典型案例）模块：主要介绍公司曾经出色完成过的任务；根据（用户需求）按任务类型对其进行分类，包括（企业产品经典案例）和（网络产品经典案例）。

e．“专业服务”模块：主要介绍公司能够提供的专业性的服务，为了增加用户对公司专业服务能力的信服度，特别将此再划分为“专业服务”和“专业能力”模块。

f．“业务合作”模块：主要介绍公司在商业上和战略上的合作伙伴，并真诚地希望能够吸引新的合作伙伴的加盟。因此，在此模块下又设立了商业合作伙伴、战略合作伙伴、合作加盟三个模块。

g.“联系我们”模块：展示企业联系方式等信息。

h.（站内搜索）模块：实现信息检索功能。

以上内容结合网站的特点完成填写。

②根据功能模块的设计，规划网站层次结构图。

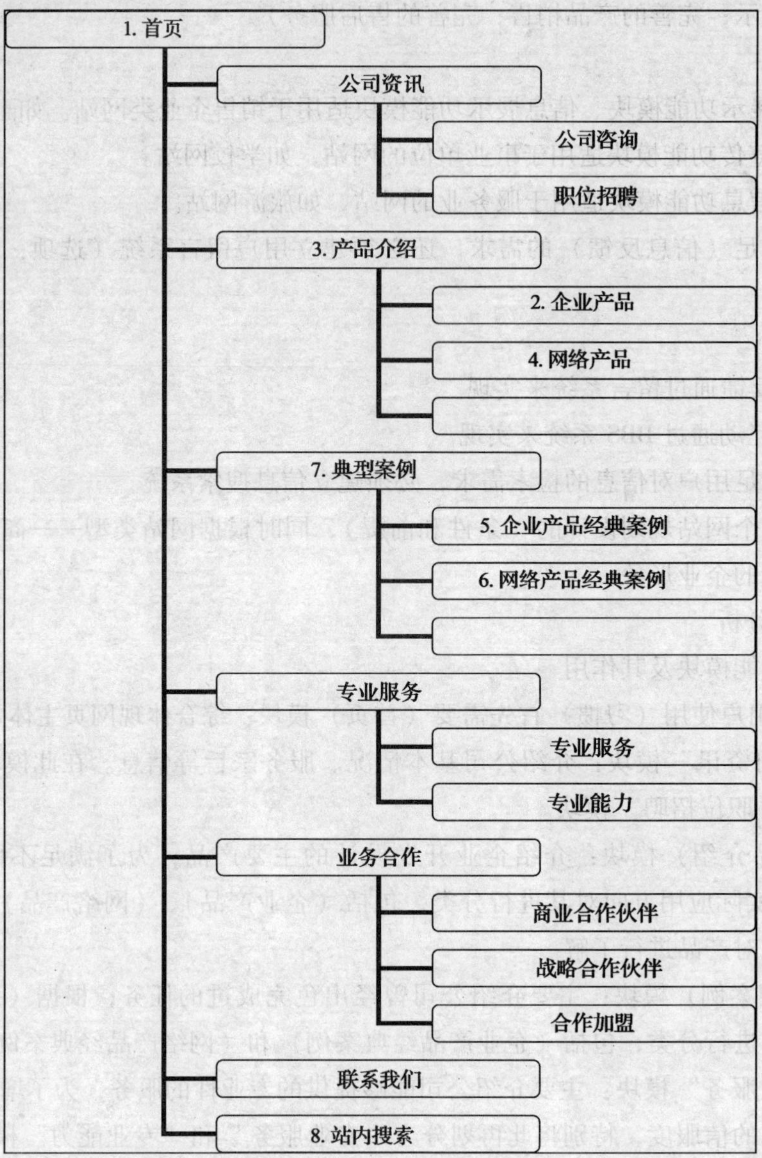

③详细设计分析

a. 在为（完善的产品展示）系统而设计的各功能模块中，依据信息形式、信息容量采用（图文混排）形式实现基本信息浏览功能。

b. 在“用户留言系统”与“信息检索”系统中，使用 Dreamweaver 与数据库相结合的技术，实现留言与信息搜索功能。

3）风格设计

①为了在最大程度上满足用户对网页的浏览需求，采用（800 像素 ×600 像素）的显示器分辨率作为默认显示器，在此基础上进行页面效果图及网页的设计制作（选项：778 像素 ×439 像素，800 像素 ×600 像素，1 002 像素 ×623 像素，1 024 像素 ×768 像素）。

注意：在网页设计中都是采用 800 像素 ×600 像素的显示器分辨率作为默认的显示器。

②根据客户需求分析、（网页信息量），选择（复合结构）形式的网页架构，利用（导航系统）来分割页面。

注意：以上内容基本固定。

③根据公司类型——IT 商业，选择具有活力的橙色和绿色作为网站的配色方案。

④语言选择：简体中文。

4）动态效果设计

①为了缓和网站（图文混排）样式的信息浏览量过大而造成用户视觉疲劳的问题，可以使用 Flash 制作网页元素的技巧在页面中达到动静平衡的作用。

②在二次设计开发中可增加（信息互动）系统，实现网页交互功能。

③在各页面间进行链接时，为了缓解页面加载时等待的不适，可以在 Flash 动画中使用 Loading 动画，实现加载提示。

注意：以上内容基本固定。

5

第 5 章

设计制作网站主要页面效果图

学习目标

利用 Photoshop 构建网站页面

效果的灵活运用

知识准备

1. 用户 UI 统一的基本原理和方法

（1）UI 基本概念介绍

由于页面尺寸和显示器大小及分辨率的关系，网页的局限性在于无法突破显示器的范围，而且因为浏览器也将占去不少空间，留下的页面范围变得越来越小。一般分辨率在 800 像素 ×600 像素的情况下，页面的显示尺寸为 780 像素 ×428 像素；分辨率在 640 像素 ×480 像素的情况下，页面的显示尺寸为 620 像素 ×311 像素；分辨率在 1 024 像素 ×768 像素的情况下，页面的显示尺寸为 1 007 像素 ×600 像素。从以上数据可以看出，分辨率越高页面尺寸越大，如图 5—1 所示。

图 5—1　网站布局的构成

(2) 整体造型

造型就是创造出来的物体形象。这里是指页面的整体形象，这种形象应该是一个整体，图形与文本的结合应该是层叠有序。虽然，显示器和浏览器都是矩形，但对于页面的造型，可以充分运用自然界中的其他形状以及它们的组合，如矩形、圆形、三角形、菱形等。

对于不同的形状，它们所代表的意义是不同的。比如矩形代表着正式、规则，很多ICP和政府网页都是以矩形为整体造型；圆形代表着柔和、团结、温暖、安全等，许多时尚站点喜欢以圆形为页面整体造型；三角形代表着力量、权威、牢固、侵略等，许多大型的商业站点为显示它的权威性常以三角形为页面整体造型；菱形代表着平衡、协调、公平，一些交友站点常运用菱形作为页面整体造型。虽然不同形状代表着不同意义，但目前的网页制作多数是结合多个图形加以设计，在这其中某种图形的构图比例可能占的多一些。

(3) 页头

页头又称为页眉，页眉的作用是定义页面的主题。一个站点的名字多数都显示在页眉里。这样，访问者能很快知道这个站点是什么内容。页头是整个页面设计的关键，它将牵涉到下面更多的设计和整个页面的协调性。页头常放置站点名字的图片和公司标志以及旗帜广告。

(4) 文本

文本在页面中出现都以行或者块（段落）出现，它们的摆放位置决定着整个页面布局的可视性。过去因为页面制作技术的局限，文本放置的位置的灵活性非常小，而随着DHTML的兴起，文本已经可以按照自己的要求放置到页面的任何位置。

(5) 页脚

页脚和页头相呼应。页头是放置站点主题的地方，而页脚是放置制作者或者公司信息的地方。许多制作信息都放置在页脚。

(6) 图片

图片和文本是网页的两大构成元素，缺一不可。如何处理好图片和文本的位置成了整个页面布局的关键。而布局思维也将体现在这里。

(7) 多媒体

除了文本和图片，还有声音、动画、视频等其他媒体。虽然它们不是经常能被利用到，但随着动态网页的兴起，它们在网页布局上也将变得更重要。

2. 网页布局的基本原则

(1) 用对比来吸引读者的注意力

通过对比可以吸引读者的注意力，图5—2所示是一个公司的网站，网页中以明信片的方式展开，明亮的玫瑰红色在黑色背景中显得非常醒目。

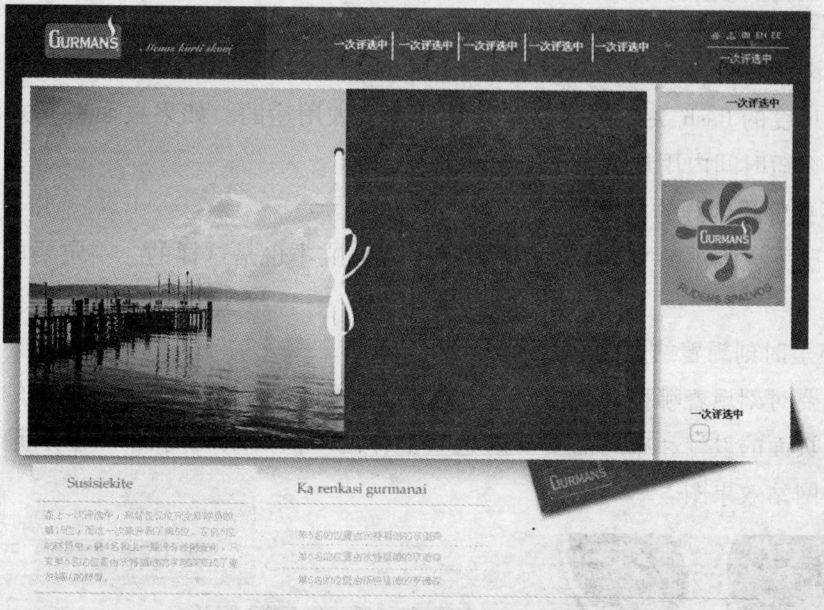

图 5—2　对比度较强的网页

（2）保持简单

避免只是为了试验一种技术或新技巧而采用它们，把会使人分心的东西减到最少。

不要期望人们会下载插件，很多人会因此转到别的地方去。

应该将注意力集中在提供信息方面，而不是使页面看起来令人惊叹而信息却被淹没在动画、闪烁的文本和其他花招的迷雾里，如图 5—3 所示。

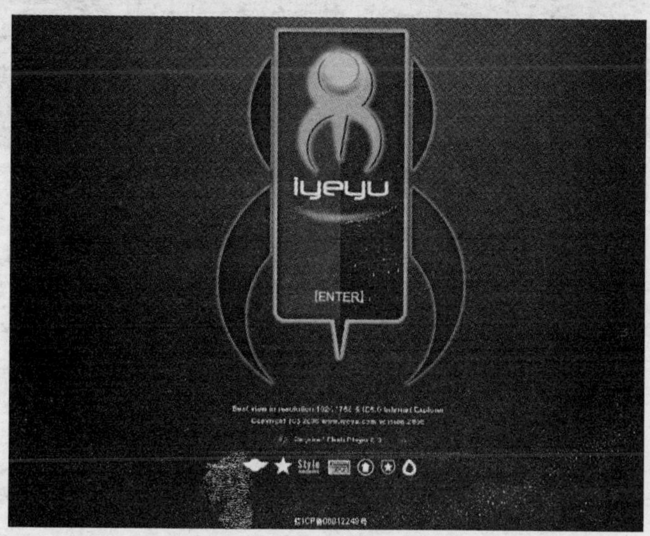

图 5—3　结合简单的网页

（3）只要可能，就要避免滚动

用户在浏览新页面时，常常大致观看页面的内容区域，而不理会导航菜单条，这就是说，那种大尺度的 flash 头部除了好看，是没有多大用途的。如果页面看起来和用户的需要无关，那么短时间内用户就会退出页面。

（4）不要使用闪烁的文本

一般情况下，闪烁的文本会使用户厌烦。动画文本也是这样的，一定要非常有节制地使用。

（5）心里时刻想着站点的观众

设计时要时刻想着哪种人会访问这个站点，他们为什么要来访问，他们的主要知识背景是什么。页面的设计和布局需要反映这些群体的不同需求。图 5—4 所示是一个极具亲和力的宠物网站效果图。

图 5—4　宠物网站效果图

第 1 节　用 Photoshop 绘制效果图

知识要求

1. 网页设计标准尺寸

（1）800 像素 ×600 像素下，网页宽度保持在 778 像素以内，就不会出现水平滚动条，高度则视版面和内容决定。

（2）1 024 像素 ×768 像素下，网页宽度保持在 1 002 像素以内，如果满框显示的话，高度在 612 ~ 615 像素就不会出现水平滚动条和垂直滚动条。

（3）在 Photoshop 里面做网页可以在 800 像素 ×600 像素状态下显示全屏，页面的下方不会出现滑动条，尺寸为 740 像素 ×560 像素左右。

（4）在 Photoshop 里做的图到了网上颜色等方面就会不一样，因为 Web 上面只用到 256Web 安全色，而 Photoshop 中的 RGB 或者 CMYK 以及 LAB 或者 HSB 的色域很宽，颜色范围很广，所以自然会有失色的现象。

2. 网页中各项目的尺寸（见表 5—1）

表 5—1　　网页中各项目的尺寸　　像素

广告形式	像素大小	最大尺寸	备注
BUTTON	120 ×60（必须用 gif）	7 K	—
	215 ×50（必须用 gif）	7 K	—
通栏	760 ×100	25 K	静态图片或减少运动效果
	430 ×50	15 K	—
超级通栏	760 ×100 ~ 760 ×200	共 40 K	静态图片或减少运动效果
巨幅广告	336 ×280	35 K	—
	585 ×120		—
竖边广告	130 ×300	25 K	—
全屏广告	800 ×600	40 K	必须为静态图片，Flash 格式
图文混排	各频道不同	15 K	—
弹出窗口	400 ×300（尽量用 gif）	40 K	—
BANNER	468 ×60（尽量用 gif）	18 K	—
悬停按钮	80 ×80（必须用 gif）	7 K	—
流媒体	300 ×200（可做不规则形状但尺寸不能超过 300 ×200）	30 K	播放时间小于 5 s/60 帧（1 s/12 帧）

技能要求

利用 Photoshop 绘制制作效果图

操作要求

请结合样张（见图 5—5）及婚庆网站设计方案，用 Photoshop 完成首页的制作（相关素材：第 5 章 \ 第 1 节），并以 index. psd 保存。

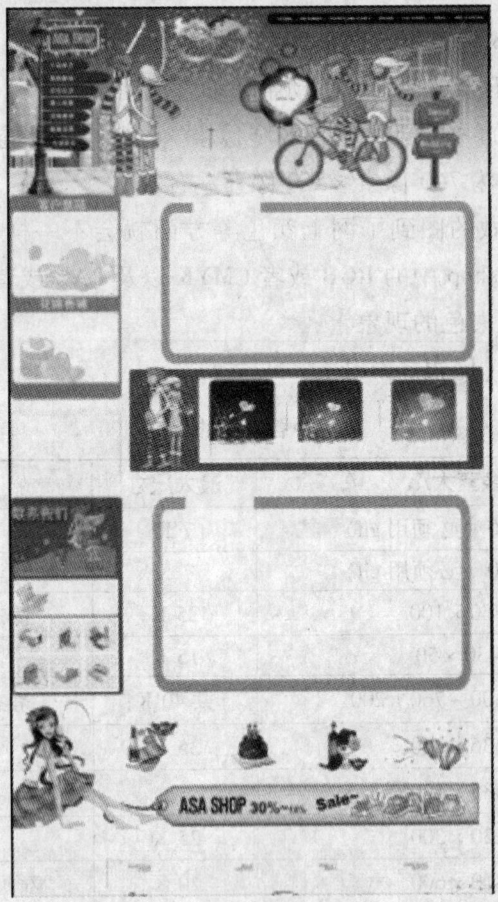

图 5—5 最终效果图

Step 1 布局网页绘制参考线

（1）新建 Photoshop 文件，执行“文件”→“新建”命令，打开“新建窗口”，标题为“婚庆网站主页效果图”，设置宽度为 950 像素，高度为 1 770 像素，分辨率为 72 像素/英寸，如图 5—6 所示。

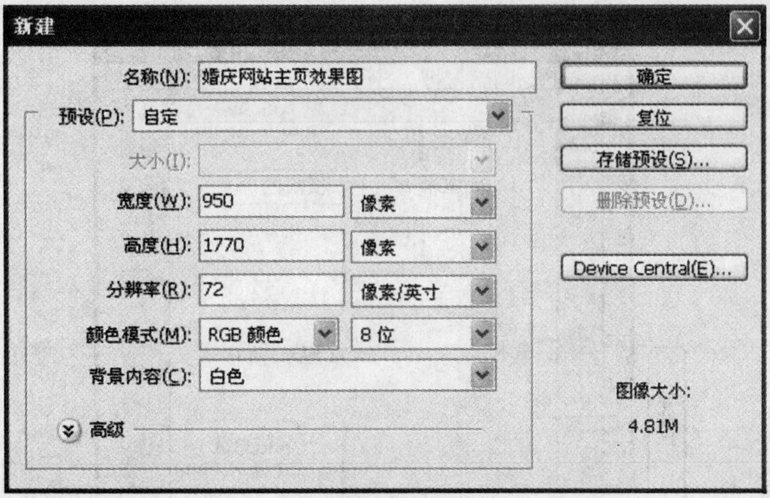

图 5—6　新建文档

（2）执行“视图”→“标尺”命令显示标尺，然后使用鼠标按住标尺的尺度值位置拖动到页面适当位置，即可画出一条参考线。并用同样的方法画出其他参考线，如图 5—7 所示，具体尺寸如图 5—8 所示。

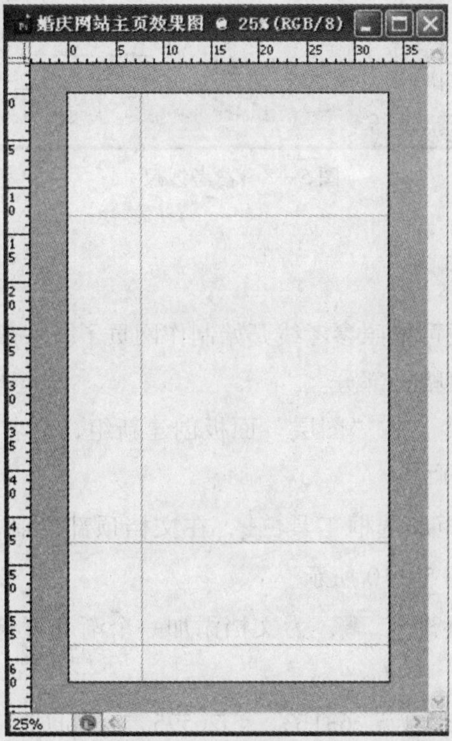

图 5—7　绘制参考线

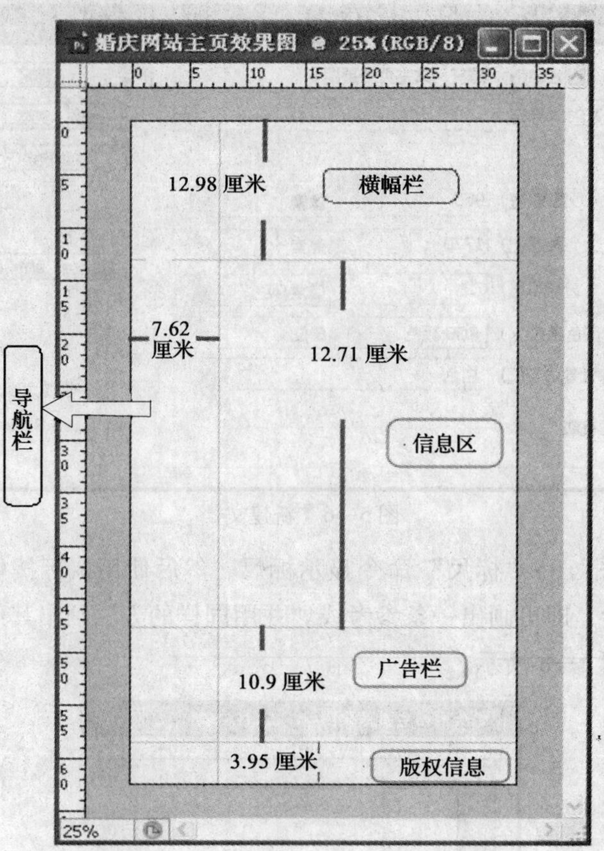

图 5—8　参考线尺寸

Step 2　制作横幅栏部分

参考线设置完毕后，便可依照参考线开始制作网页了。一般的制作方法是从上至下的方式，也就是先设计制作横幅栏部分。

（1）执行“图层”命令，在“图层”面板创建新组，取名为“横幅区域”然后在组中新建一层，如图 5—9 所示。

（2）选择工具栏中的矩形选框工具，在文档顶部绘制一个与参考线（横幅栏部分）同高的矩形选区，如图 5—10 所示.

（3）自上向下填充线性渐变，为文档添加一个渐变背景，如图 5—11 所示。渐变色如图 5—12 所示。

所用的颜色从左到右依次为# c631b3、# f26595、# febbb1、# feaaa7、# fffefe。

（4）打开素材文件，如图 5—13 所示，对网页背景进行布局。

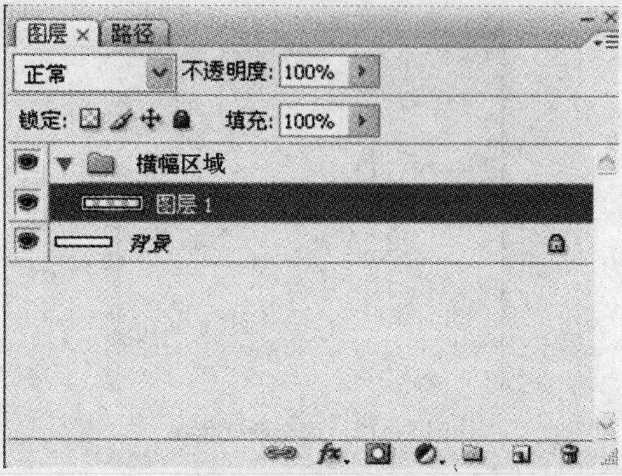

图 5—9 新建图层

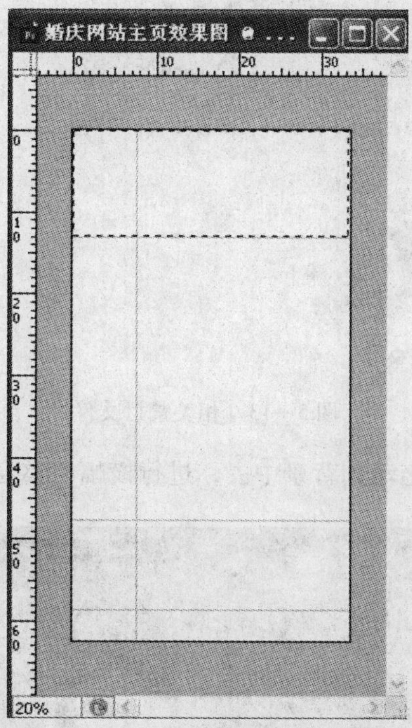

图 5—10 绘制矩形选区

图 5—11 渐变颜色表

图5—12　填充渐变色块

图5—13　相关素材文件

用移动工具分别将图片拖动到背景中去，进行横幅栏整合，如图5—14所示。

图5—14　对横幅栏进行整合

Step 3　制作导航栏部分

（1）在图层面板中新建组，取名为“导航区域”，如图 5—15 所示。

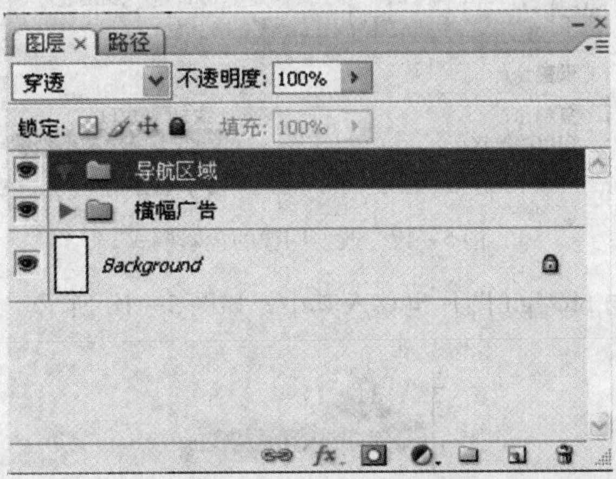

图 5—15　创建组“导航区域”

（2）打开素材文件夹“导航区域”，如图 5—16 所示。

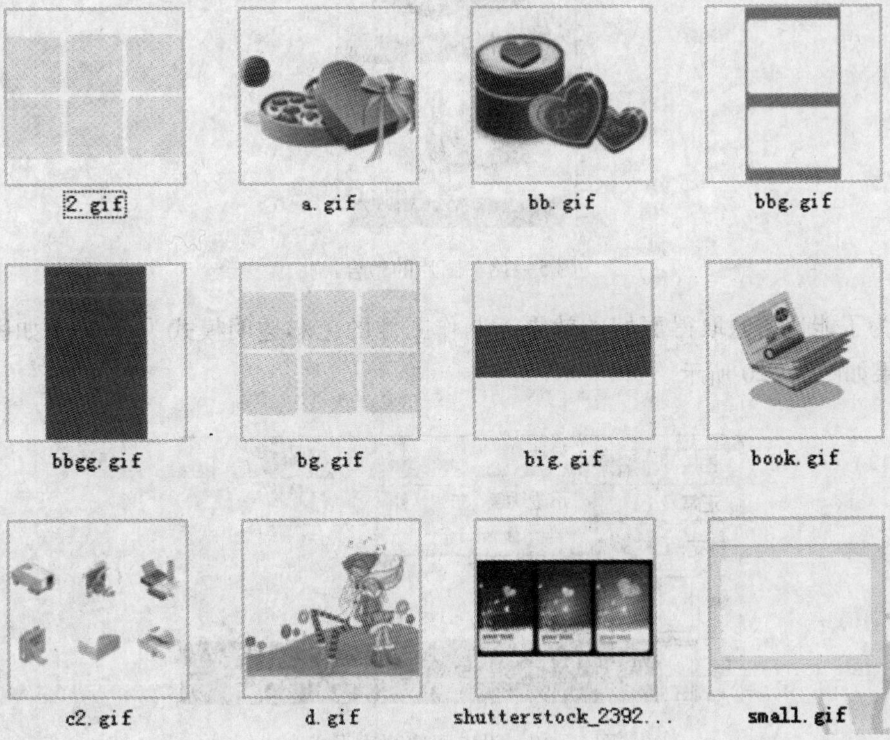

图 5—16　导航区图片素材

（3）将图片 bbg. gif 拖入导航区域，打开图片 a. gif 与 b. gif，并将两个图片素材的格式改为 RGB 模式（“图像”→“模式”→“RGB 颜色”），如图 5—17 所示。

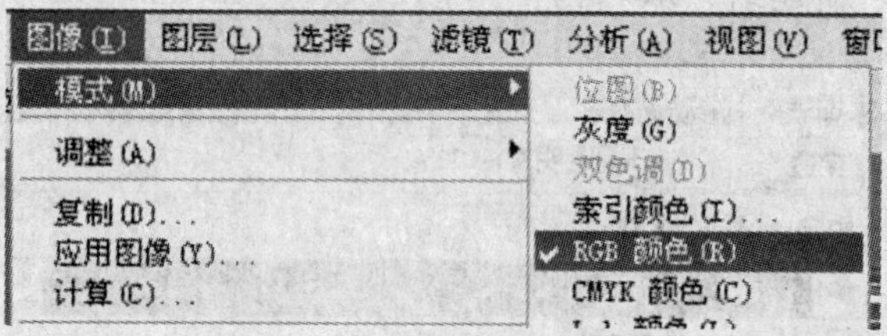

图 5—17　改变图像的色彩模式

并将 a. gif 图片与 bb. gif 图片也移入其中，如图 5—18 所示。

图 5—18　图片的整合

（4）为了能让图像取得更好的效果，制作图像的色彩透明模式为 30%。如图 5—19 所示。结果如图 5—20 所示。

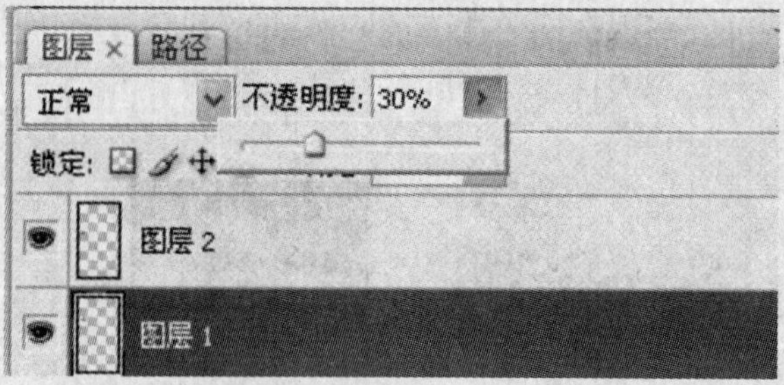

图 5—19　设定图像的透明度

（5）用文字工具添加文字“客户登陆”和“花嫁喜铺”，字体为黑体，24像素，白色，如图5—21所示。

图5—20　设定透明度后的图像效果

图5—21　添加文字

（6）将图片small. gif改变色彩模式后拖入场景中，如图5—22所示。

（7）同理移入图片bbgg. gif，bg. gif，c2. gif，book. gif，d. gif并调整位置。如图5—23所示。

图5—22　small图片移入场景后的效果

图5—23　调整素材后的效果

（8）添加文字效果“联系我们”为黑体，28 像素，黄色，如图 5—24 所示。

图 5—24　设定字体

（9）添加文字效果为外斜面浮雕，设定值为默认，如图 5—25 所示。

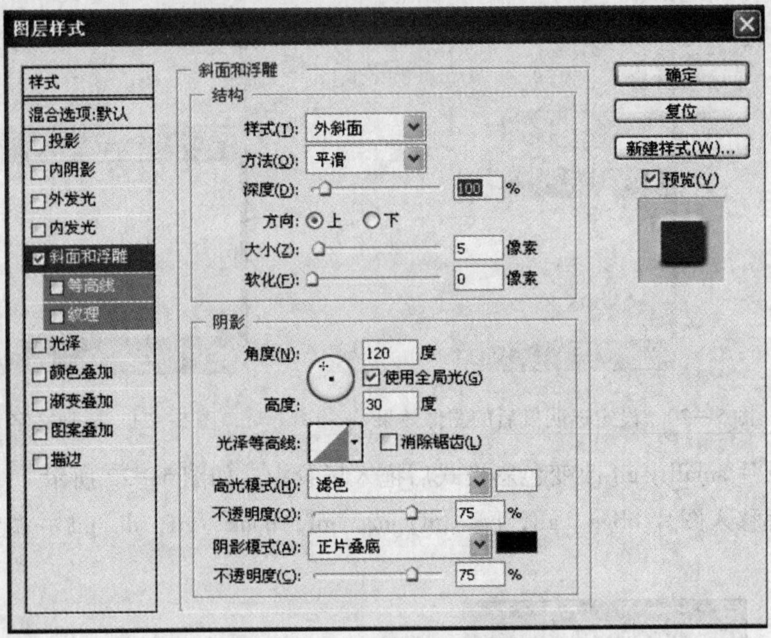

图 5—25　设字文字效果

制作完毕效果如图 5—26 所示。

图 5—26　文字效果

同理可以完成广告栏（见图 5—27）、信息栏（见图 5—28）、版权信息栏（见图 5—29）的制作。

图 5—27　广告栏的效果图

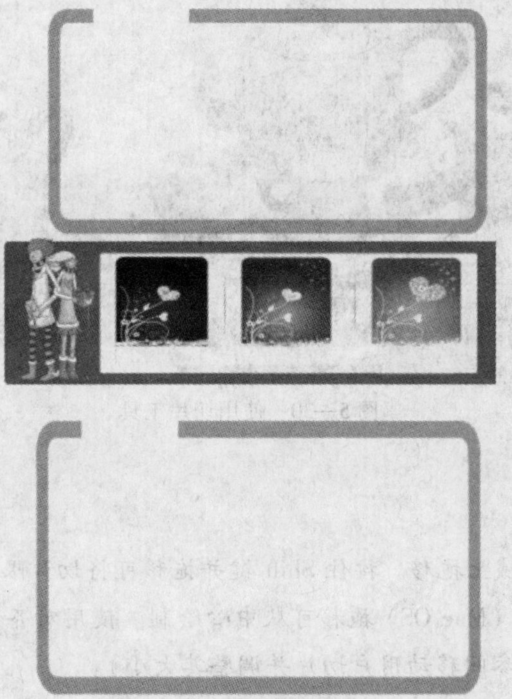

图 5—28　信息栏效果图

图 5—29　版权信息效果图

第2节　制作切片生成网页

知识要求

1．切片的生成与编辑

在 Photoshop 中制作的网页图像并不能直接作为网页传到网上去，需要利用切片工具将网页分割成若干小图像并且直接生成网页。这样就能大大提高工作效率。下面介绍一下切片的创建与编辑。

在 Photoshop 中打开图片，选择切片工具，任何现有切片将自动显示在文档窗口中，如图 5—30 所示。

图 5—30　使用切片工具

小贴士

在要创建切片的区域上拖移。按住 Shift 键并拖移可将切片限制为正方形。按住 Alt 键（Windows）或 Option 键（Mac OS）拖移可从中心绘制。使用对齐使新切片与参考线或图像中的另一切片对齐（请参阅移动用户切片并调整其大小）。

2．修改切片选项

“切片工具”和“切片选择工具”在 Photoshop 中的操作方法相同，但是“切片选择工具”是用来独立存在于工具箱中，对网页的切片进行修改。当划完切片后，在导出生成网页文件以前，通常需要修改切片的名称及图片类型或大小，这时，就需要用到“切片选择工具”了。

选用“切片选择工具”，在需要修改的切片上单击右键，选择“编辑切片选择”，系统会弹出对话框。如图 5—31 所示。各项目的意义如下：

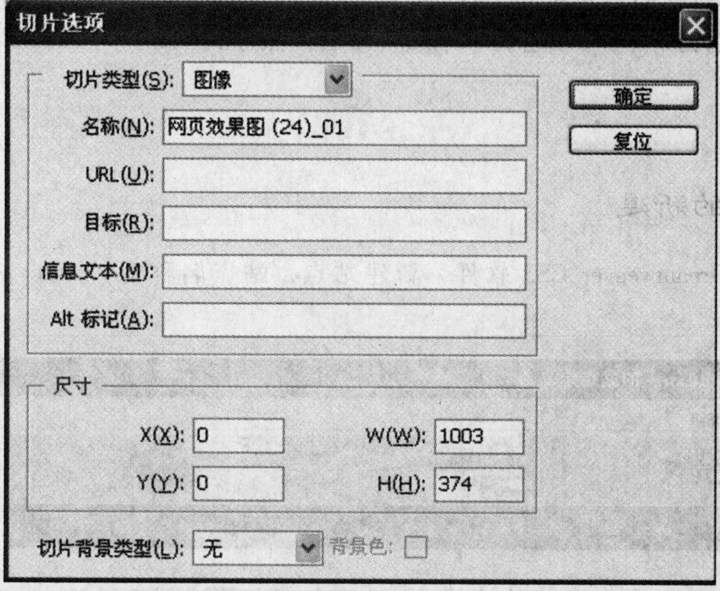

图 5—31　编辑切片选项对话框

（1）名称：导出图片的名称。
（2）URL：图片链接的地址。
（3）目标：超级链接的目标窗口打开方式。
（4）信息文本：备注信息。
（5）Alt 标记：图片的注释。
（6）X，Y：图片在页面中的坐标。
（7）W，H：图片的宽度和高度。

技能要求

婚庆网站导出效果图

操作要求

相关素材：第 5 章\ 第 2 节。

1. 使用 Dreamweaver 网页制作工具，在考生文件夹下创建“sweet wedding”站点；并在其中新建图像文件夹“images”。

2. 使用 Photoshop 图像设计工具对网站首页切片进行切片处理，并导出网站首页，具体要求如下：

（1）网页文件命名为 index. html，保存到创建的“sweet wedding”站点文件夹。

（2）图片文件按照“index_ 编号 . jpg”命名，保存到“sweet wedding”站点的“images”目录。

操作步骤

Step 1　站点的新建

（1）启动 Dreamweaver CS3 软件，新建站点，站点名称为“sweet wedding”，如图 5—32所示。

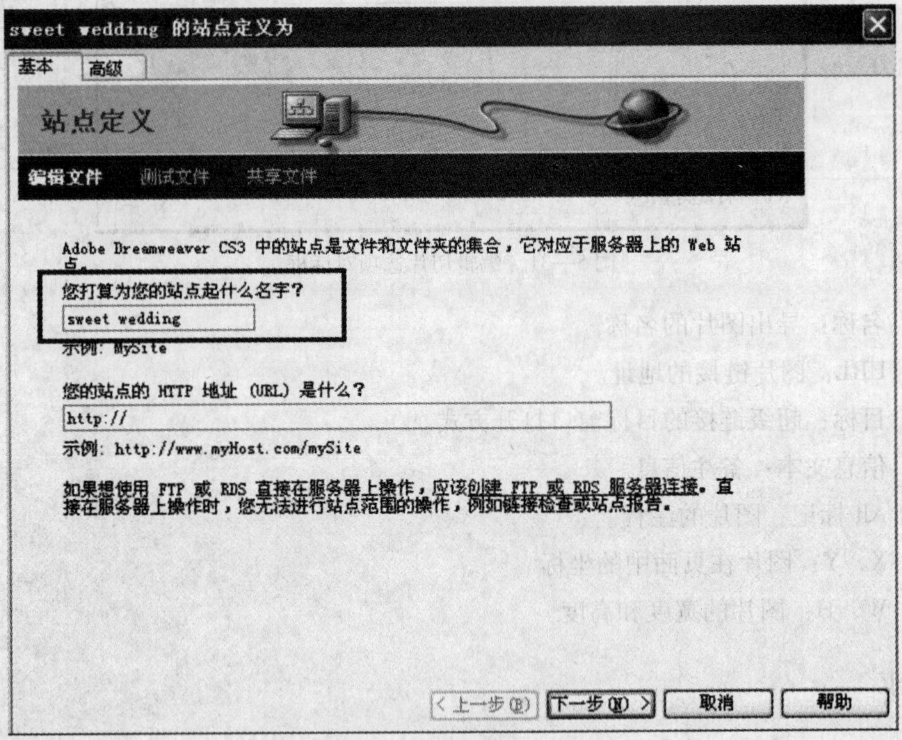

图 5—32　创建新站点

（2）按照提示点击“下一步”按钮，并确定网站的路径为 C 盘的“sweet wedding”，如图 5—33 所示。

（3）继续点击“下一步”按钮，远程服务器选择“无”，完成站点的新建。

（4）创建图像文件夹：在站点根目录中单击右键选择“新建文件夹”，如图 5—34 所示，并为其取名为“images”。

Step 2　切片的制作与导出

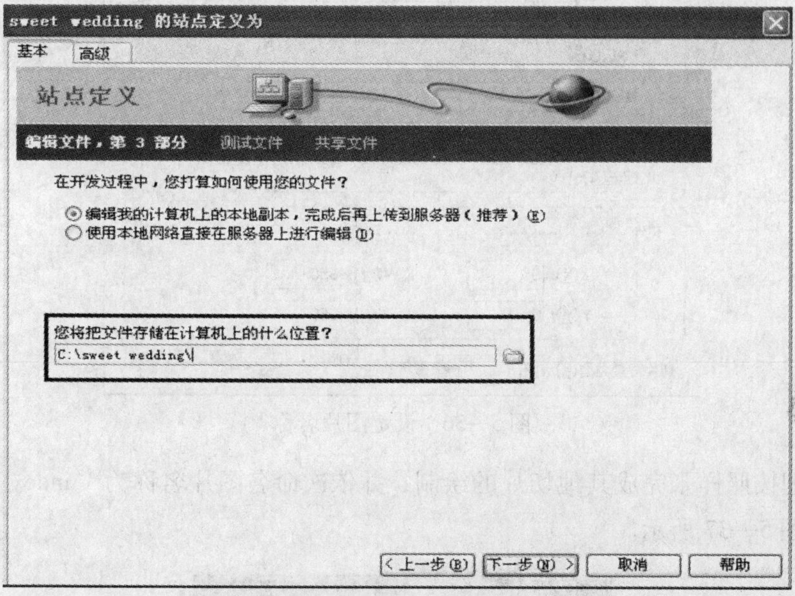

图 5—33　确定站点位置

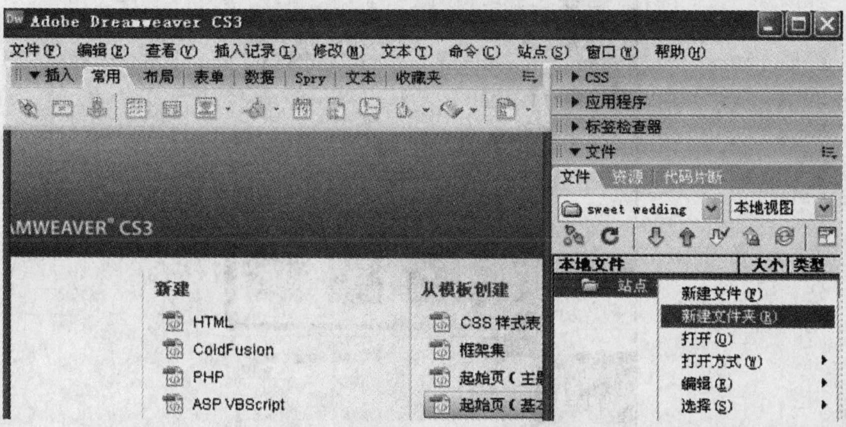

图 5—34　新建图像文件夹

（1）用 Photoshop CS3 打开素材库中的效果图，用切片工具进行绘制横幅栏区域，并在切片上单击右键选择“编辑切片选项”，修改其图片名为 index _ 01，如图 5—35 和图 5—36 所示。

图 5—35　编辑切片选项

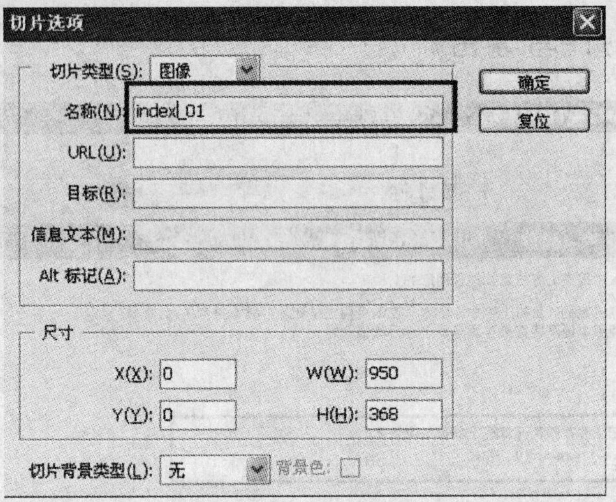

图 5—36　设定图片名称

（2）同理按照样张完成其他切片的绘制，并依次命名图片名称为“index_02，index_03……”，如图 5—37 所示。

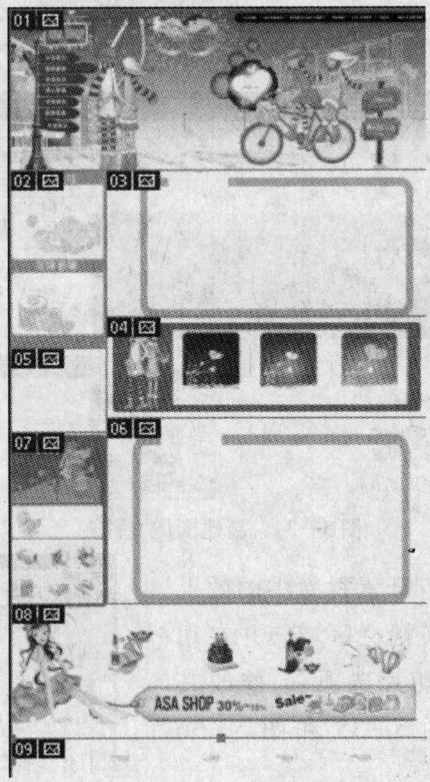

图 5—37　切片最终生成

（3）导出切片。“文件”→“存储为 Web 和设备所用格式”，系统会弹出对话框，如图 5—38 所示。

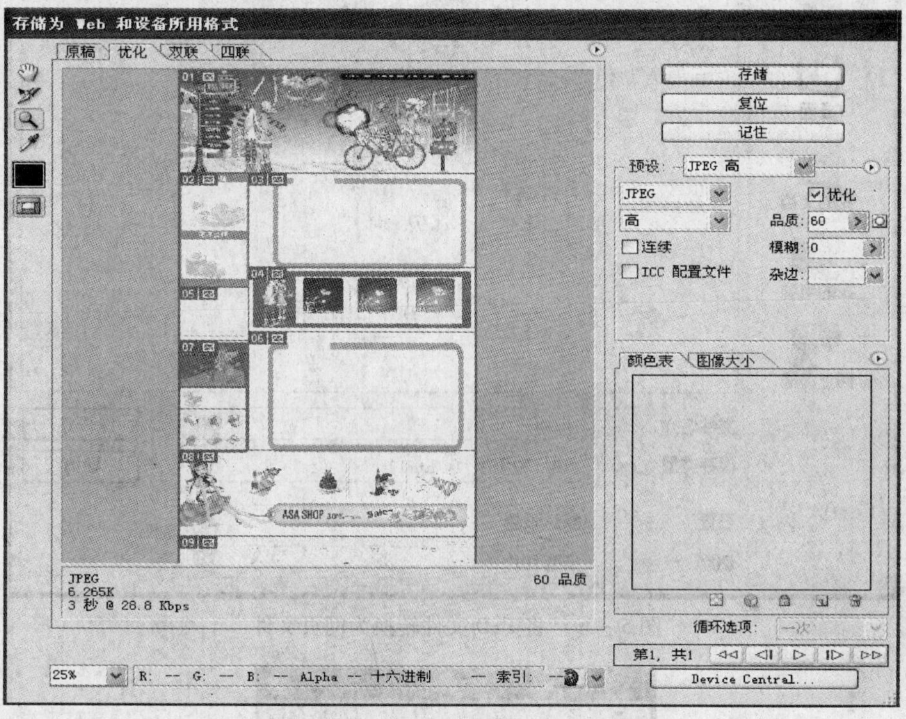

图 5—38　存储为 Web 和设备所用格式

用切片工具并按住 Shift 键依次选中所有切片并确定导出的格式为 JPEG 格式后，点击“存储”按钮。弹出二级对话框，如图 5—39 所示，文件名为 index. html，保存类型为“HTML 和图像”。

制作完毕以后，在 Dreamweaver 新建的站点文件中就能发现网站首页的 index. html 页面及相关图像了，如图 5—40 所示。

图 5—39　将 PSD 文件转换为网页文件

图 5—40　自动生成网页及图像文件夹

第 3 节　用 Dreamweaver 完善网页功能

知识要求

如何才能构思出优秀的作品，怎样才能寻得学习的捷径，如何设计出令人心动的作品呢？下面就探讨一下这些问题。

1．更新思维方式

一件创意独特的新作品，来源于作者在认识事物时的全新视点。对事物全新的理解方式将使人们习以为常的事物拥有全新的生命。这之后才会拥有新颖的表现切入角度，以及创造独特的表现方式。

拿一个鸡蛋为例，在大人眼里鸡蛋可能只是价值多少钱；而在小孩子们的眼里，却意味着更多想象不到的奇异作品：一只鸡蛋可能是一个网球、一个脸谱、一个篮球、一个地球仪等，如图 5—41 所示。

图 5—41　一个鸡蛋的遐想

当把思维从一点发散开，似乎非常容易发现新事物。

图 5—42 是一家国外游戏网站的主页面设计图，设计者在创意时通过照片和遮罩效果

图 5—42　创意网站效果图

的有机结合，配合网页的色彩搭配，给人以神秘的感觉。

2．突破传统

想要冲破传统，首先需要知道什么是传统。从网页设计的行业发展来看，大致是从栏式结构开始的。最为典型的就是那些信息资源丰富的门户网站，如新浪、搜狐、网易等，几年过去了，页面由于各种原因改动甚少。栏式结构简洁而直接，既大气又传统，一直是网页排版时选择的基础结构。

栏式结构中，三栏结构最有优势也最常用，常定位为最传统的网页格局。不论初学者还是有经验的设计师，常常都从这个地方开始。

图 5—43 所示就是一个冲破传统的网站。

图 5—43　设计网站的效果图

该网站采用的是十分明确的三栏结构。为了能够突出自己的风格，设计师除了在页面上部用了两条结构线外，其他地方均采用自然划分的方式，也的确形成了独特的魅力。中栏放置的作品图片是网站最重要也最出彩的内容。设计师把它们放在页面中部也是页面设计之所以有特色的主要原因之一。右栏的点睛之笔是天蓝和品红的小色块，以及背景为白色的文字装饰。这些细节设计能体现出设计师的细致用心。同时，不论多小，如果达到了一定的数量，其魅力也能席卷整个网站。

该网站运用的是看似漫不经心的细节处理，突破了传统的局限，使作品变得不一般。

技能要求

用 Dreamweaver 完善婚庆网站页面设计

操作要求

1. 运用 Dreamweaver 完善用户登录区域。

2. 按照样张在信息区域添加素材文本 a. txt（相关素材：第 5 章\ 第 3 节）中的内容。

3. 制作信息区域内文字向上滚动的动态效果。

4. 添加 CSS 样式，采用内部单元格标签方式，应用范围仅为该文档，字体要求为宋体，12 像素，黑色，1. 3 倍行高。

操作步骤

Step 1 运用 Dreamweaver 完善用户登录区域

（1）点击导航区域的登录图片，在属性栏“源文件”区域内剪切图片路径，如图 5—44 所示。

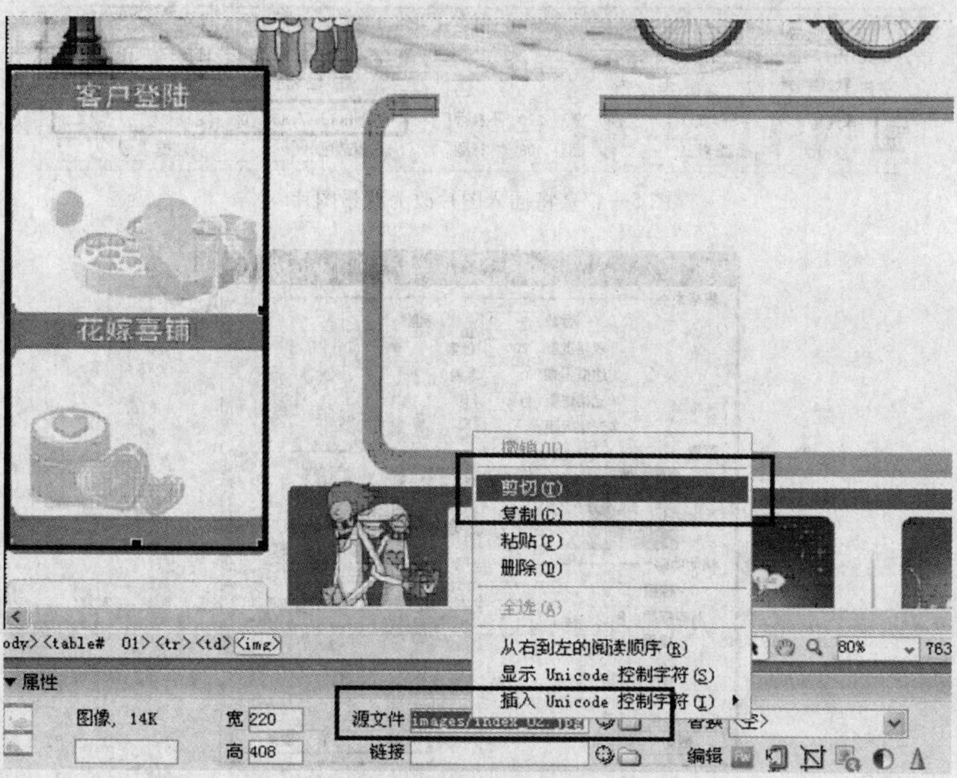

图 5—44　图片的剪切

（2）剪切完成后图片显示灰色，并显示图片大小为 220 × 408，如图 5—45 所示。

（3）按 Del 键删除图片，并在属性栏设定该单元格的高度和宽度，如图 5—46 所示。

（4）在属性栏“背景”内粘贴刚才剪切的图片路径。这样就能把插入的图片改为背景图片了。

（5）在客户登录区域插入一个 5 行 2 列，宽度为 200 像素，边框粗细为 0 的表格，如图 5—48 所示。

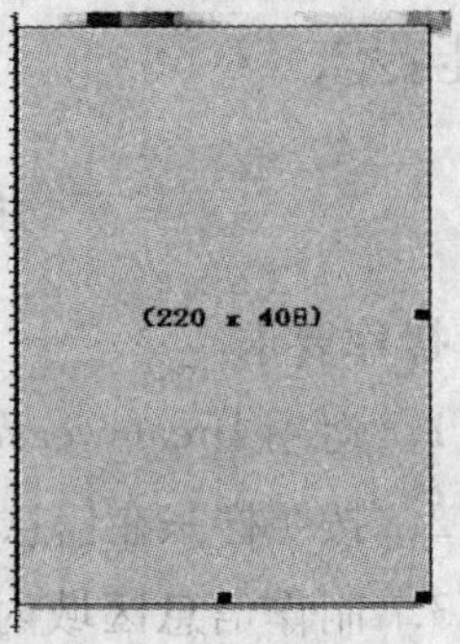

图 5—45　显示图片大小

图 5—46　设定单元格的大小

图 5—47　将插入图片改为背景图片

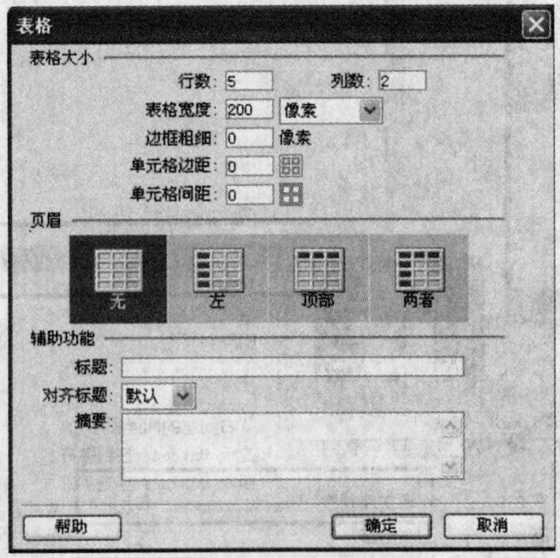

图 5—48　插入表格

（6）在表格内依次输入文字和表单元素，如图5—49所示。

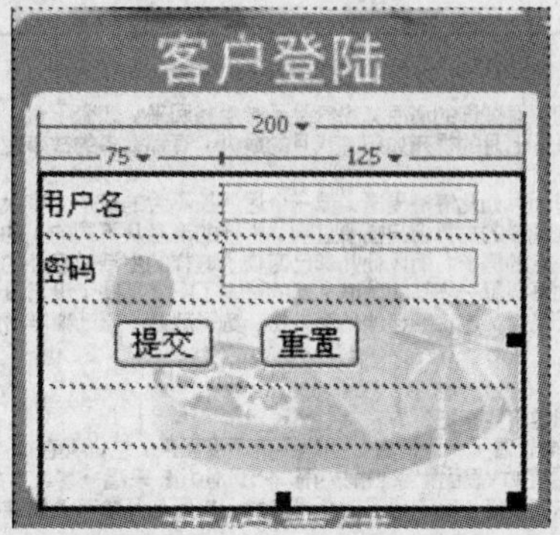

图5—49　插入表单元素

Step 2　按照样张在信息区域添加素材文本 a. txt 中的内容

（1）将信息区域内的插入图片改为背景图片（index_06. jpg）。

（2）按样张在网页内插入一个1行2列的表格，宽度为562像素，边框粗细和间距都为0，如图5—50所示。

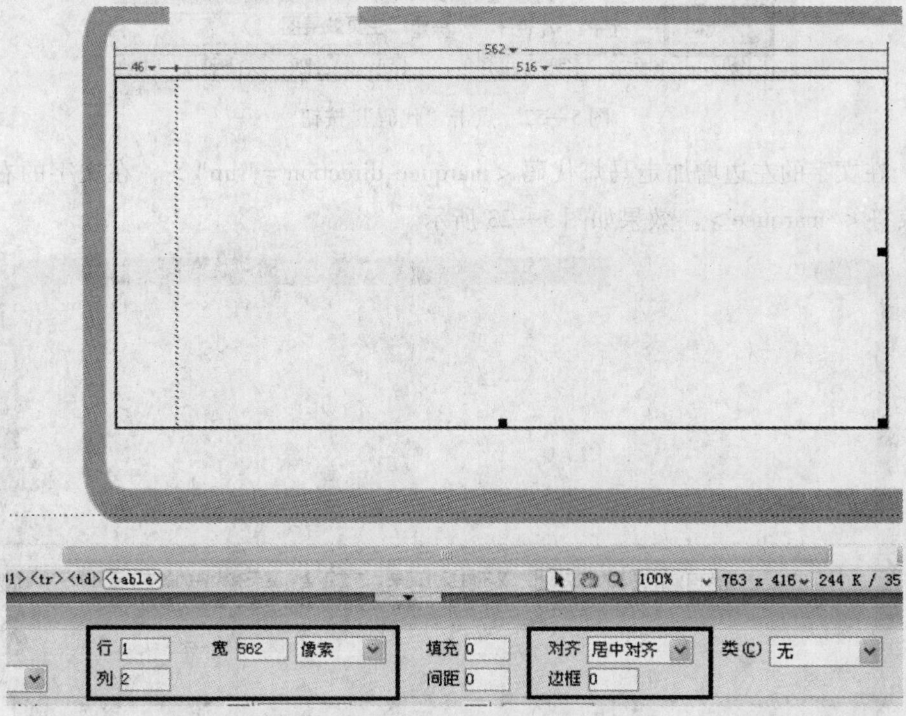

图5—50　在网页中用表格定位

（3）打开素材文件 a. txt，将其复制到表格右边单元格，如图 5—51 所示。

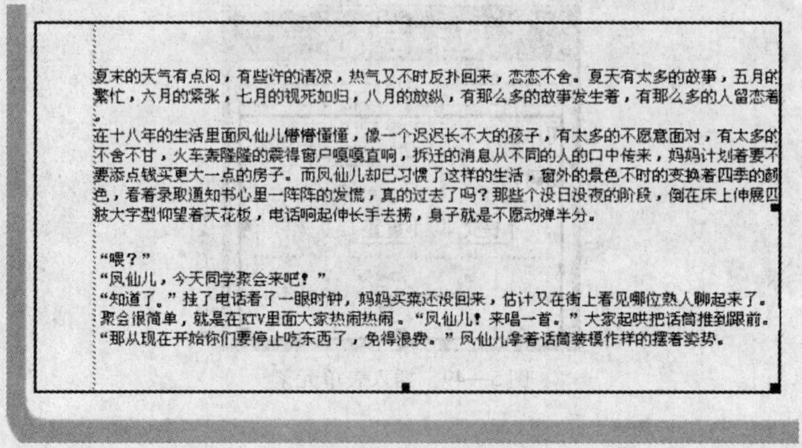

图 5—51　添加文字信息

Step 3　制作信息区域内文字向上滚动的动态效果

（1）选中单元格内的文字，打开代码区域，如图 5—52 所示。

图 5—52　点击“代码”按钮

（2）在文字的左边增加走马灯代码 <marquee direction = "up" >，在文字的右边增加代码结束符 </marquee >。效果如图 5—23 所示。

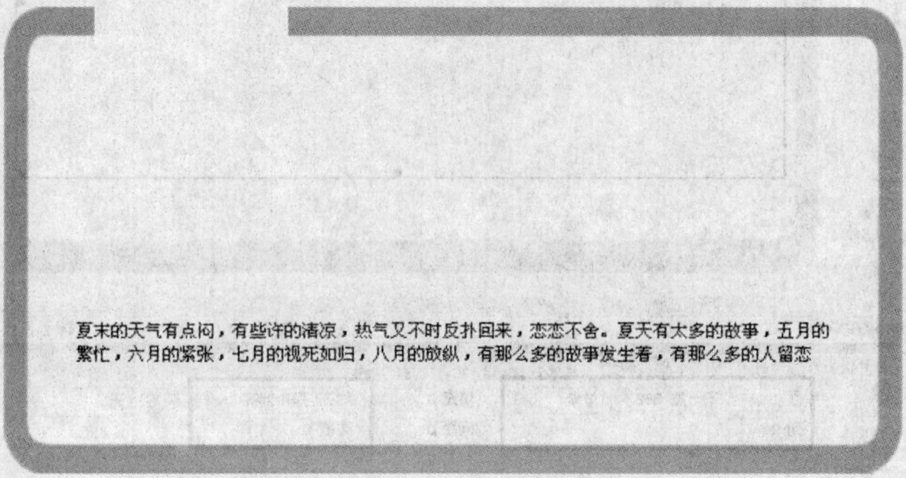

图 5—53　向上效果的走马灯

Step 4　添加 CSS 样式

添加 CSS 样式，采用内部单元格标签方式，应用范围仅为该文档，字体要求为宋体，12 像素，黑色，1.3 倍行高。

（1）“窗口”→“样式表”打开样式表面板，点击“+”新建样式表，如图 5—54 所示。

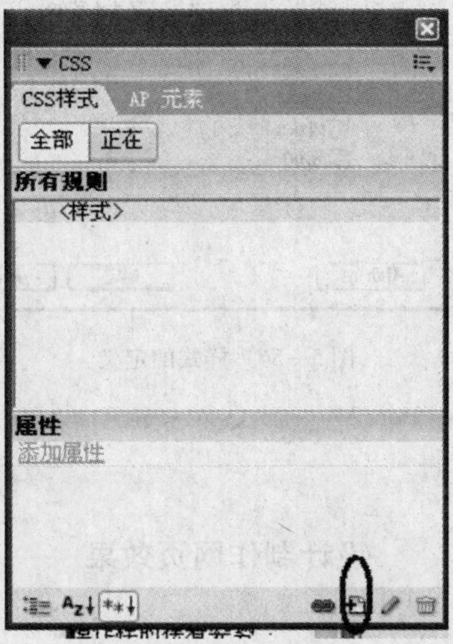

图 5—54　新建样式表

（2）系统弹出“新建 CSS 规则”对话框，如图 5—55 所示。选择器类型选择“标签”，标签栏中输入“td”（表示单元格），定义在选择“仅对该文档”，点击“确定”按钮。

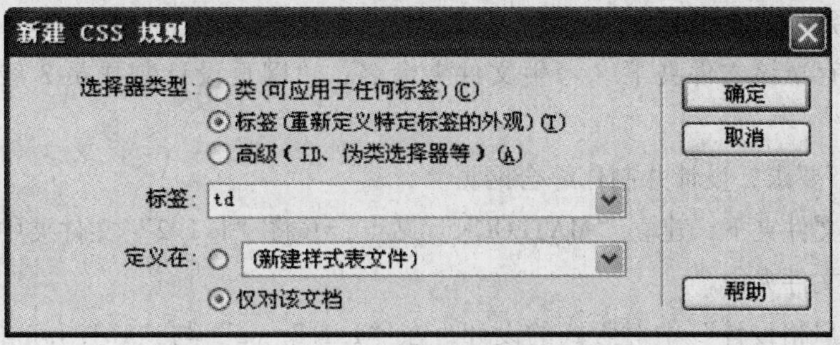

图 5—55　新建 CSS 规则

（3）系统弹出对话框，如图 5—56 所示。定义字体样式为宋体，12 像素，1.3 倍行高，黑色。

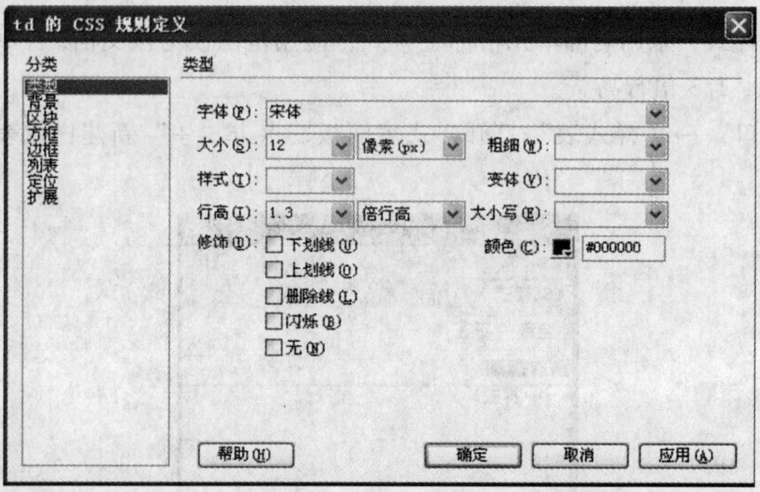

图 5—56　样式的定义

考场练兵

设计制作网页效果

1. 试题单

（1）操作准备

相关素材：第 5 章\考场练兵。

（2）操作要求

1）考生务必在指定位置建立考生文件夹，并在其下建立“MATLOCK”子目录，将所有操作结果保存至该文件夹下（考生文件夹命名：“网页设计制作员 3 级_考生准考证号_姓名”）。

2）按以下要求，设计并制作综合网页。

①在考生文件夹下，建立“MATLOCK”站点，并将“1.1.2”文件夹中的内容复制到站点下相应的文件夹内。

②根据“风格设计”中对版式的设计，在“1.1.3.jpg”与“1.1.4.jpg”中选择相应的页面效果图为模板，制作“首页”“职位招聘”页面（“invite. html”）。

③根据信息的重要性、信息量等要素，合理设置“1.1.5.txt”中的文本在“首页”中的位置与字体属性（包括字体、大小、颜色、加粗、倾斜等）。

④根据色彩平衡性的原则，将图片“1. 1. 7. jpg”与“1. 1. 8. jpg”作为相应单元格的背景。

⑤以标准名称保存首页。

⑥利用表单，结合“1. 1. 6. txt”中的文本完成“职位招聘”页面。

⑦根据“网站结构”图，在“首页”与“职位招聘”间实现导航链接和快速链接。

2. 参考答案

（1）在 C 盘新建考生文件夹“网页设计制作员 3 级_考生准考证号_姓名”，并将素材库中的“创意布局”子目录复制到该文件夹下。

（2）打开 DreamweaverCS3 软件，“站点”→“新建站点”，站点命名为“MATLOCK”，站点路径为 C:\ 网页设计制作员 3 级_考生准考证号_姓名\ 创意布局。

（3）进行思考与分析。结合题意需要根据样张及素材制作两个页面：主页（index. html）和招聘页（invite. html）。打开素材图片 a. jpg 和 b. jpg，如图 5—57 与图 5—58 所示。

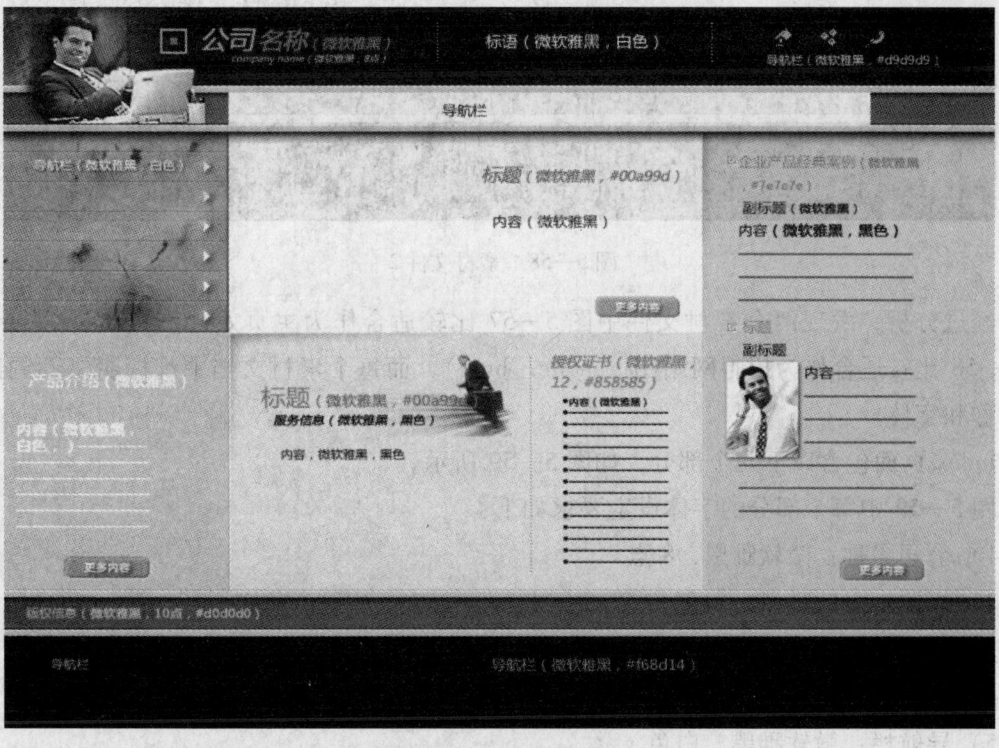

图 5—57 素材文件 1

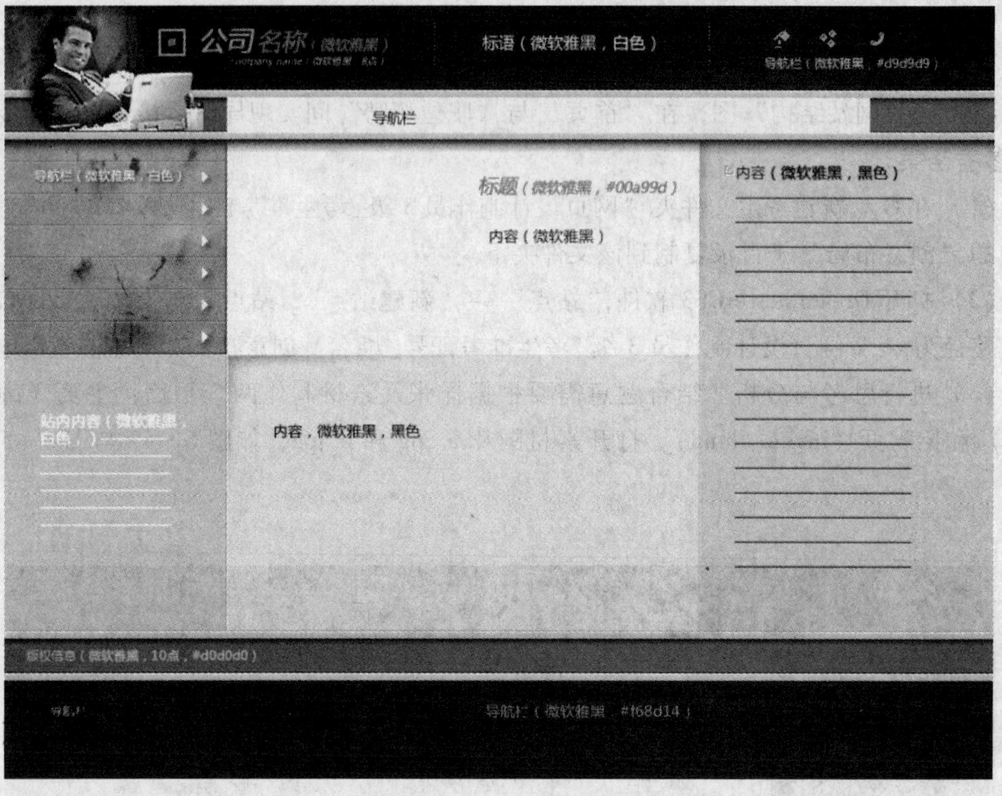

图5—58　素材文件2

经过分析，发现两个素材文件中图5—57比较适合作为主页效果图（index. html），图5—58比较适合作为招聘网站图（invite. html），而每个素材文档中都标明了不同区域的名称和字体。

Index页面包含以下几个部分，如图5—59所示。

图5—59中每个部分的字体设定要求如下：

1）公司名称：微软雅黑，8点。

2）标语：微软雅黑，白色。

3）导航栏：微软雅黑，颜色为#d9d9d9。

4）导航栏：无。

5）导航栏：微软雅黑，白色。

6）内容栏：标题，微软雅黑，#00a99d；内容，微软雅黑。

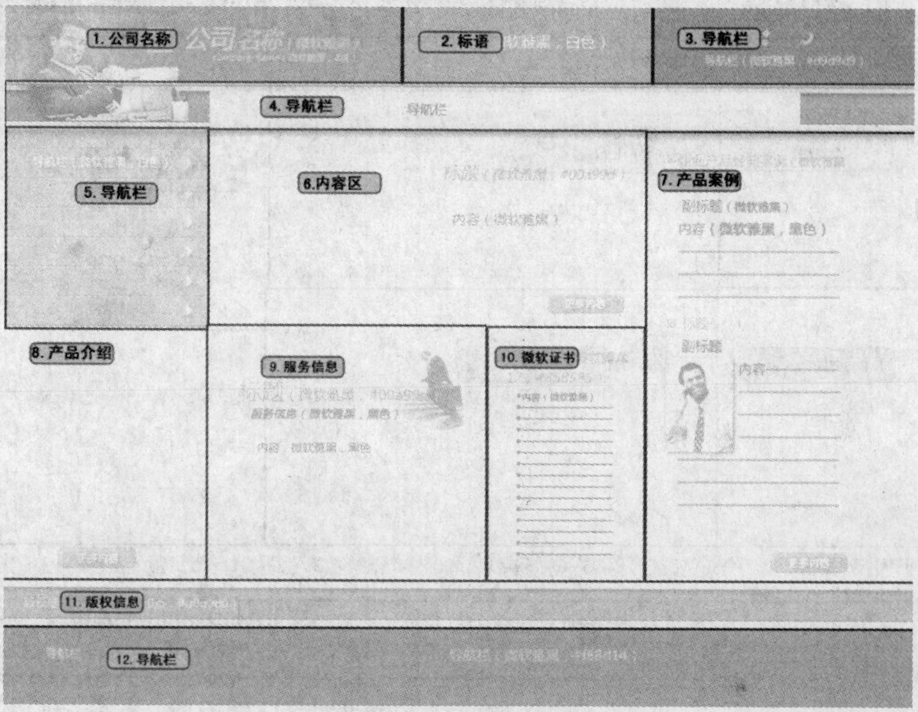

图 5—59　主页效果图分析

7）产品案例：正标题，微软雅黑，#7e7e7e；副标题，微软雅黑；正文，微软雅黑，黑色。

8）产品介绍：标题，微软雅黑；内容，微软雅黑，白色。

9）服务信息：标题，微软雅黑，#0099d；服务信息，微软雅黑，斜体黑色；内容，微软雅黑，黑色。

10）微软证书：微软雅黑，12 点，斜体；内容，微软雅黑。

11）版权信息：微软雅黑，10 点，颜色#d0d0d0。

12）导航栏：微软雅黑，#f68d14。

Invite 页面包括以下几个部分，如图 5—60 所示。

图 5—60 中每个部分的字体设定要求如下：

1）公司名称：微软雅黑，8 点。

2）标语：微软雅黑，白色。

3）导航栏：微软雅黑，颜色为#d9d9d9。

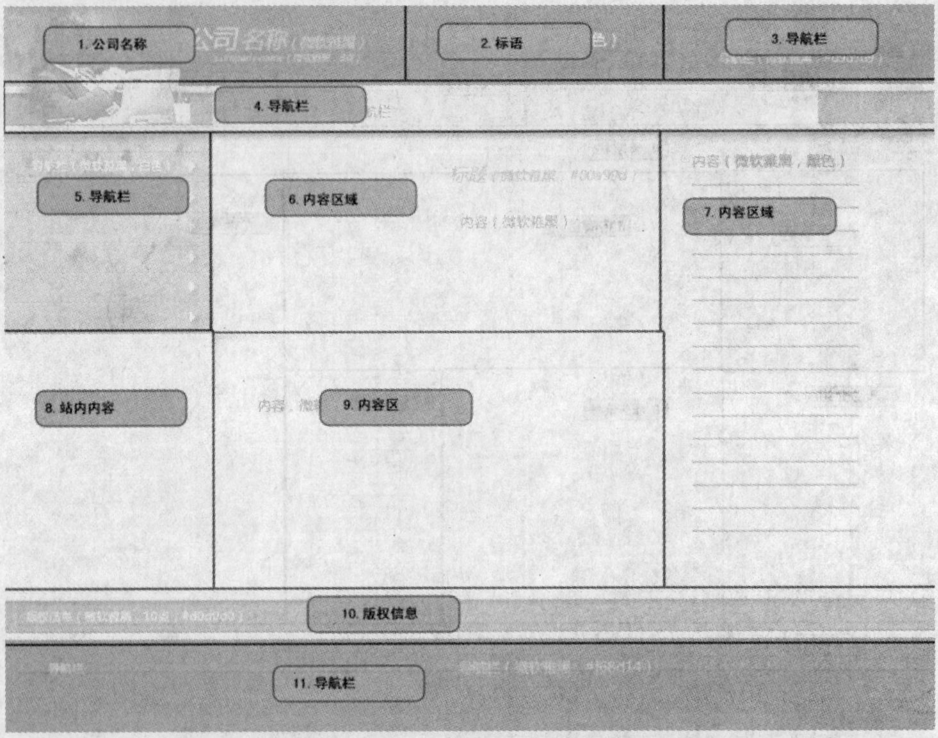

图 5—60　招聘网页页面分析

4）导航栏：无。

5）导航栏：微软雅黑，白色。

6）内容栏：标题，微软雅黑，#00a99d；内容，微软雅黑。

7）产品案例：正标题，微软雅黑，#7e7e7e；副标题，微软雅黑；正文，微软雅黑，黑色。

8）站内内容：微软雅黑，白色。

9）内容区：微软雅黑，黑色。

10）版权信息：微软雅黑，10 点，颜色#d0d0d0。

11）导航栏：微软雅黑，#f68d14。

（4）修改素材文件。先制作 index. html 页面。

1）用 Photoshop 打开素材文件 a. jpg。这是一张合并图层的文件，为了便于以后利用它来插入文字及其他效果需要将文字去除。

2）用矩形选区选择要去除的文字，如图 5—61 所示。

图 5—61 选择要去除的文字

3）用吸管工具点击文字背景区，取得相似颜色。填充前景色（Ctrl + Del）就能去除文字，如图 5—62 所示。

图 5—62　去除文字

4）同理去除其他区域的文字，如图 5—63 所示。

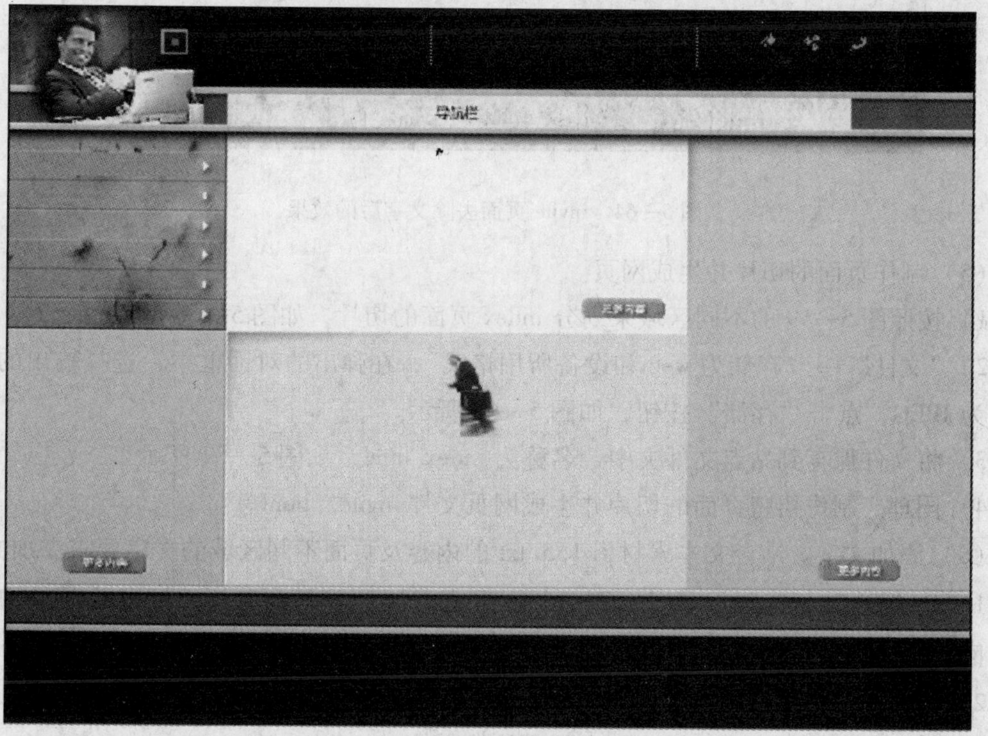

图 5—63　主页去除文字后的效果

5）“文件”→“存储为”，将文件保存为 1. 1. 3. bmp 格式备用。

同理，利用 photoshop 软件将素材文件 b. jpg 的文字去除，并将文件保存为 1. 1. 4. bmp 格式，如图 5—64 所示。

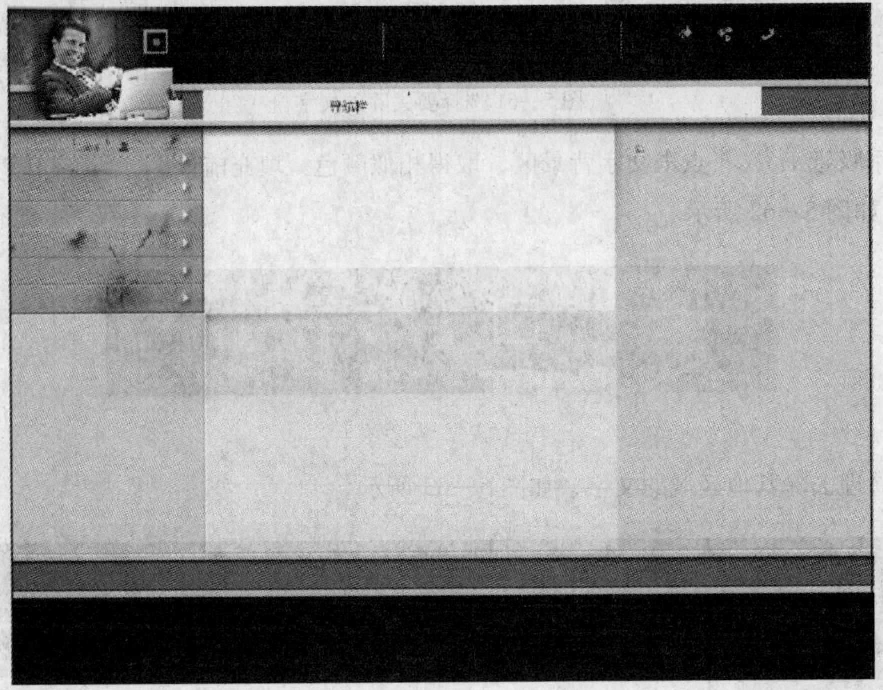

图 5—64　invite 页面去除文字后的效果

（5）制作页面的切片并生成网页。

1）按照图 5—59 的不同区域来划分 index 页面的切片，如图 5—65 所示。

2）“文件”→“存储为 web 和设备所用格式”，在弹出的对话框中，选择输出的图片格式为 JPEG，点击“存储”按钮，如图 5—66 所示。

3）将文件保存到站点文件夹中，名称为 index. html，如图 5—67 所示。

4）同理，制作招聘页面的切片并生成网页文件 invite. html。

（6）添加文字。结合文本素材 1. 1. 5. txt 的内容及页面不同区域的文字要求添加文字。

1）切换到 Dreamweaver 软件，刚才制作生成了切片，点击文件面板中的按钮就能显示网页“index. html”和“invite. html”了，如图 5—68 所示。

2）如图 5—59 要求，依次将需要添加文字区域的图片改为背景图片。

3）打开素材文件，按照样张要求依次修改字体。

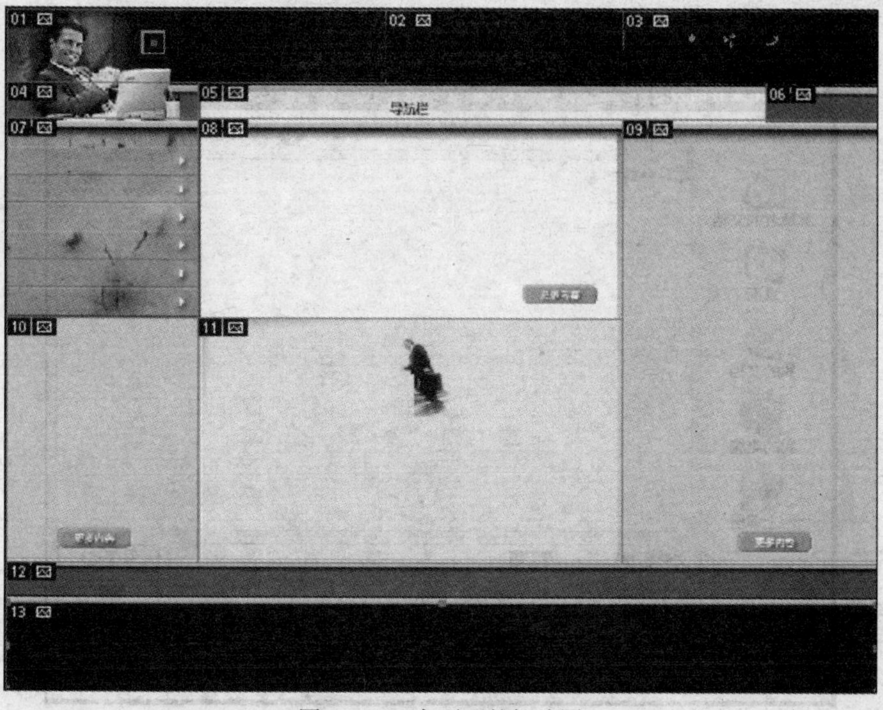

图 5—65　主页面的切片图

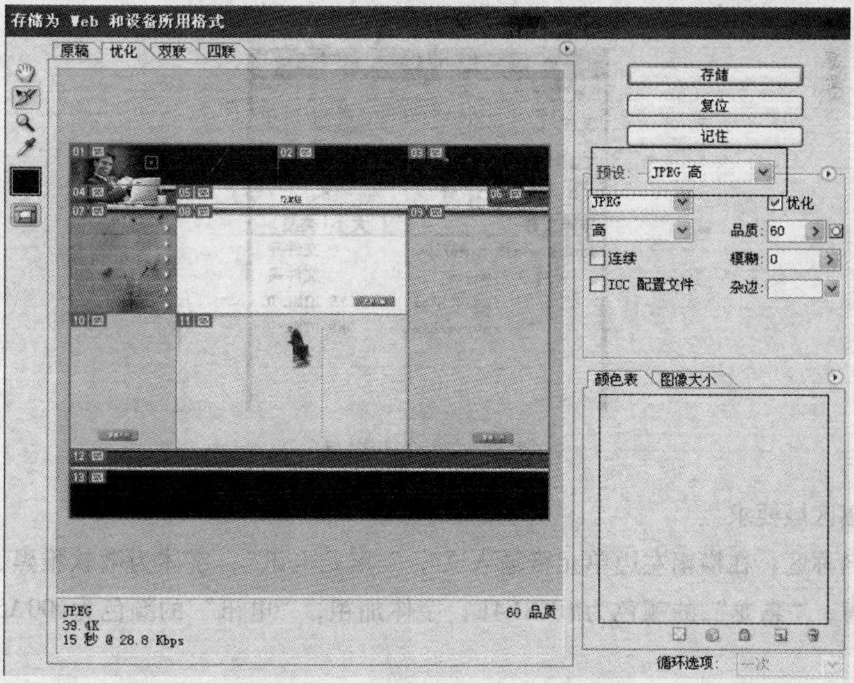

图 5—66　存储为 Web 和设备所用格式

图 5—67　导出网页文件

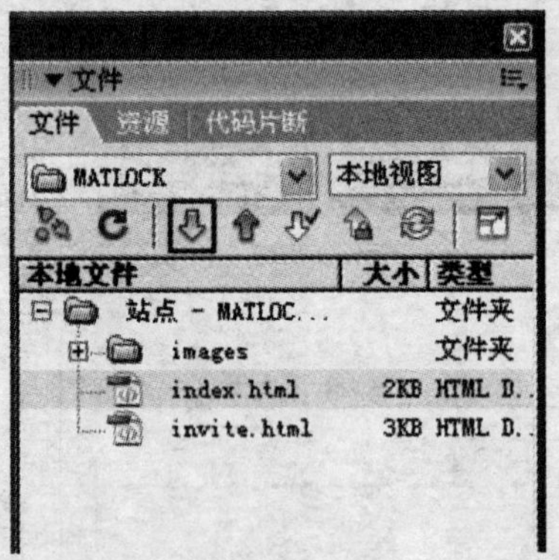

图 5—68　下载素材

①横幅区域要求

公司名称区：在横幅左边单元格输入文字“惠龙电讯”，字体为微软雅黑，8 点。其中结合题意，“惠龙”的颜色为#E68E4E，字体加粗，“电讯”的颜色为#00A6A2，字体倾斜。

标语区：添加文字“紧密沟通，共同努力”，字体为微软雅黑，白色，粗体。

导航栏：内嵌2行1列表格，宽度为100%，边框粗细为0（用于定位）。在表格第2行添加文字“首页站内搜索联系我们”内容，在单元格居中。

②网站内容信息区域要求。在导航栏添加表格进行定位。表格为6行1列，宽度90%，左对齐，边框粗细为0。如图5—69所示，并设定文字格式为微软雅黑，白色。

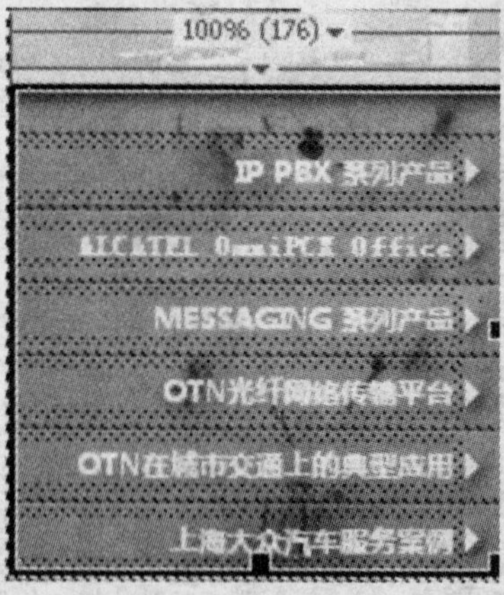

图5—69　添加表格和文字

内容区域：内嵌3行1列的表格，宽度是47%。水平方式为右对齐，垂直方式为顶部对齐，并添加文字及背景图片，如图5—70所示。

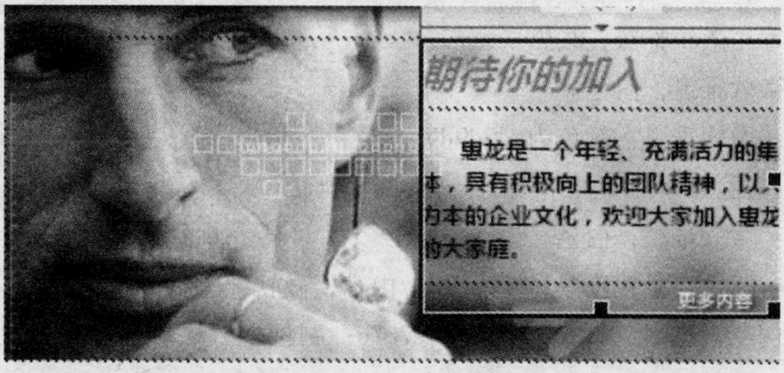

图5—70　制作内容区域

同理完成其他区域的操作，如图5—71所示。

（7）制作招聘页面。

1）结合前面所说的方法先将需要添加文字的区域改为背景图片。

2）打开素材文件1.1.6.txt，结合以下要求对页面各个区域添加文字并设置字体。

图 5—71　网页首页最终效果图

①公司名称：微软雅黑，8 点。

②标语：微软雅黑，白色。

③导航栏：微软雅黑，颜色为#d9d9d9。

④导航栏：无。

⑤导航栏：微软雅黑，白色。

⑥内容栏：标题，微软雅黑，#00a99d；内容，微软雅黑。

⑦产品案例：正标题，微软雅黑，#7e7e7e；副标题，微软雅黑；正文，微软雅黑，黑色。

⑧站内内容：微软雅黑，白色。

⑨内容区：微软雅黑，黑色。

⑩版权信息：微软雅黑，10 点，颜色#d0d0d0。

⑪导航栏：微软雅黑，#f68d14。

3）利用表单完善制作职位招聘部分。

（8）制作站内搜索区。

1）在站内搜索区域添加 4 行 2 列表格，宽度为 68%，对齐方式为水平左对齐，垂直顶部对齐，并在相应单元格添加文字“站内搜索”，如图 5—72 所示。

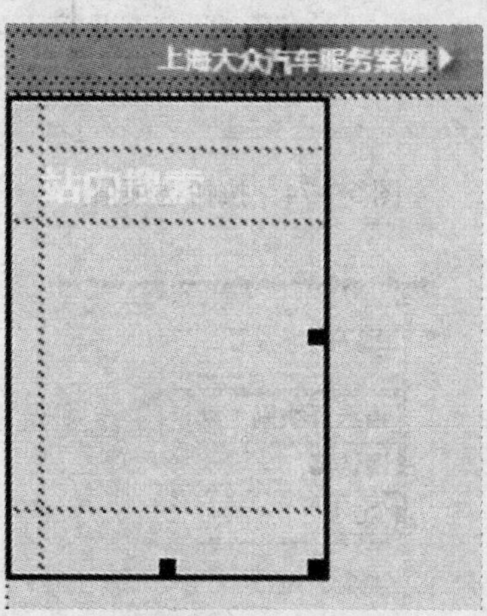

图 5—72　添加表格

2）在表格第 3 行第 2 列插入表单域按钮制作站内搜索区域。

3）光标定位在表单域内再次嵌套一个 3 行 1 列的表格。在表格第 1 行添加“请选择”下拉列表，并单击属性栏中的列表值按钮，增加选项，如图 5—73 所示。

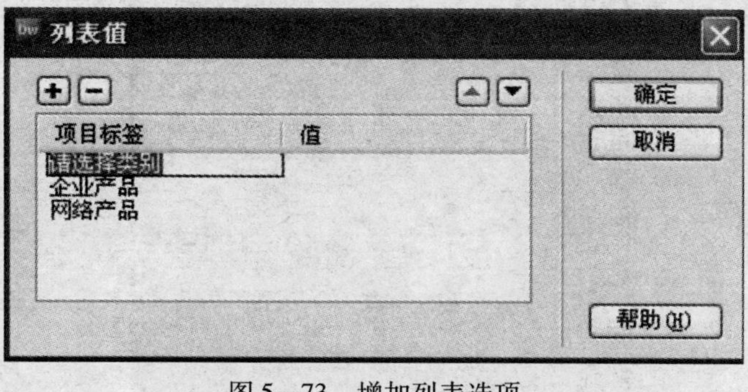

图 5—73　增加列表选项

4）同理增加“选择”下拉列表项，选项值为空。

5）在表格第 3 行添加按钮，值为“GO”，动作为提交表单，如图 5—74 所示。

最终效果如图 5—75 所示。

（9）制作职位应聘区域。

1）在职位应聘区域内嵌 3 行 2 列表格，宽度为 216 像素，表格垂直对齐顶端，如图 5—76 所示。

图 5—74　按钮选项值

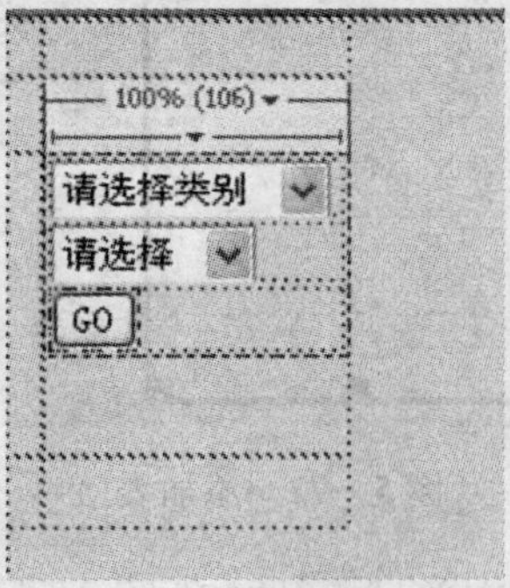

图 5—75　站内搜索效果

图 5—76　添加表格定位

2）在表格第二行右边单元格插入表单域按钮准备制作招聘区域。

3）结合素材，得知表单需要 13 行，所以再次嵌套一个 13 行 1 列的表格，宽度为 100%，边框粗细为 0，如图 5—77 所示。

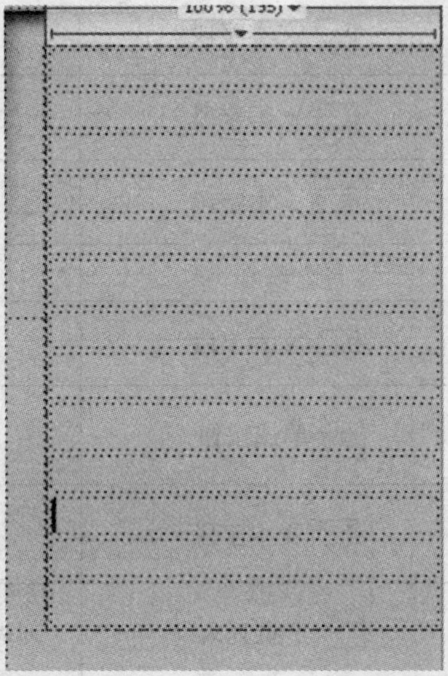

图 5—77　在表单内嵌入表格

4）结合素材添加文字及表单元素，如图 5—78 所示。

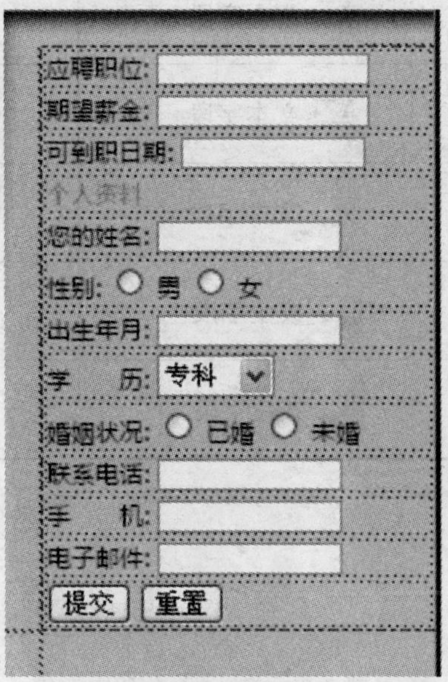

图 5—78　添加文字及表单元素

具体设置见表 5—2。

表 5—2　　表单设置细项

职位名称	表单名称	属性
应聘职位	文本字段	宽度 15
期望薪金	文本字段	宽度 15
可到职日期	文本字段	宽度 13
个人资料	无	无
您的姓名	文本字段	宽度 13
性别	单选按钮	无
出生年月	文本字段	宽度 13
学历	下拉列表	列表值：专科，本科，硕士，博士
婚姻状况	单选按钮	无
联系电话	文本字段	宽度 13
手机	文本字段	宽度 13
电子邮件	文本字段	宽度 13
提交	按钮字段	值：提交，动作：提交表单
重置	按钮字段	值：重置，动作：重置表单

第 6 章

设计网页动画和图像效果

学习目标

理解网页元素的构思及创意

能够运用 Fireworks 设计制作网页 Logo 标志

掌握 Flash 动画的设计与制作

知识准备

1. Logo 标志的含义及作用

Logo 主要是因特网上各个网站用来与其他网站链接的图形标志，代表一个网站或网站的一个板块，如图 6—1 所示。

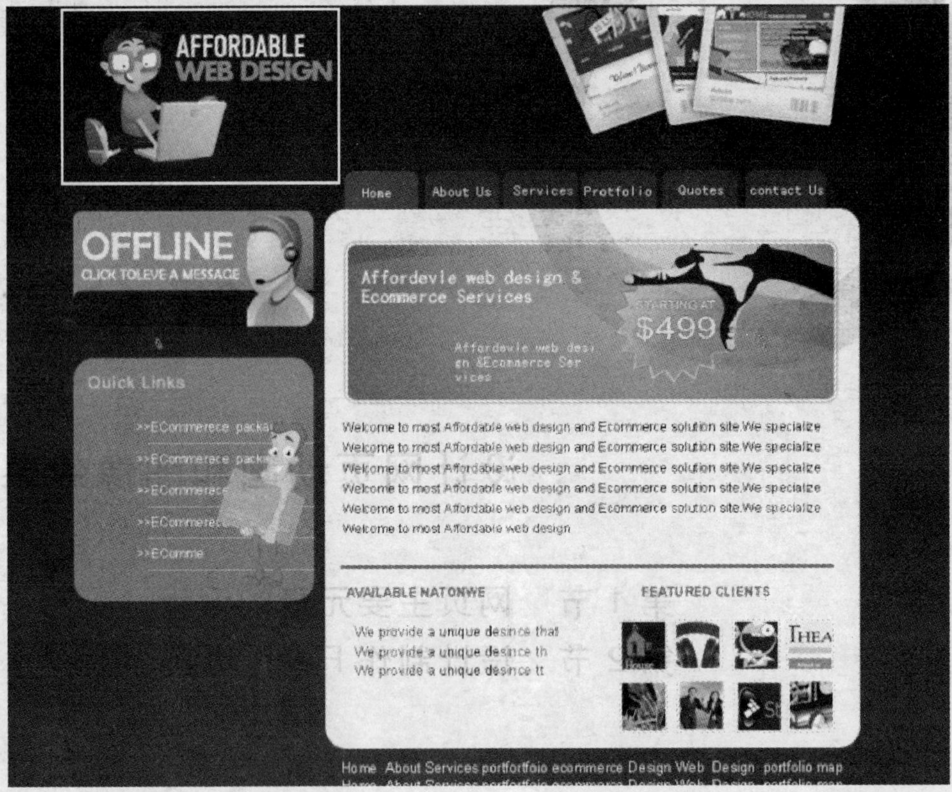

图 6—1　网站中的 Logo 标志

Logo 的作用表现在以下几方面：

（1）Logo 是与其他网站链接以及让其他网站链接的标志和门户。Internet 之所以称为因特网，在于各个网站之间可以连接。要让其他人走入网站，必须提供一个让其进入的门户。而 Logo 图形化的形式，特别是动态的 Logo，比文字形式的链接更能吸引人的注意。

（2）Logo 是网站形象的重要体现。就一个网站来说，Logo 是网站的名片，而对于一个追求精美的网站，Logo 更是它的灵魂所在，即所谓的点睛之处。

（3）Logo 能使受众便于选择。一个好的 Logo 往往会反映网站及制作者的某些信息，特别是对一个商业网站来说，人们可以从中了解这个网站的类型或者内容。在一个布满各种 Logo 的链接页面中，这一点会突出地表现出来。想一想，受众要在大堆的网站中寻找自己想要的特定内容的网站时，一个能让人轻易看出它所代表的网站的类型和内容的 Logo 会有多重要。图 6—2 是一些具有创意特色的 Logo 标志。

图 6—2　特色 Logo 标志

2. Logo 标志设计的理念

（1）功用性

标志的本质在于它的功用性。经过艺术设计的标志虽然具有观赏价值，但标志主要不是为了供人观赏，而是为了实用。标志是人们进行生产活动、社会活动必不可少的直观工具。

标志有为人类所共用的，如公共场所标志、交通标志、安全标志、操作标志等；有为国家、地区、城市、民族、家族专用的旗徽等标志；有为社会团体、企业、公益活动专用的，如会徽、会标、厂标、社标等；有为某种商品产品专用的商标；还有为集体或个人所属物品专用的，如图章、签名、花押、落款、烙印等，都各自具有不可替代的独特功能。具有法律效力的标志尤其兼有维护权益的特殊使命。

（2）识别性

标志最突出的特点是各具独特面貌，易于识别，显示事物自身特征，标示事物间不同的意义、区别与归属是标志的主要功能。各种标志直接关系到国家、集团乃至个人的根本利益，绝不能相互雷同、混淆，以免造成错觉。因此，标志必须特征鲜明，令人一眼即可识别，并过目不忘。

（3）显著性

显著性是标志又一重要特点，除隐形标志外，绝大多数标志的设置就是要引起人们注意。因此，色彩强烈醒目、图形简练清晰是标志通常具有的特征。

(4) 多样性

标志种类繁多、用途广泛，无论从其应用形式、构成形式、表现手段来看，都有着极其丰富的多样性。

其应用形式不仅有平面的（几乎可利用任何物质的平面）还有立体的（如浮雕、圆雕、任意形立体物或利用包装、容器等的特殊式样做标志等）。

其构成形式，还有直接利用物象的，有以文字符号构成的，还有以具象、意象或抽象图形构成的，还有以色彩构成的。多数标志是由几种基本形式组合构成的。

就表现手段来看，其丰富性和多样性几乎难以概述，而且随着科技、文化、艺术的发展，总在不断创新。

(5) 艺术性

凡经过设计的非自然标志都具有某种程度的艺术性。既符合实用要求，又符合美学原则，给人以美感，是对其艺术性的基本要求。一般来说，艺术性强的标志更能吸引和感染人，给人以强烈和深刻的印象。

标志的高度艺术化是时代和文明进步的需要，是人们越来越高的文化素养的体现和审美心理的需要。

(6) 准确性

标志无论要说明什么、指示什么，无论是寓意还是象征，其含义必须准确。首先要易懂，符合人们的认识心理和认识能力。其次要准确，避免意料之外的多解或误解，尤应注意禁忌。让人在极短时间内一目了然、准确领会无误，这正是标志优于语言、快于语言的长处。

(7) 持久性

标志与广告或其他宣传品不同，一般都具有长期使用价值，不轻易改动。

3. 导航栏概述

对浏览者来说，导航是内容的目录。这就好像是一本书，看过了目录（导航），大致会知道网站内容是否有阅读的价值，或者说哪个部分是人们想要阅读的。

导航系统作为网站信息储备的核心架构，展示出了网站的规模、储备方式、查阅方式等基础设施。与此同时，导航又不如书目那般井井有条，叙述完整。因为导航只显示信息的类别，而不是列表。如果想要知道此信息是否真的有阅读的必要，只能进入栏目中，查看列表。图 6—3 所示为导航栏在页面左侧的效果图。

导航栏的一种表现形式是以 GIF，JPG，SWF 等格式建立的静态或者动态的网站索引。导航栏在网页中大多用来表现网络广告内容，同时还可以使用 Java 等语言使其产生交互性，Flash 等动画制作工具增强效果的表现力，如图 6—4 所示，其中导航栏部分的 Flash 是循环播放的。

图 6—3　导航栏在网页的左侧位置的效果

图 6—4　Flash 制作的动画导航栏

第1节　网页主要元素的设计

学习单元1　网站主标志的设计

知识要求

1．Logo的制作要素

（1）识别性

识别性要求Logo必须容易识别，易记忆。这就要做到无论是从色彩还是构图上一定要讲究简单。图6—5所示为一个结构简单而有特色的Logo标志。

（2）特异性

所谓特异性就是要与其他的Logo有所区别，要有自己的特性，否则设计的Logo就没有意义了。图6—6所示为具有特异性的Logo。

（3）内涵性

Logo一定要有其自身的含义，否则就算做得再漂亮、再完美也只是形式上的漂亮，却没有一点意义。这就要求Logo必须有自己的象征意义，如图6—7所示。

图6—5　结构简洁的Logo

图6—6　特异性的Logo

图6—7　具有内涵性的Logo

（4）法律意识

Logo的法律意识强调一定要注意敏感的字样、形状和语言。

（5）整体形象规划（结构性）

Logo不同的结构会给人不同的心理意识。如水平线给人的感觉是平缓、稳重、延续和平静；竖线给人的感觉是高、直率、轻和浮躁；点给人的感觉是扩张或收缩，容易引起人的注意等。

2．Logo应具备的条件

（1）符合国际标准。Logo的国际标准规范如下：

为了便于Internet上信息的传播，必须有一个统一的国际标准。标准中关于网站的Logo 目前有三种规格：

1）88 像素 ×31 像素是因特网上最普遍的 Logo 规格。

2）120 像素 ×60 像素用于一般大小的 Logo。

3）120 像素 ×90 像素用于大型 Logo。

（2）精美、独特。

（3）与网站的整体风格相融。

（4）能够体现网站的类型、内容和风格。

（5）在最小的空间尽可能表达出整个网站、公司的创意、精神等。

技能要求

婚庆网站 Logo 标志的设计

前文中已经设计并制作了婚庆网站的基本页面，为了能够更有效地突出 love flower 网站的特有风格，还需要设计一个精致的 Logo 标志来起到画龙点睛的作用。Logo 的最终效果图如图 6—8 所示。

图 6—8　婚庆网站的 Logo 效果图

操作要求

结合婚庆网站的特点收集相关素材并进行 Logo 的设计并将其以 logo. png 保存（相关素材：第 6 章 \ 第 1 节 \ 学习单元 1）。

操作步骤

Step 1　资料的收集

按照网页设计书的要求，love Flower 网站体现的是喜庆和浪漫。那么会使人联想到中国传统式婚庆的场面：新郎带着礼帽小心地掀开新娘的头盖。美丽的新娘微笑中显出腼腆，而新郎则是傻笑着不知如何是好……所以在设计与制作中找来这些素材，如图6—9所示。

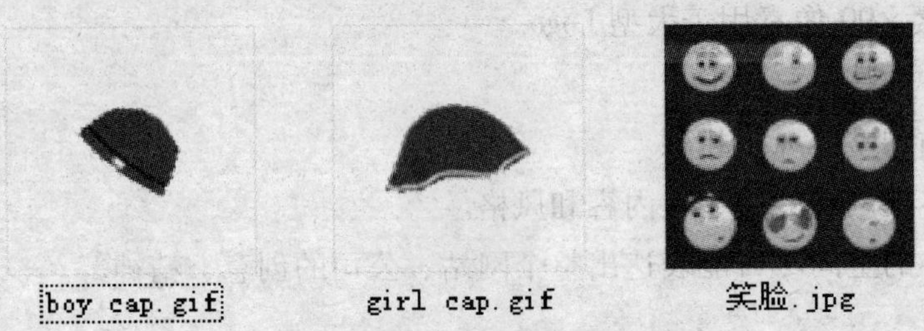

图6—9　素材收集

在设计的过程中把男女青年转化为性别符号标志并配上笑脸标志和相应的文字配合，一定能突出网站的特点。

Step 2　开始创作

（1）打开 Fireworks CS3，新建一个300像素×250像素、透明背景的文档。

（2）用钢笔工具绘制心形图案并填充红色，如图6—10所示。

图6—10　用钢笔工具绘制心形图案

（3）为红色心形增加投影效果：选中心形，点击属性栏上的滤镜旁的+，增加投影效果如图6—11与图6—12所示。

（4）打开笑脸的素材图片，用魔棒工具选中黑色背景，按Del键去除黑色，如图6—13所示。

图 6—11　增加投影效果

图 6—12　投影效果图

图 6—13　选中黑色背景

（5）点击状态栏右侧的关闭按钮，退出位图，如图 6—14 所示。

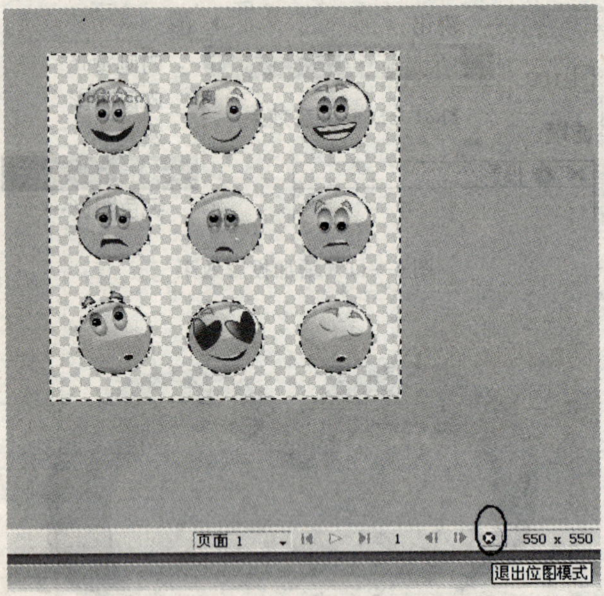

图 6—14　退出位图

（6）选中第三行右边的两个头像分别代表新郎和新娘，将其复制到 Logo 标志文件中。

（7）制作男女性别图标。用形状工具中的箭头符号与笑脸整合完成新郎图标的制作，如图 6—15 和图 6—16 所示。

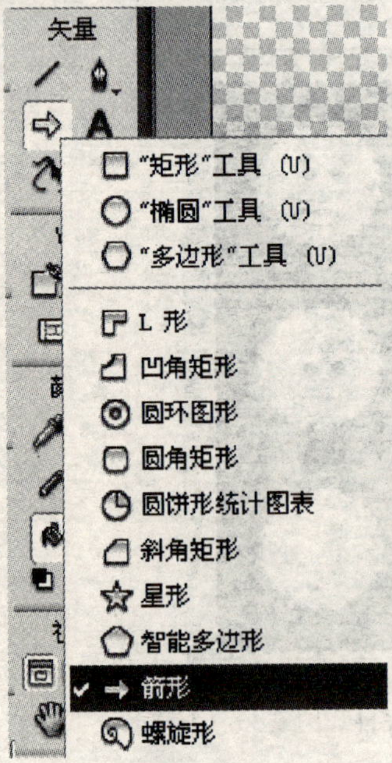

图 6—15 使用箭形工具

图 6—16　新郎图标

用形状工具中的“矩形”工具绘制新娘图标并进行整合，如图6—17和图6—18所示。

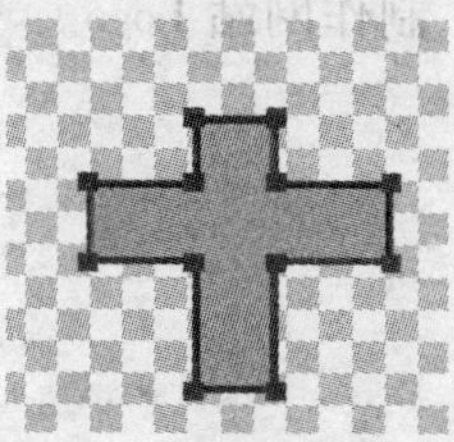

图6—17　用矩形工具拼合而成

图6—18　与新娘图标整合后的效果

（8）为了能进一步增强其生动性，打开小帽子的素材文件，将素材复制到场景中并进行整合，如图6—19所示。

图6—19　素材整合

（9）最后添上婚庆公司的名称love flower，并对文字进行字体设定：

1）文字love：字体fiolex girls，颜色为红色，大小为96，并设置黄色描边。

2）文字flower：字体fiolex girls，颜色为绿色，大小为96，并设置黄色描边。

（10）最终效果如图6—8所示。将文件保存名为logo. png。

考场练兵

制作网站主标志

1. 试题单

（1）操作条件

相关素材：第6章\第1节\考场练兵。

样张素材：素材文件夹内的“2. 2. 1. 1. gif”。

操作素材：素材文件夹内的“2. 2. 1. 2. jpg”。

（2）操作内容

参照样张“2. 2. 1. 1. gif”，应用素材“2. 2. 1. 2. jpg”，制作网站Logo。

1）按要求，新建Fireworks文档。

2）参照样张，制作透明背景效果。

3）参照样张，并按要求添加Logo文本。

4）参照样张，制作文本逐个出现的动画效果。

5）按要求，保存操作路径及文件。

（3）操作要求

1）考生务必在指定位置建立考生文件夹，并在其下建立“Logo”子目录，所有操作结果保存至该文件夹下（考生文件夹命名：“网页设计制作员3级_考生准考证号_姓名”）。

2）采用标准Logo尺寸的第二种大小，新建Fireworks文档。

3）参照样张“2. 2. 1. 1. gif”，利用素材“2. 2. 1. 2. jpg”制作背景。

4）参照样张“2. 2. 1. 1. gif”，添加Logo文本“水墨人生”。

5）参照样张“2. 2. 1. 1. gif”，制作Logo文本动画效果。

6）按要求，保存（重要步骤，未完成全题无分）。

所有的历史记录命名为命令“2. 2. 1”保存。

将文件以“2. 2. 1. gif”为文件名保存至考生文件夹下。

2. 参考答案

（1）在指定盘中（如C盘）新建考生文件夹“网页设计制作员3级_考生准考证号_姓名”，然后将Logo子目录复制到其中。

（2）标准Logo尺寸的第二种大小是120像素×200像素，所以新建一个空白的Fireworks文档，大小为120像素×200像素。

（3）参照样张“2. 2. 1. 1. gif”，利用素材“2. 2. 1. 2. jpg”制作背景。

1）结合题意及素材文件，得知背景文件设定的要求如下：

①背景等比例缩放，透明度为50%。

②文本：华文行楷，大小为24，黑色。

③动画共2. 8 s，14帧，其中前5帧实现文本出现效果，其他帧文本保持不变。

2）将素材文件2. 2. 1. 2. jpg复制到新建文档中。

3）用缩放工具▣改变图形的大小（按住Shift键可以实现等比例缩放），如图6—20所示。

4）用矩形选区工具▢选中图象顶部多余的白色部分，按 Del 键删除，如图 6—21 所示。

图 6—20 缩小图形

图 6—21 删除多余的白色

5）取消选区（Ctrl + D）后将图形移到画布顶部。“窗口”→“图层”，并设定图像的透明度为 50%，如图 6—22 所示。

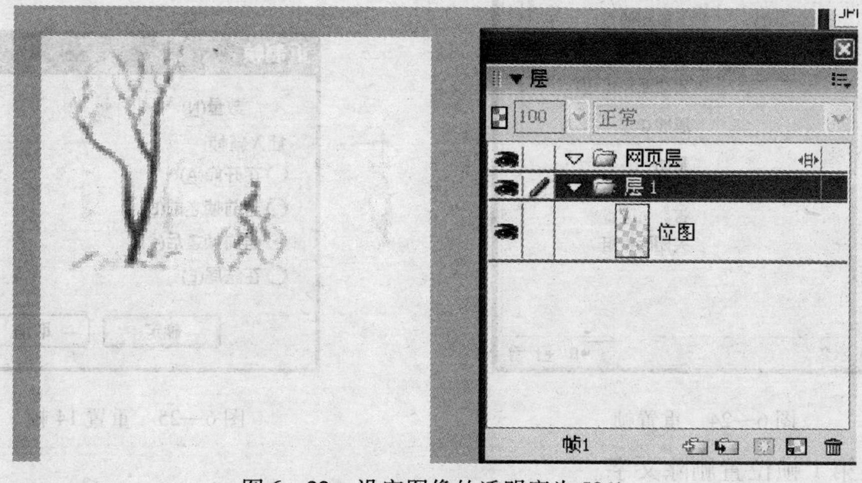

图 6—22 设定图像的透明度为 50%

（4）参照样张“2. 2. 1. 1. gif”，添加 Logo 文本“水墨人生”。

字体为华文行楷，大小为 24，黑色，如图 6—23 所示。

（5）参照样张“2. 2. 1. 1. gif”，制作 Logo 文本动画效果。

动画共 2. 8 s，14 帧，其中前 5 帧实现文本出现效果，其他帧文本保持不变。

1）“窗口”→“帧”打开帧面板。点击右上角的选项按钮，选择“重置帧”，如图 6—24 所示。

图 6—23　添加文本

2）在弹出的对话框中选择重置 14 帧，其他选项默认，如图 6—25 所示。

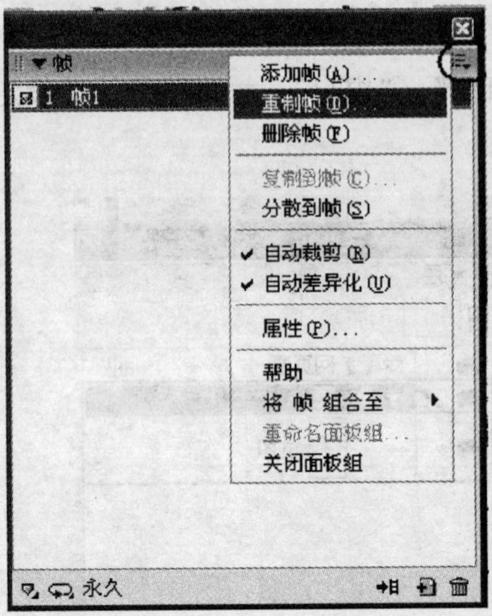

图 6—24　重置帧

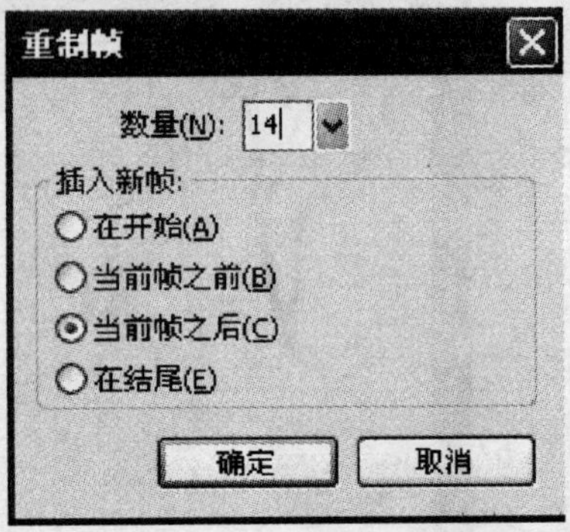

图 6—25　重置 14 帧

3）在第 1 帧位置删除文字。

4）在第 2 帧的位置，删除文字“墨人生”只留“水”字，如图 6—26 所示。按要求保存（重要步骤，未完成全题无分）。

5）选中第 3 帧，删除多余文字“人生”。

6）选中第 4 帧，删除多余文字“生”。

7）选中帧面板中所有帧，左键双击右侧帧的速率，将其改为 20，如图 6—27 所示。

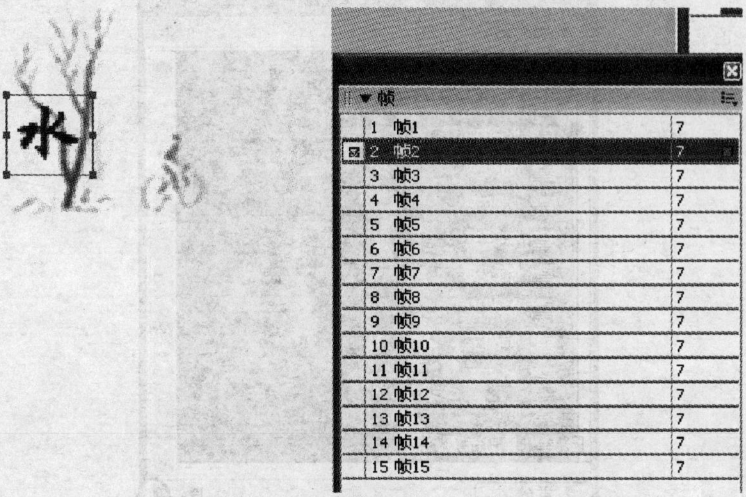

图 6—26　删除多余文字

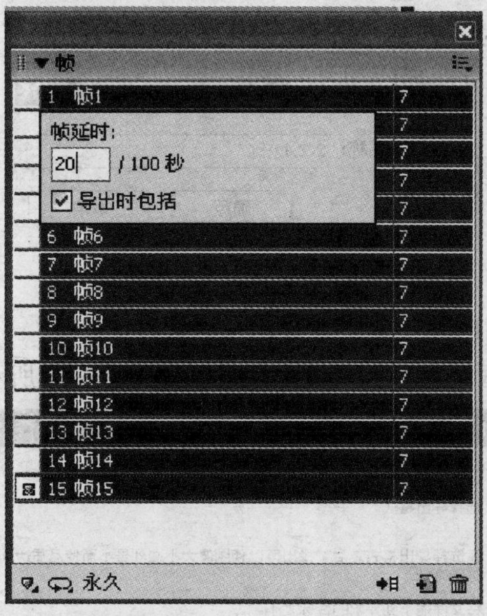

图 6—27　设定动画速度

（6）所有的历史记录命名为命令“2. 2. 1”保存。

将文件以“2. 2. 1. gif”为文件名保存至考生文件夹下。

1）保存历史记录：“窗口”→“历史记录”，打开历史记录面板。

2）全选所有的历史记录，点击面板右下角的保存按钮，如图 6—28 所示。

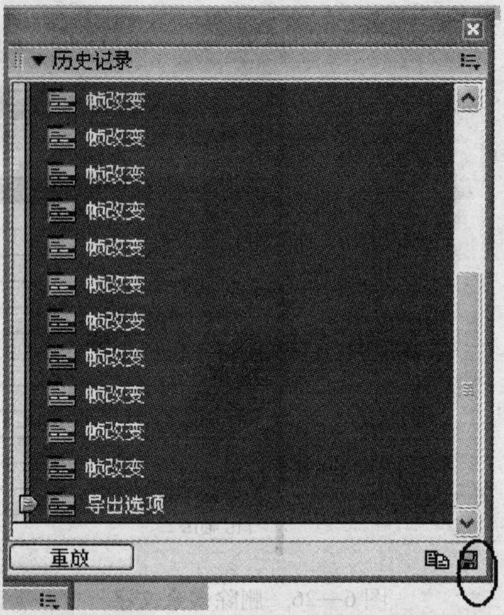

图 6—28　保存历史记录

3）将历史记录命名为 2. 2. 1。如图 6—29 所示。

图 6—29　为历史记录命名

4）“文件”→“导出向导”命令，导出动画文件。

5）系统会弹出对话框，点击“继续”按钮，如图 6—30 所示。

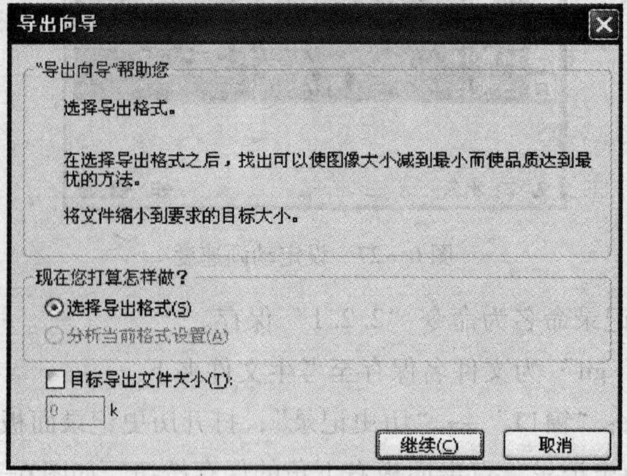

图 6—30　导出向导

6）在弹出的对话框中选择 GIF 动画。点击“继续”按钮，如图 6—31 所示。

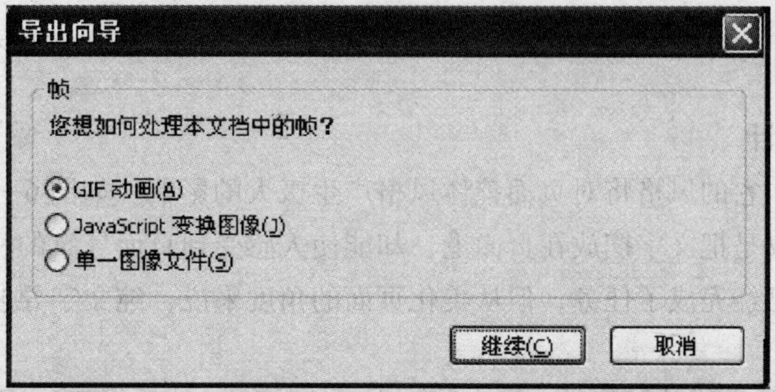

图 6—31　选择 GIF 动画

7）在弹出的对话框中进行动画预览，如图 6—32 所示。

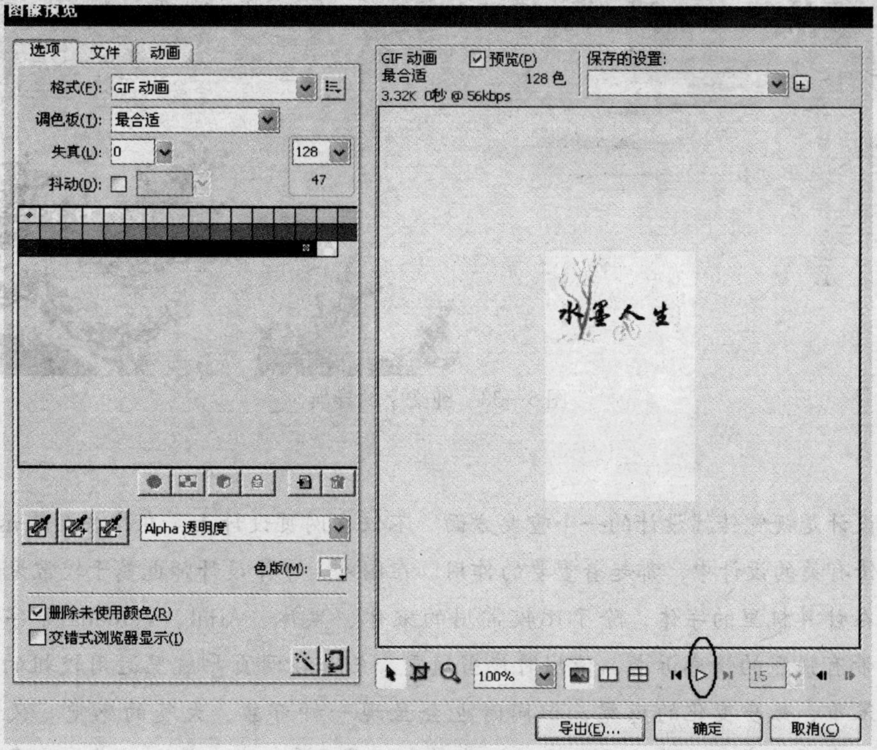

图 6—32　进行动画预览

8）点击“导出”按钮，确定文件名“2. 2. 1. gif”。

学习单元2 导航设计

知识要求

1. 纯文字导航设计

导航很重要，它的风格将对页面整体风格产生极大的影响。如图6—33所示的纯文字导航，看起来仅仅是把文字摆放在页面上，却能使人感受到页面气氛的朴素与清爽。在功能上，文字导航已经完成了任务，但从美化页面的角度来说，纯文字导航是远远满足不了人们的需求的。

图6—33 纯文字的导航

小贴士

字体设计是视觉传播设计的一个重要方面。不仅在网页设计上，在广告、展示、包装等与商业宣传有关的设计中，都起着重要的作用。在国外，字体设计师也属于较常见的职业。

安装在计算机里的字体，除了比较常用的宋体、黑体、Arial、Verdana等字体外，很多字体都带有强烈的情感诉求，使用时应当慎重。例如在网页导航里运用较粗的字体，会给人一种笨重、缺少变化的感觉，但同时也会呈现一种可靠、大气的感觉。又如在女性类、化妆品类网站中，常常使用比较纤细的字体，页面看起来会柔和、唯美许多。

当不确定如何选择和搭配字体时，保险起见，可以选用常见的印刷体，如宋体、黑体。这些字体带有一丝严谨、正式的观感，因不含多余的情感，也就不会对整体风格产生较大的影响。

2. "文字 + 装饰"导航设计

比较起纯文字式导航设计，"文字 + 装饰"更能体现出网络传播的灵活性与趣味性，它不仅可以通过装饰表述出各栏目的信息特征，还可以通过导航条的装饰效果、整个导航的占用面积大小等方面，对页面风格及整体网站形式设计做出强有力的补充。"文字 + 装饰"的导航栏如图 6—34 所示。

图 6—34 "文字 + 装饰"的导航栏

3. 隐藏文字信息的导航设计

尽管图形图像具有特殊的沟通魅力，却比不上文字表达更加直接。尤其是在导航易用性的环节上，文字的作用绝对不是图形图像能够替代的。

Flash 技术的发展，使很多富有创意的设计人，把导航设计成为隐藏的。有的需要通过鼠标触击到某个区域，才会显示出来，而有的导航则是跟随鼠标移动的，只有在单击右键时才能显现。这些惊人的效果在最初出现时，确实带给人们新鲜感和趣味性。但从信息传达的角度考虑，不适合把导航项目隐藏起来的设计风格的网站类型非常多，最典型的就是商业类型与门户类型。类似的导航风格只能出现在个人主页，或为表现创意和构思的设计服务类、游戏类网站中，以及特殊信息类型的网站等。

导航并非以新奇的设计效果取胜，而是要以易用性为首，其次是与网站风格相符合，最后才是创意的新颖性。

信息结构有多种情况，当主导航栏目下有多个子栏目，同时又需要把其中一些重要的子栏目展示出来的时候，可以采用类似 Adobe 的导航设计，适合商业网站，也适合内容量大且丰富的网站类型。图 6—35 所示为正常状态的网页效果，图 6—36 所示为鼠标经过时的网页效果。

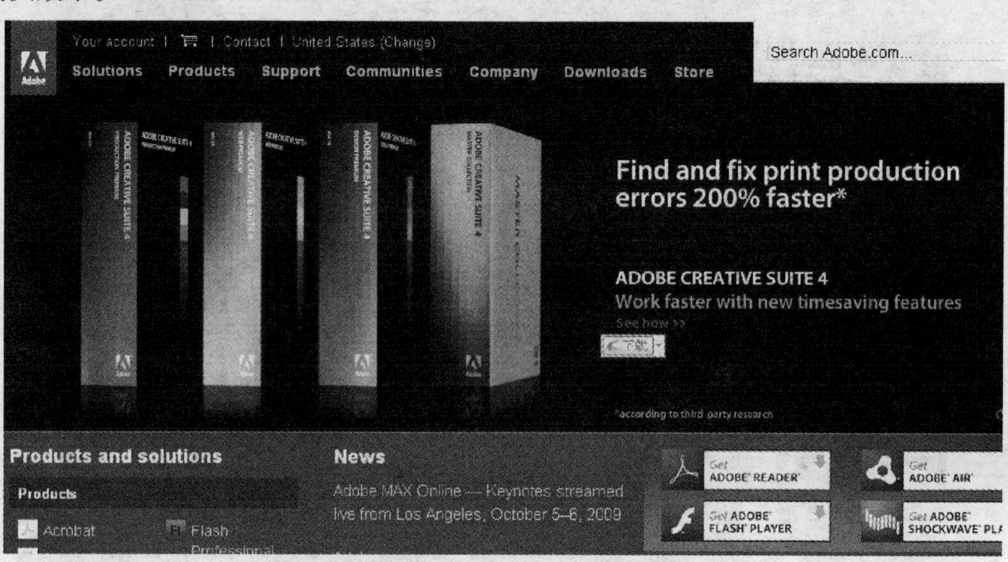

图 6—35 正常状态的网页效果

图 6—36 鼠标经过时的网页效果

在鼠标触击之前，导航隐藏在灰色条形按钮里。当鼠标悬停时，下级导航就会显现出来。一方面主导航设置清晰，另一方面下级栏目展示与隐藏的方式简便，使网站的信息结构一览无余。

技能要求

制作婚庆公司的网站导航栏部分

操作要求

利用 Flash CS3 创建婚庆网站的导航栏部分（相关素材：第 6 章 \ 第 1 节 \ 学习单元 2)，具体要求如下：

1. 新建 Flash 文档，438 像素 ×23 像素，背景为玫瑰红色（#FF6666)。将素材文件 bg. gif 导入库中，并添加到舞台中，调整位置后锁定图层。

2. 新建图层 2，分别添加按钮元件“公司简介”“美丽新娘”“论坛社区”“情人故事”。要求字体为微软雅黑，白色，15 像素，粗体。当鼠标经过按钮时，文字能出现自下向上滚动的效果。

3. 添加“公司简介”的首页链接效果，要求能在新窗口打开网页 index. html。

4. 保存动画文件为 banner. swf。

效果如图 6—37 所示。

图 6—37　婚庆公司的导航栏效果图

操作步骤

Step 1

新建 Flash 文档，438 像素 ×38 像素，背景为玫瑰红色（#FF6666)。将素材文件 bg. gif 导入库中，并添加到舞台中，调整位置后锁定图层。

(1) 用 Flash CS3 软件新建一个空白文档，并在属性栏中设定大小为 438 像素 ×23 像素，背景为玫瑰红色（#FF6666)，如图 6—38 所示。

(2) “文件”→“导入”→“导入到库”，选择素材文件 bg. gif，如图 6—39 所示。

(3) 拖动库中的图片到舞台，设定属性栏的坐标位置（0，0)，如图 6—40 所示。

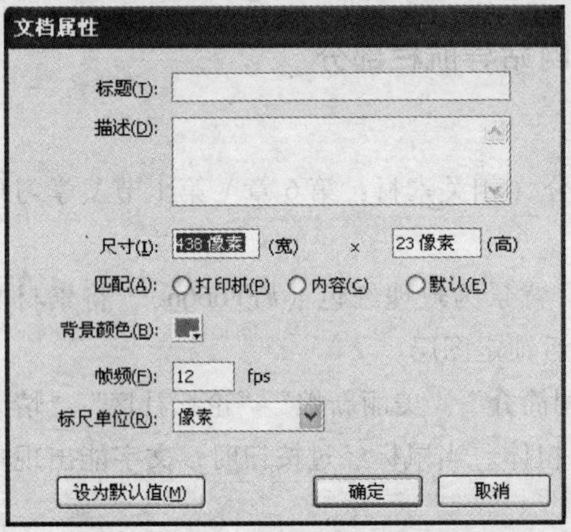

图 6—38　新建 Flash 文档

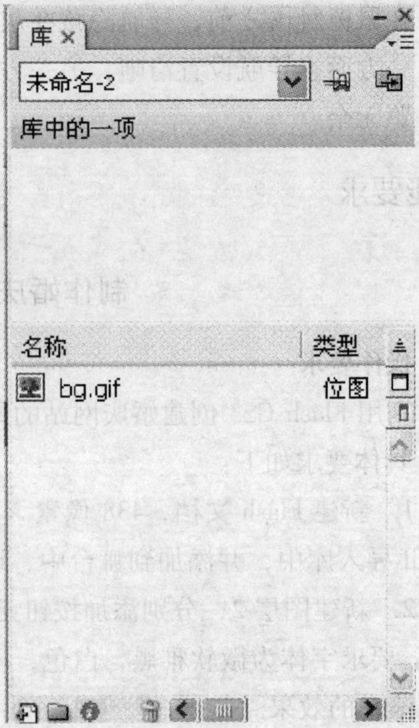

图 6—39　将素材导入到库

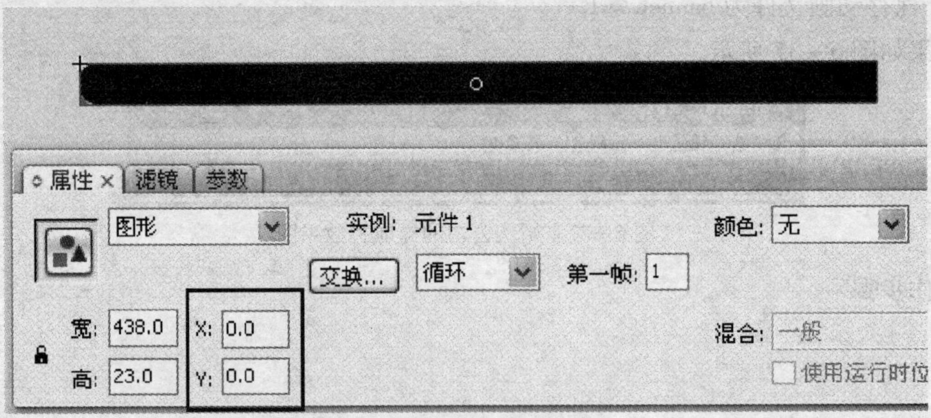

图 6—40　设定背景的位置

（4）在图层面板上点击按钮，锁定图层 1。

Step 2

新建图层 2，分别添加按钮元件“公司简介”“美丽新娘”“论坛社区”“情人故事”。要求字体为微软雅黑，白色，15 像素，粗体。当鼠标经过按钮时，文字能出现自下向上滚动的效果。

（1）新建图层 2。

（2）添加文字“公司简介”，并设定字体为微软雅黑，白色，15 像素，粗体，如图 6—41 所示。

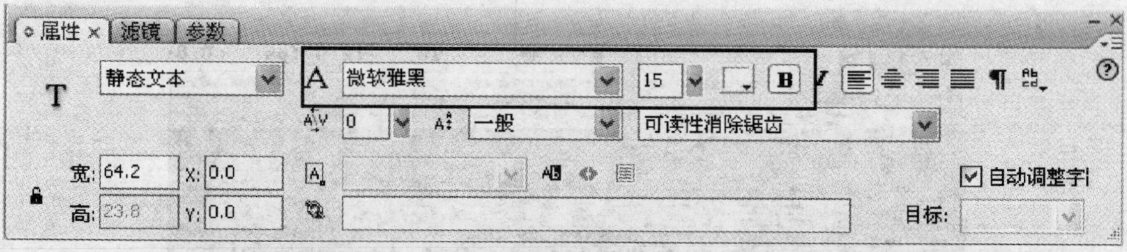

图 6—41　设定字体

（3）按快捷键 F8，在弹出的对话框中将文字转化为图形元件，并取名为“公司简介”，如图 6—42 所示。

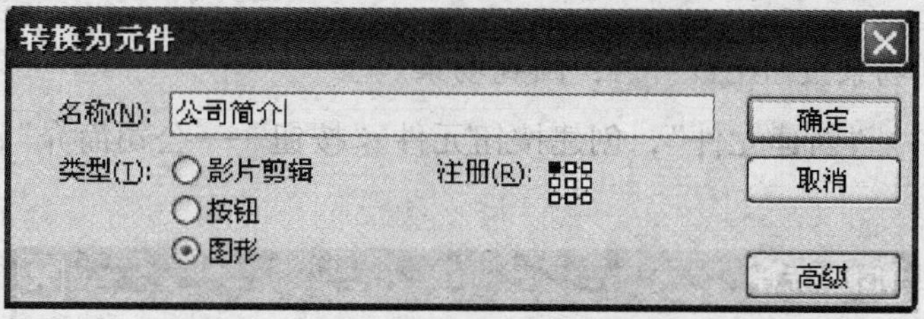

图 6—42　定义图形元件

（4）“插入”→“新建元件”，在弹出的对话框中新建一个名称为“动画——公司简介”的影片剪辑，如图 6—43 所示。

图 6—43　新建影片剪辑

（5）制作文字动画。将图片文件“公司简介”从库中拉到场景中，位置为（0，44），在第 10 帧插入关键帧，并改变文字位置至（0，0）。创建补间动画，如图6—44所示。

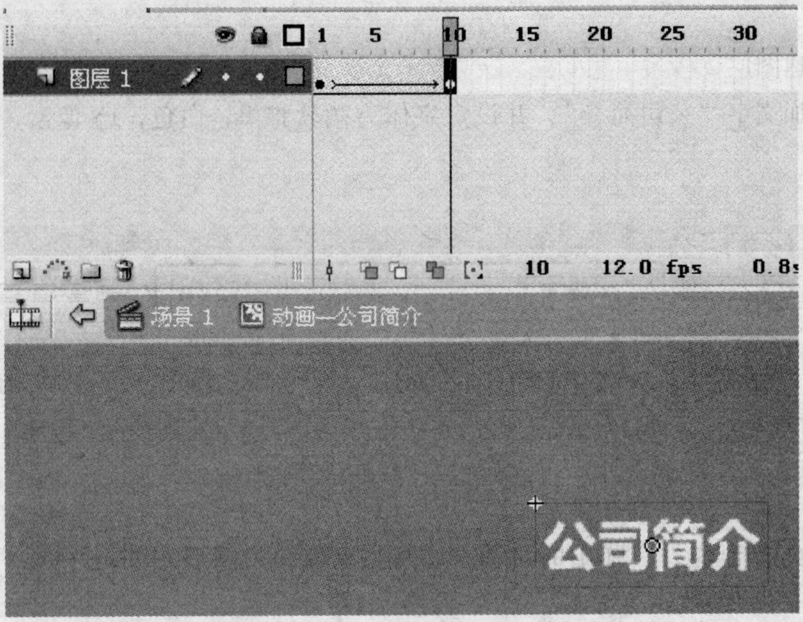

图 6—44　制作文字动画

（6）点击回到场景按钮，回到场景。

（7）“插入”→“新建元件”，创建按钮元件“按钮——公司简介”，类型为按钮，如图 6—45 所示。

图 6—45　创建按钮

（8）在帧面板中“弹起”“按下”“点击”帧插入图像元件“公司简介”，“指针经过”帧插入影片剪辑元件“动画——公司简介”，如图 6—46 所示。

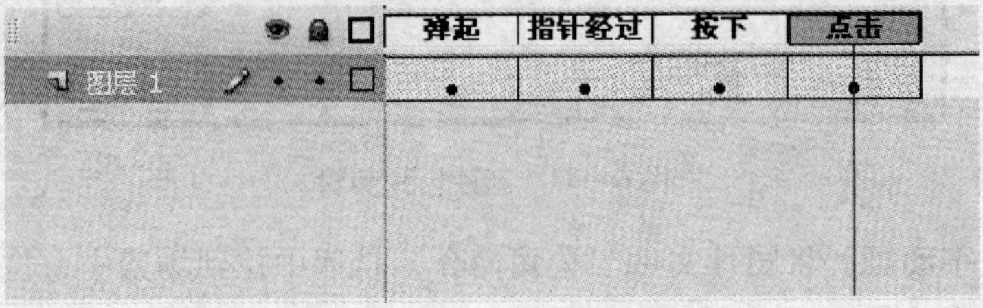

图 6—46　制作按钮

（9）点击回到场景按钮 场景 1，回到场景。第一个按钮制作完毕。

（10）同理完成对按钮“美丽新娘”“论坛社区”“情人故事”的制作。

（11）将制作完毕的按钮元件从库中拖入舞台，并摆放整齐，如图 6—47 所示。

图 6—47　摆放按钮元件

Step 3

添加“公司简介”的首页链接效果，要求能在新窗口打开网页 index. html。

选中“公司简介”按钮，单击右键，选择“动作”，打开动作面板。输入代码。如图 6—48 所示，设定完毕后点击“关闭”按钮。

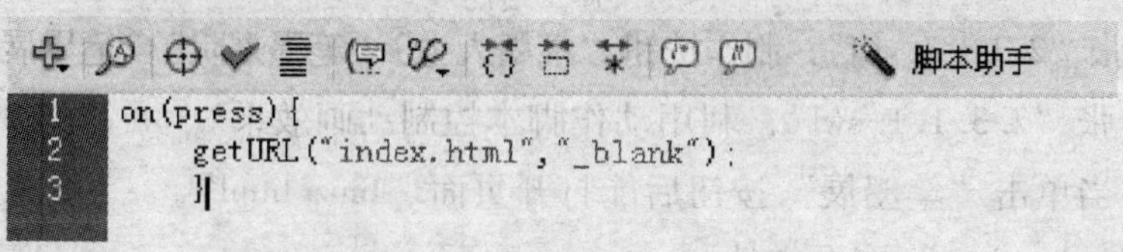

图 6—48　设定按钮的链接方式

Step 4

保存动画文件为 banner. swf。

“文件”→“导出”→“导出影片”，将动画文件以 banner. swf 保存。

考场练兵

设计网站导航

1. 试题单

（1）操作条件

相关素材：第 6 章 \ 第 1 节 \ 考场练兵。

样张素材：素材文件夹内的“2. 3. 1. 1. swf”。

操作素材：素材文件夹内的“2. 3. 1. 2. jpg”。

（2）操作内容

参照样张“2. 3. 1. 1. swf”，应用素材“2. 3. 1. 2. jpg”，制作 flash 导航效果。

1）根据背景图像“2. 3. 1. 2. jpg”的大小，新建 Flash 文档。

2）参照样张，并按要求制作背景淡入动画效果。

3）参照样张，制作具有扩散动画效果的按钮元件。

4）参照样张，利用动作脚本合理控制动画效果。

5）按要求，设置按钮链接效果。

6）按要求，生成网页。

7）按要求，保存操作路径及文件。

（3）操作要求

考生务必在指定位置建立考生文件夹，并在其下建立“导航栏”子目录，将所有操作结果保存至该文件夹下（考生文件夹命名：“网页设计制作员 3 级_考生准考证号_姓名”）。

1）根据背景图像“2. 3. 1. 2. jpg”的大小新建 Flash 文档。

2）参照样张“2. 3. 1. 1. swf”，制作背景图像动画效果，共 15 帧。

3）参照样张“2. 3. 1. 1. swf”，制作按钮“笔墨人生”“笔墨书院”“笔墨展”“笔墨谈”。

4）参照样张“2. 3. 1. 1. swf”，利用动作脚本控制动画效果。

5）设置，当单击“笔墨展”按钮后能打开页面“bmz. html”。

6）生成“index. htm”网页文件。

7）按要求保存（重要步骤，未完成全题无分）。

8）所有的历史记录为命令“2. 3. 1”。

9）将文件以“2. 3. 1. swf”为文件名保存至考生文件夹下。

2. 参考答案

（1）在指定盘符（如 C 盘）创建考生文件夹，名为“网页设计制作员 3 级_ 考生准考证号_ 姓名”，在其中再次创建“导航栏”子目录。

（2）启动 Flash CS3 软件，将图片 2. 3. 1. 2 拖入舞台。如图 6—49 所示，在属性栏中显示了图片的大小为 780 像素 ×428 像素。

（3）点击舞台空白处任意属性栏上的位置，属性栏显示了当前舞台的相关属性。点击“大小: 550 x 400 像素”按钮，改变舞台大小为 780 像素 ×428 像素，如图 6—50 所示。

（4）选中舞台中导入的图片，在属性栏调整其位置为（0，0）。

（5）参照样张“2. 3. 1. 1. swf”，制作背景图形动画效果，共 15 帧。

1）选中背景图像，按快捷键 F8，将其转换为图形元件，名称为“背景”，如图 6—51 所示。

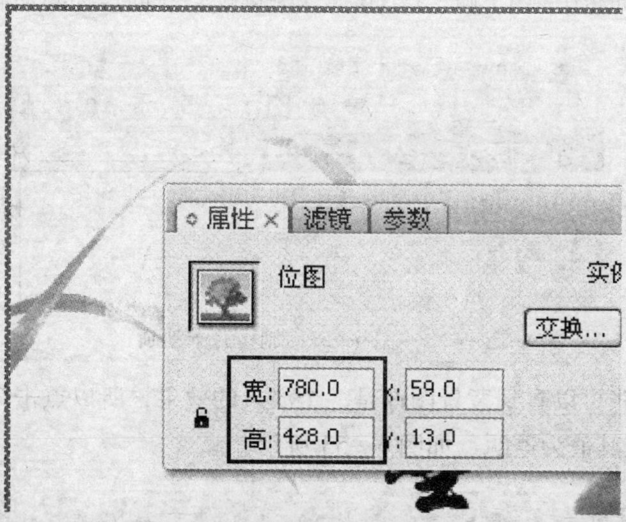

图 6—49　显示图片大小

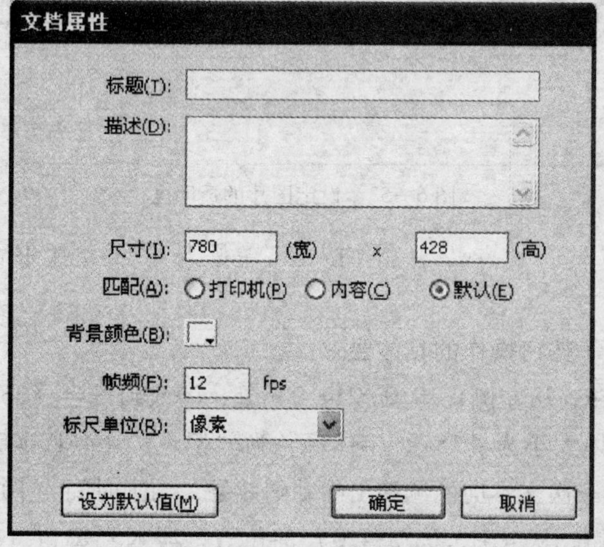

图 6—50　改变舞台大小

图 6—51　将背景转换为图形

2）选中帧面板中第15帧，按F6插入关键帧，并创建补间动画，如图6—52所示。

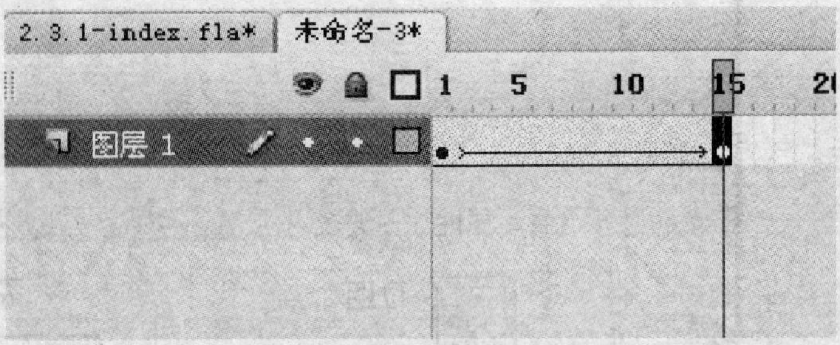

图6—52 制作背景动画

3）通过样张可以看到背景图像是一个淡入的效果，所以点击第一帧并选中背景图片，在属性栏中设定其值为透明，如图6—53所示。

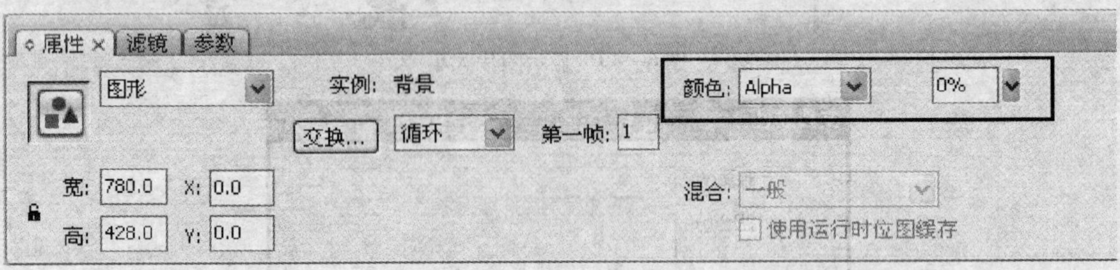

图6—53 设定图片的透明度

（6）参照样张“2.3.1.1.swf”，制作按钮“笔墨人生”“笔墨书院”“笔墨展”“笔墨谈”。

结合样题，找到了按钮操作的具体要求：

“笔墨人生”按钮，从左侧（19.0，214.0）处，淡入到舞台（26.0，214.0）的位置，字体为“隶书”，字体大小为“18”，字体颜色为“橙色”（#FF6600）。参照样张，制作鼠标经过按钮时播放一次文本向两侧淡出的动画效果，动画时间为10帧。

“笔墨书院”按钮，从（313.0，384.0）的位置，淡入到舞台（313.0，371.0）的位置，字体为“隶书”，字体大小为“18”，字体颜色为“绿色”（#339966）。参照样张，制作鼠标经过按钮时播放一次文本向两侧淡出的动画效果，动画时间为10帧。

“笔墨展”按钮，从（595.5，129.0）的位置，淡入到舞台（558.0，129.0）的位置，字体为“隶书”，字体大小为“18”，字体颜色为“蓝色”（#6666FF）。参照样张，制作鼠标经过按钮时播放一次文本向两侧淡出的动画效果，动画时间为10帧。

“笔墨谈”按钮，从（600.0，315.0）的位置，淡入到舞台（600，300）的位置，字体为“隶书”，字体大小为“18”，字体颜色为“粉红色”（#FF3399）。参照样张，制作鼠标经过按钮时播放一次文本向两侧淡出的动画效果，动画时间为 10 帧。

下面先来制作“笔墨人生”按钮。

1）新建图层 2，并将图层命名为“笔墨人生”。

2）结合样张可知，该按钮是在 15 帧处开始动画的。所以在该层的 15 帧插入关键帧。

3）输入文字“笔墨人生”，字体为“隶书”，字体大小为“18”，字体颜色为“橙色”（#FF6600），位置是（19. 0，214. 0），如图 6—54 所示。

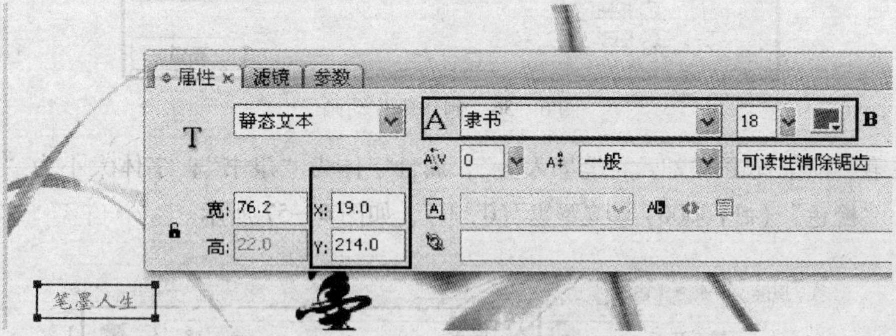

图 6—54　设定字体属性

4）选中文字“笔墨人生”，按 F8 键将其转换为按钮，并命名为“笔墨人生 button”

5）在第 20 帧插入关键帧，调整按钮文字的位置为（26. 0，214. 0），并创建补间动画，如图 6—55 所示。

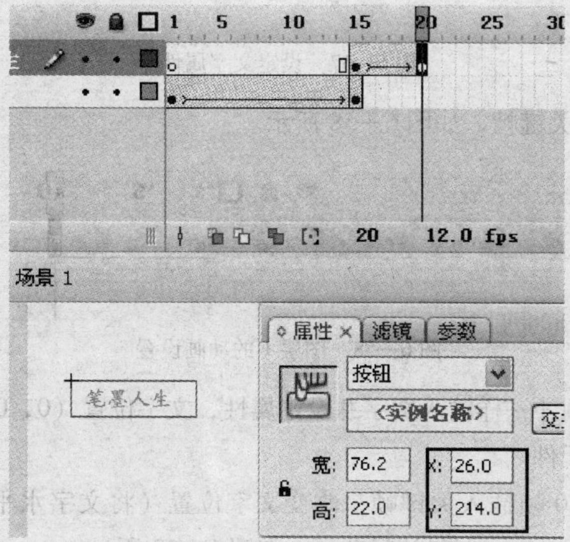

图 6—55　创建按钮动画

6）制作按钮文字的动态效果

①“插入”→“新建元件”，新建一个影片剪辑，并命名为动画 1，如图 6—56 所示。

图 6—56　制作影片动画

②在第一帧位置输入文字“笔墨人生”，属性字体为“隶书”，字体大小为“18”，字体颜色为“橙色”（#FF6600），位置为（0，0），如图 6—57 所示。

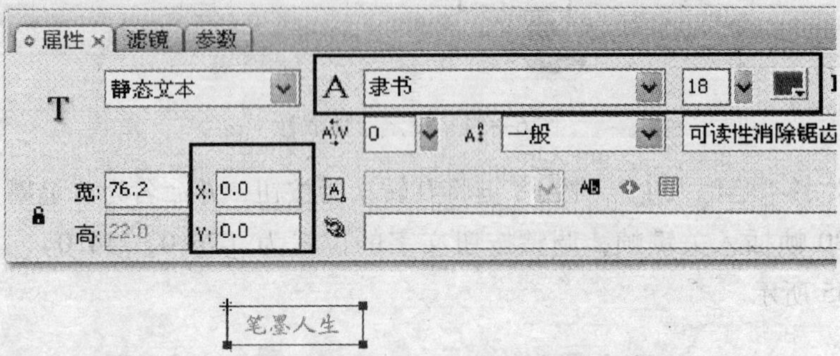

图 6—57　设定文字属性

③在第 10 帧插入关键帧，如图 6—58 所示。

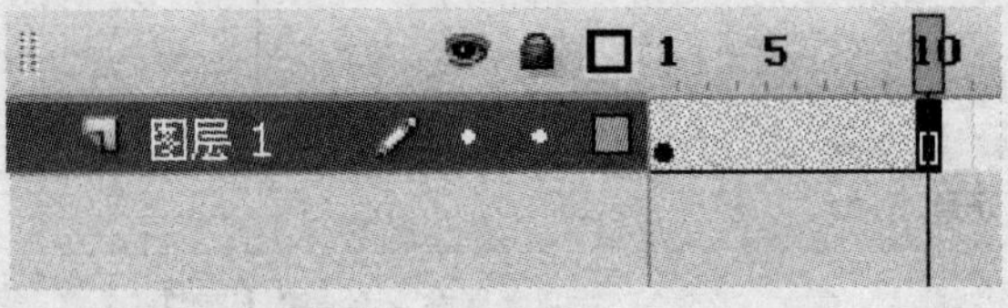

图 6—58　图层 1 的动画设置

④创建图层 2 和刚才一样输入文字并设定属性，文字位置（0，0）与第 1 层重叠。并将此文字转换为图形元件。

⑤在第二层的第 10 帧插入关键帧，改变文字位置（将文字水平向右移动若干像素）并设定文字的透明度为 0%，创建补间动画，如图 6—59 所示。

⑥同理制作第三层的动画效果，制作文字向左移动并淡出效果，如图 6—60 所示。

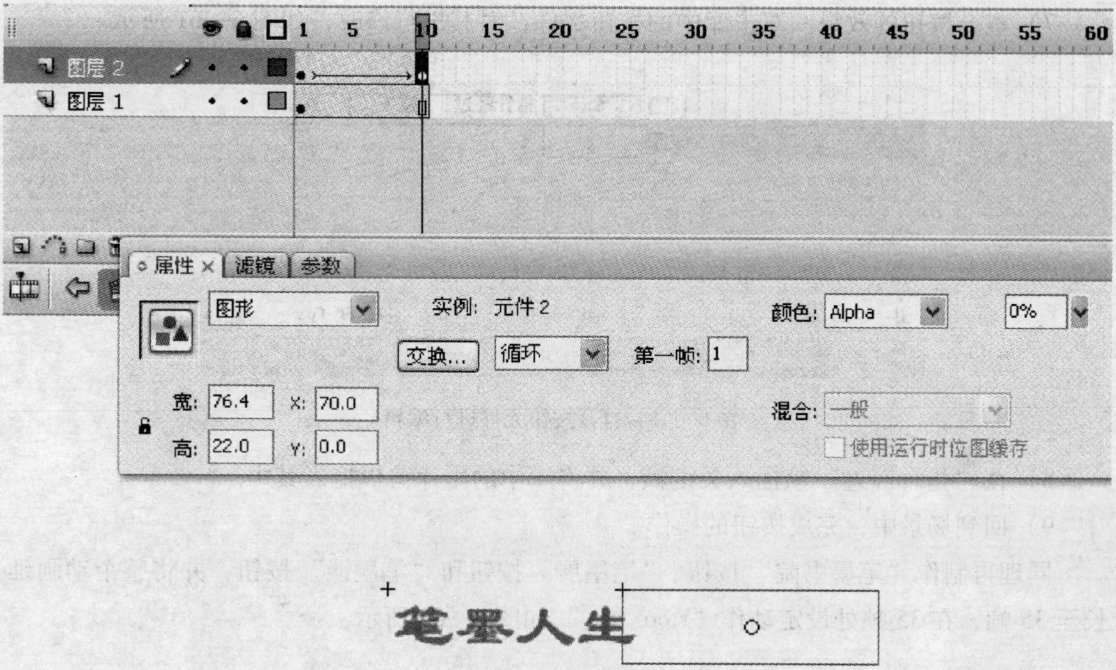

图 6—59 设定第 2 层的动画效果

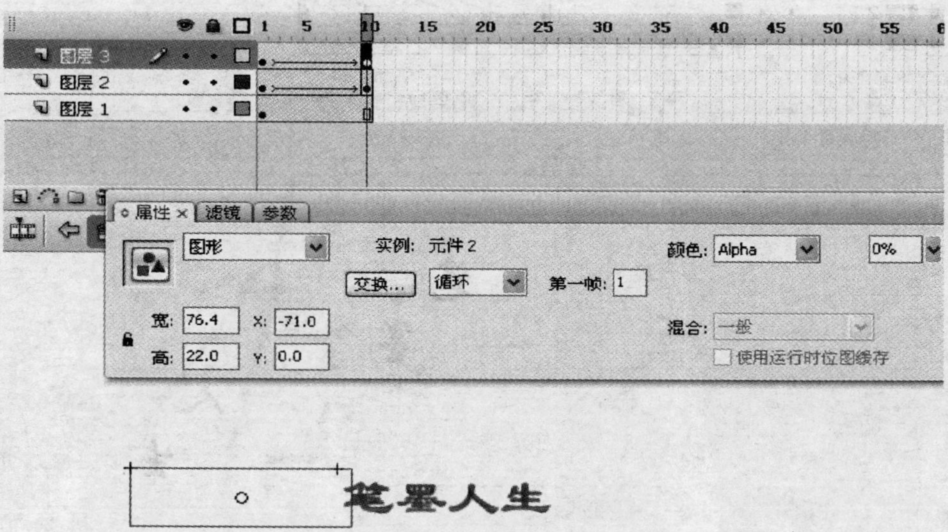

图 6—60 制作第三层的动画效果

⑦回到场景，文字动态效果制作完毕。

7）整合按钮的效果。双击库中的按钮文件，对其进行修改，如图 6—61 所示。

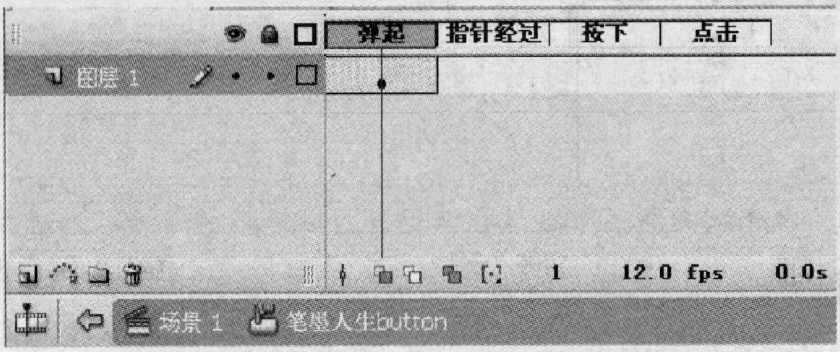

图 6—61　打开按钮元件进行编辑

8）在“指针经过”帧插入关键帧，并将库中的影片剪辑拖入其中。

9）回到场景中，完成按钮的操作。

同理再制作“笔墨书院”按钮、“笔墨展”按钮和“笔墨谈”按钮，并将整个动画延长至 35 帧，在 35 帧处设定动作“stop ( );”如图 6—62 所示。

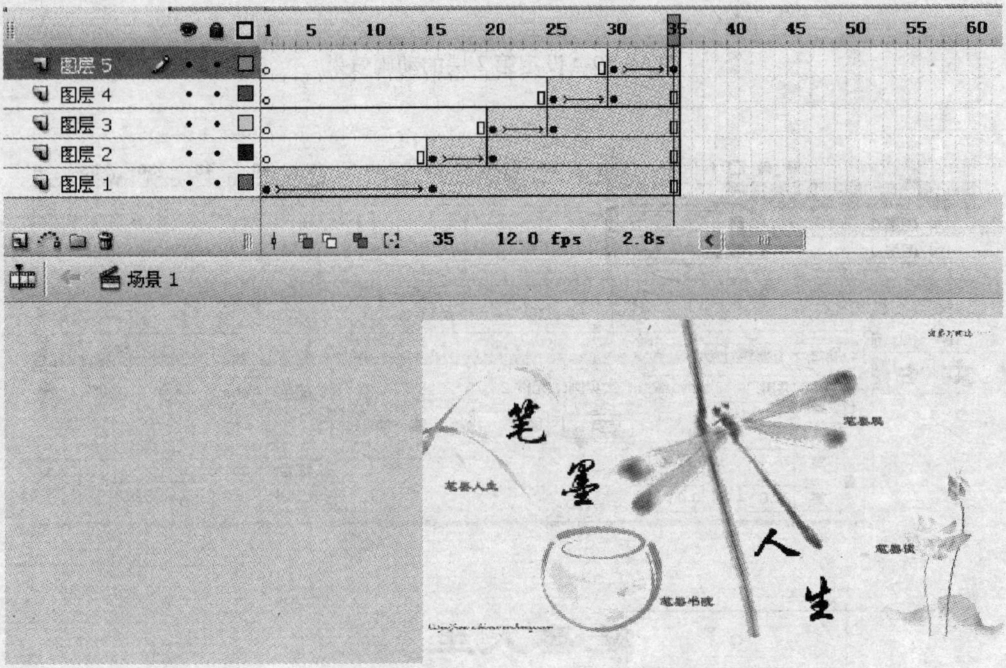

图 6—62　完成的效果图

(7) 参照样张"2. 3. 1. 1. swf"，利用动作脚本控制动画效果。

选中第五层的第 35 帧，按 F9 键打开动作面板。设定设作为"stop ( );"，如图 6—63 所示。

图 6—63　设定动作

(8) 设置，当单击"笔墨展"按钮后能打开页面"bmz. html"。

选中按钮"笔墨展"，按 F9 键打开动作面板。输入以下代码（见图 6—64）。

```
on (release) {
    getURL (" bmz. html" ," _self" ) ;
}
```

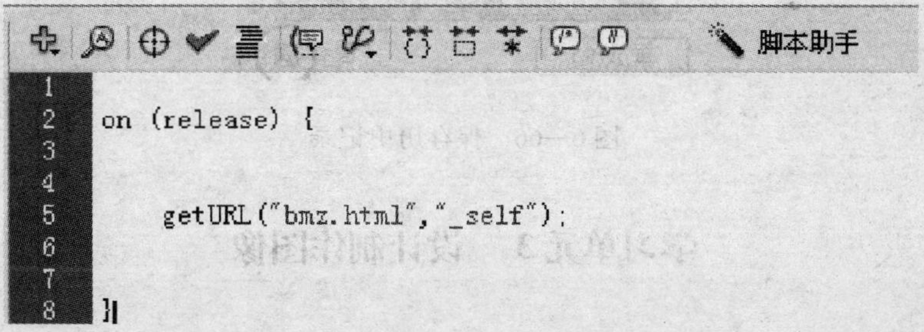

图 6—64　添动按钮链接

(9) 生成"index. htm"网页文件。按要求保存（重要步骤，未完成全题无分）。所有的历史记录命名为命令"2. 3. 1"。将文件以"2. 3. 1. swf"为文件名保存至考生文件夹下。

1）"文件"→"发布设置"，弹出对话框，如图 6—65 所示，按题意，网页文件名为"index. htm"，动画文件为"2. 3. 1. swf"，点击发布按钮。

2）保存历史记录："窗口"→"其他面板"→"历史记录"，按 Shift 键选中所有记录，点击"保存"按钮，完成操作，如图 6—66 所示。

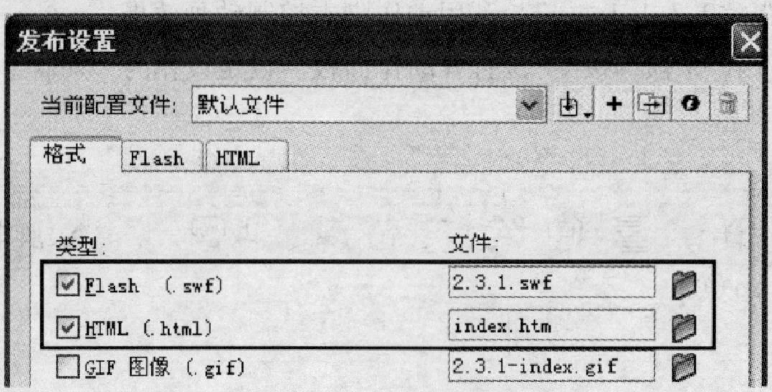

图 6—65　设定发布格式

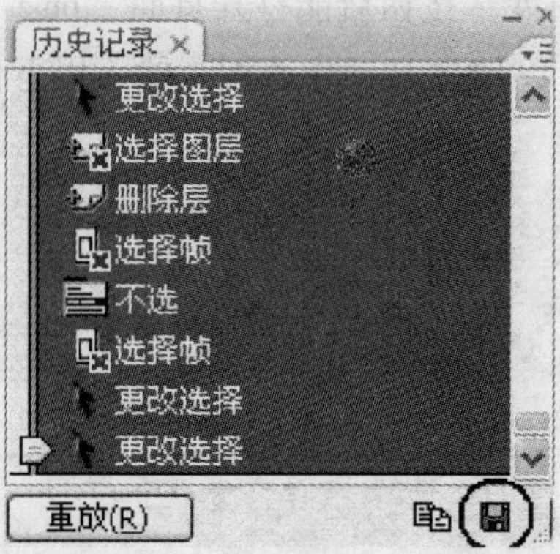

图 6—66　保存历史记录

学习单元 3　设计制作图像

知识要求

网页设计是多种要素的组合，正如复调音乐是由多声部通过对位法而形成统一的和声一样。风格的形式是材料和结构的外在表现，是由一定的线条、色彩、形体、音响等在设计外观可以直接感知的物质属性时所构成的整体。

1．形式设计具有独特的审美含义

艺术作品的审美是以人的直观感受为尺度，它的终极目标是人类对自身的自我意识，是人类本质力量在社会实践中的确证，它的实质是以审美为中心的一种精神生产。而网页设计却主要是以实用功利为中心的物质生产，它的目的是为人的实用需要而设计。艺术作品借助于一定的物质媒介，创造出一种具有情感意蕴的形象体系，这种形象体系是一种视

觉或听觉的审美存在物，是艺术家对现实的一种审美反映，其中既包括对社会生活内容的再现，也包括艺术家自身思想情感的表达，因此艺术的美是反映美。图 6—67 所示为具有独特风格的网页作品设计。

图 6—67　具有独特风格的网页作品

2．设计的形式美应具有符号功能

符号是信息的载体，它对人具有认知功能，不仅为实现功能的发挥提供了指引，而且它的物质形态和含义也具有审美功能。因此，并不存在单独的审美符号，审美功能的获得正是它的实用物质状态和意义传达的结果。这一点也可以从产品语言的形式机制上得到确证。产品语言的形成是由深层结构向表层结构的转化，也就是说，它要经过由功能结构向形式的转化。产品语言的深层结构是指产品的物质功能、与人的活动的相互关系、产品的材料工艺和技术基础以及其社会文化特征。例如，家具中有大衣橱、书桌等，它们总要通过一定的符号加以标志，以便于人们识别和使用。通常，把手就是抽屉和衣橱最好的指示符号。这种指示既可以在形式上是多样的，也可以做成外显或隐含的。外显的衣橱把手可以是环形的、钮形的、矩形的，也可以是碗状的。而隐含的衣橱把手则可以用一定空间间隔指示出在底边或侧边有暗槽，可供手指拉出。图 6—68 所示为体现形式美符号功能的网页。

图 6—68　体现形式美符号功能的网页

3. 形式美感应体现相对的自由度

网页设计是一个时代文化发展的综合体现，网页设计的风格伴随着工业生产的时代文化背景，以及设计师个人的才华与智慧，留下了时代信息、文化风貌、企业特征与个人情感的印迹。

就形式因素而言，表面装饰比改变其形体结构具有更多的自由度。例如，线的变化比面的变化更为自由，色彩又是所有形式因素中最富于变化并具有最大的自由度。由于色彩给人的启示是朦胧的和隐含的，同时色彩又联系着人的情感，最容易产生情感的共鸣与变化，所以它成为产品最富于形式表现力的产品语言。设计师只要善于运用色彩，有驾驭色彩的表现能力，就获取了产品形式表现的最大自由。图 6—69 所示为一个表现形式自由而又新颖的网页效果。

美的观念随着思想和技术的进步而改变，如果以为自己发现了永恒的美，就一定会陷于模仿和停滞不前。真正的传统是不断前进的产物，它的本质是运动的，不是静止的，传统应该推动人们不断前进。网页设计迫切要求人们正确认识产品的形式与审美的关系，用美的尺度，设计制造富有形式美感的现代艺术品——网页。

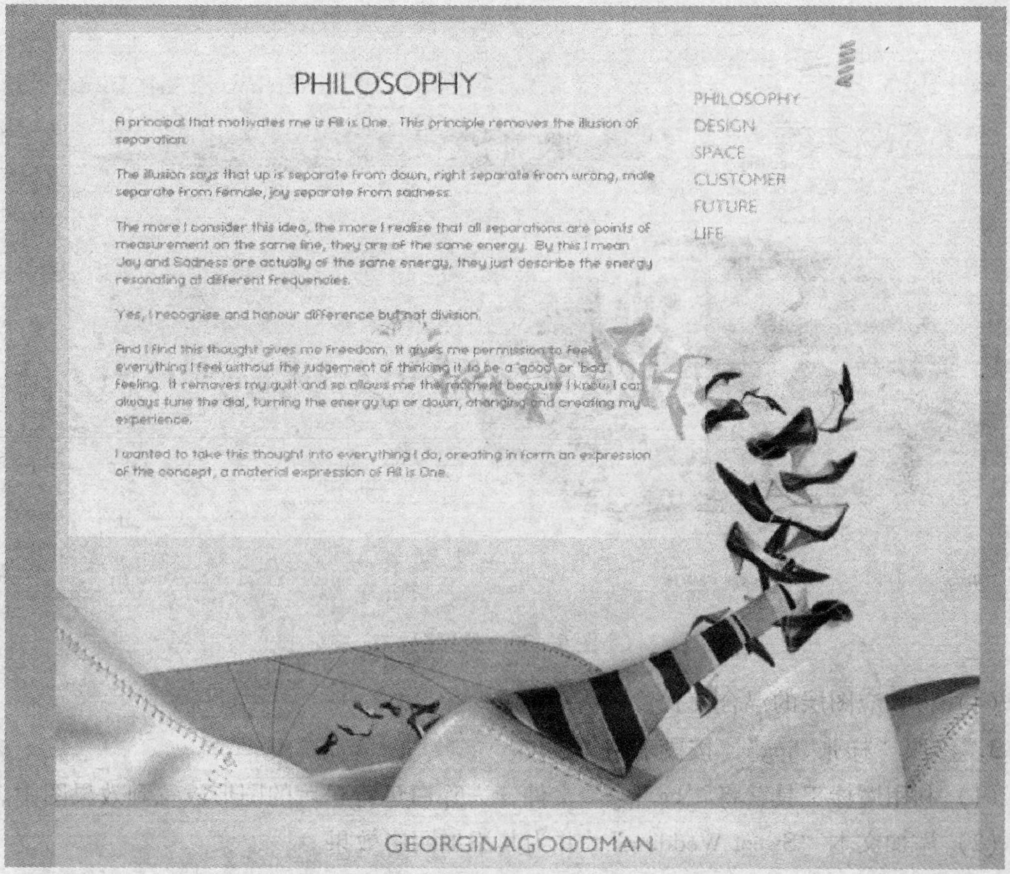

图 6—69 形式美的自由度在网页中的体现

技能要求

制作婚庆网站横幅效果图

操作要求

相关素材：第 6 章 \ 第 1 节 \ 学习单元 3。

1. 新建 Photoshop 文档，要求页面大小符合 800 像素 ×600 像素分辨率下正常显示。

2. 参照样张“样张 . jpg”，按要求制作背景（样张见图 6—70）。

（1）图层填充色分别为咖啡色（#D0B072）、浅黄色（#F8F6B9）。

（2）为相应图层添加“分层云彩”滤镜效果。

（3）为相应图层添加“砂岩”滤镜效果。

图6—70 效果图

(4) 将相应图层的混合模式设置为“滤色”。

3. 参照“样张.jpg”，按要求制作主体。

(1) 利用魔棒工具，将“bg.jpg”文件，去除白色背景后的图形放置到效果图中。

(2) 添加文本“Sweet Wedding”，并为其添加阴影效果。

4. 参照样张“样张.jpg”，按要求制作导航区。

(1) 利用羽化值为“10”的魔棒工具，将“bg1.jpg”文件，去除白色背景后的图形放置到效果图中，作为导航背景图。

(2) 添加文本“首页　登录　注册　联系我们”（词组之间空两格）。

5. 参照样张“样张.jpg”，按要求制作Logo区文本。

(1) 添加文本“Sweet”。

(2) 添加文本“wedding”。

6. 按要求保存文本。以“flower.psd”为文件名保存。

操作步骤

Step 1

新建Photoshop文档，要求页面大小符合800像素×600像素分辨率下正常显示，如图6—71所示。

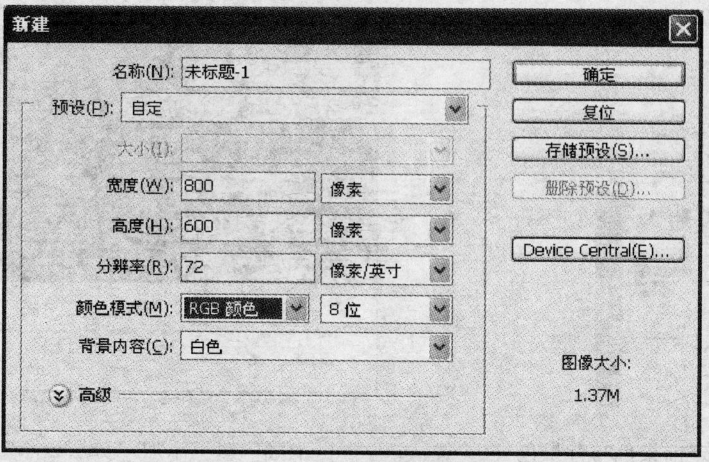

图 6—71　新建 Photoshop 文档

Step 2

参照“样张. jpg”，按要求制作背景（样张见图 6—70）。

（1）新建图层 1，用矩形选区绘制一个 800 像素 ×428 像素的矩形选区，填充颜色为 #D0B072，如图 6—72 所示。

图 6—72　绘制矩形并填充颜色

（2）在选中第一层矩形选区的基础上，复制图层 1 为图层 1 副本。前景色设置为“#F8F6B9”，背景色设置为“#E4C17D”，如图 6—73 所示。

（3）用“滤镜”→“渲染”→“分层云彩”添加“分层云彩”效果，如图 6—74 所示。

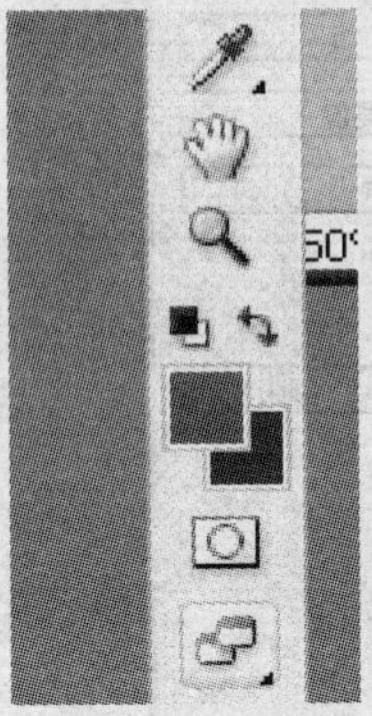

图 6—73　设定前景色与背景色

图 6—74　添加“分层云彩”效果

（4）按“Ctrl + F”组合键，加强滤镜效果。

（5）将图层 1 副本层的色彩模式改为“滤色”，如图 6—75 所示。

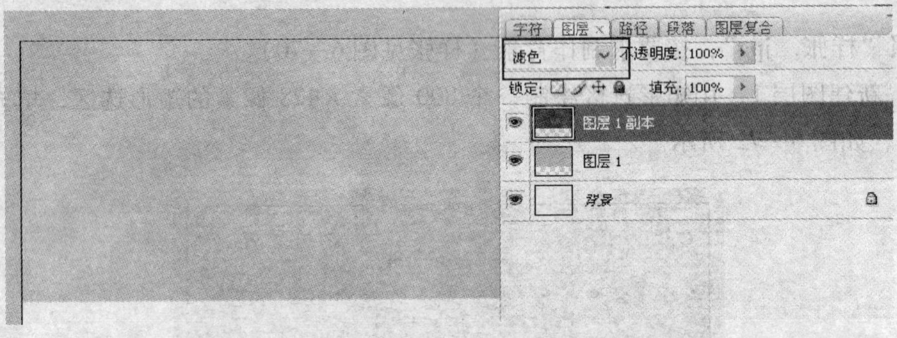

图 6—75　设置图层的色彩模式

（6）为图层 1 副本层添加纹理效果。

“滤镜”→“纹理”→“纹理化”：在弹出的菜单中设定图层的纹理为“砂岩”，凸显大小为“10”的“粗糙蜡笔”艺术效果，如图 6—76 所示。

Step 3

参照“样张 . jpg”，按要求制作主体。

（1）打开 bg. jpg 图片，用魔棒工具选中白色背景部分并按 Del 键去除背景，如图 6—77 所示。

（2）在工具面板中选择羽化值为 5，如图 6—78 所示。

（3）“选择”→“反向”选中花区域并将其复制到当前文件中，如图 6—79 所示。

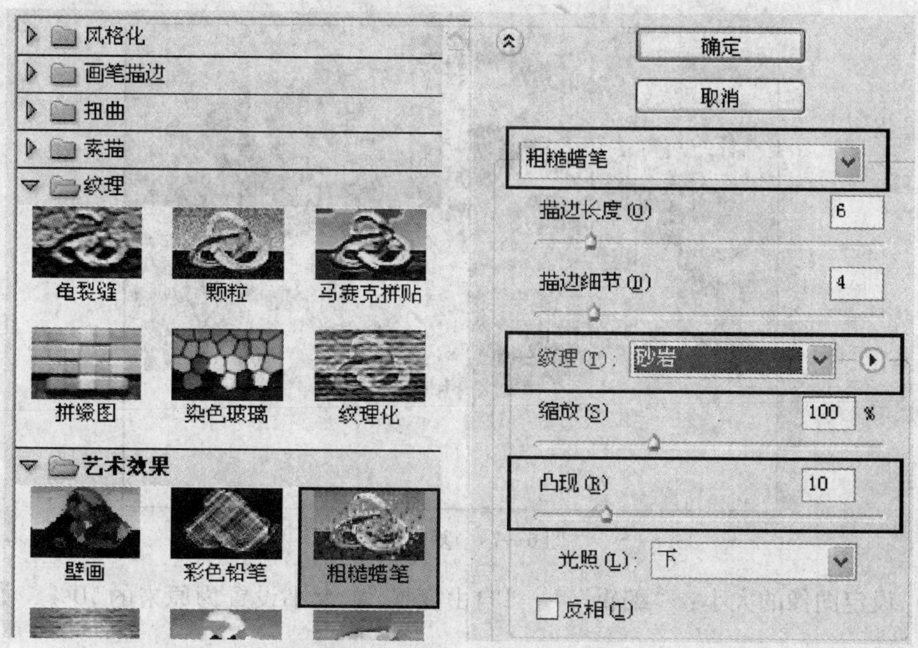

图 6—76　设定图层纹理效果

图 6—77　选中白色背景

图 6—78　设定选区羽化

图 6—79　复制图像

（4）设定图像的大小：“编辑”→“自由变换”，大小设置为原来的 70%，如图 6—80 所示。

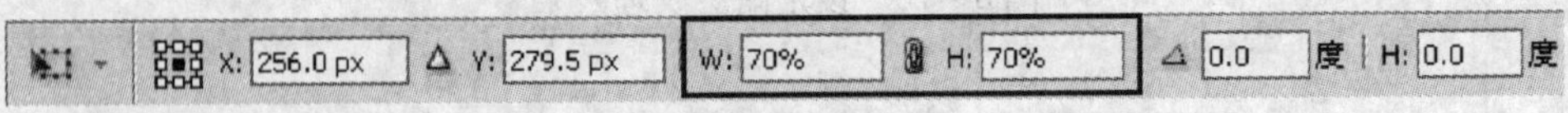

图 6—80　设定图形大小

（5）设定图层的透明度为 80%，如图 6—81 所示。

图 6—81　设定图片层的透明度

（6）添加文本“Sweet Wedding”并设置字体为 Lucida Handwriting、60 点、白色，如图 6—82 所示。

图 6—82　设定字体

（7）打开效果菜单，设定字体投影效果，如图 6—83 所示。

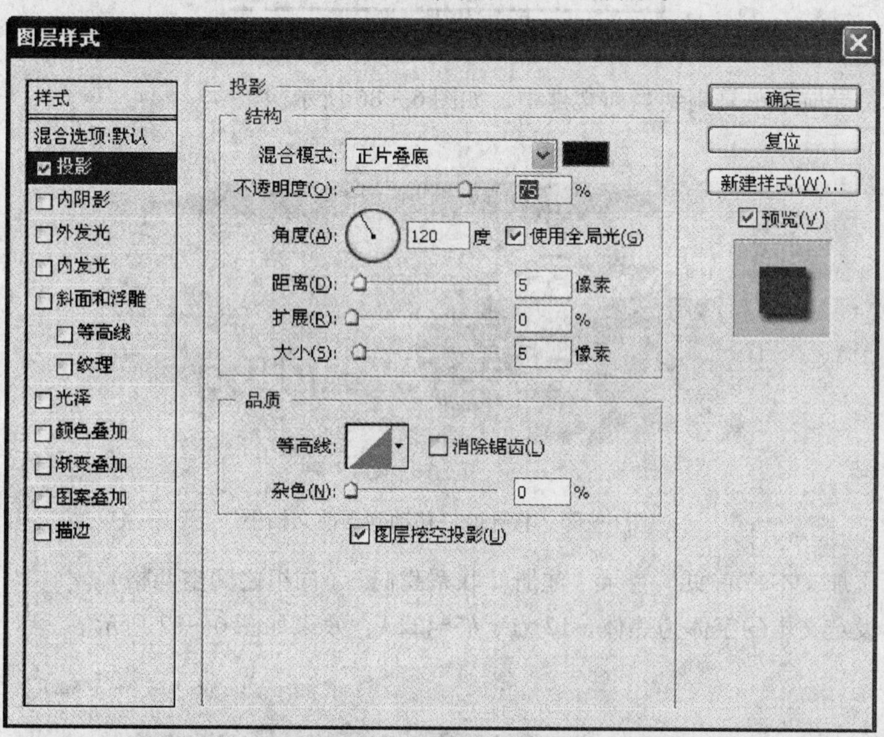

图 6—83　设定字体投影效果

Step 4

参照“样张 . jpg”，按要求制作导航区。

（1）打开图片“bg1. jpg”，用魔棒工具选中白色背景区域，如图 6—84 所示。

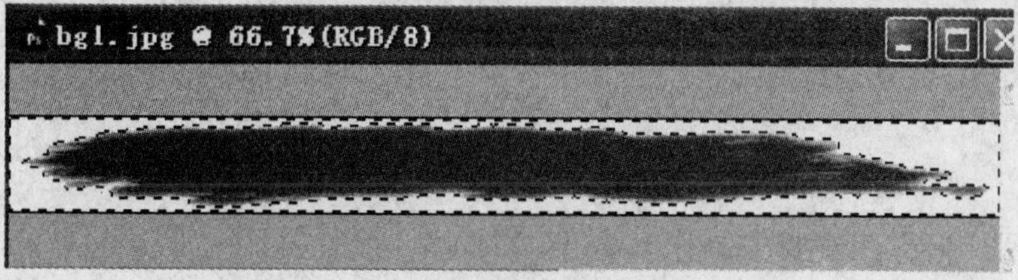

图 6—84　选中白色区域

（2）“选择”→“反向”，选中导航区。

（3）“选择”→“修改”→“羽化”，设定值为 10，如图 6—85 所示。

图 6—85　设定羽化值

（4）将导航菜单复制到当前文件中，如图 6—86 所示。

图 6—86　将导航栏移动到当前文档中

（5）添加文本“首页　登录　注册　联系我们”（词组之间空两格）。

（6）设定文本的字体为黑体、12 点、#56422A，效果如图 6—87 所示。

图 6—87　输入文本后的效果

Step 5

参照“样张 . jpg”，按要求制作 Logo 区文本。

（1）添加文本“Sweet”，字体要求为 Lucida Handwriting、30 点、白色。并为其添加 1

像素的深咖啡色（#56422A）的描边，图 6—88 所示为文字效果。

（2）添加文本“wedding”，字体要求为 Arial、12 点、#56422A，如图 6—89 所示。

图 6—88　设定文字效果

图 6—89　最终的文字效果

Step 6

按要求，“文件”→“存储为”，将文件以 flower. psd 保存。

第 2 节　设计制作 Flash 动画

学习单元 1　Flash 高级动画制作

知识要求

随着网络技术的发展，21 世纪已进入了 Internet 时代，Web 网页也成了信息的主要载体，而 Flash 在 Web 网页中的应用也占据着相对重要的地位。Flash 在网页中应用的优势主要体现在以下几方面。

1．矢量图，数据量小

由于在 Flash 中采用了矢量作图技术，各元素均为矢量，因此只用少量的数据就可以描述一个复杂的对象，从而大大减少了动画文件的大小。而且矢量图像还有一个优点，可以真正做到无极放大和缩小，可以将一幅图像任意地缩放，而不会有任何失真。

2．流媒体，传输快

Flash 之所以在网上广为流传，其数据量小是一个方面，还有一点就是采用了流控制技术。简单地说，也就是边下载边播放的技术，不用等整个动画下载完，就可以开始播放。

3．高智能，容易做

Flash 动画是由时间发展为先后顺序排列的一系列编辑帧组成的，在编辑过程中，除了传统的“帧—帧”动画变形以外，还支持过渡变形技术，包括移动变形和形状变形。“过渡变形”方法只需制作出动画序列中的第一帧和最后一帧（关键帧），中间的过渡帧可通过 Flash 计算自动生成。这样不但可以大大减少动画制作的工作量，缩减动画文件的尺寸，而且过渡效果非常平滑。对帧序列中的关键帧的制作，产生不同的动画和交互效果。

播放时，也是以时间线上的帧序列为顺序依次进行的。

4．交互性强，命令多

Flash 动画与其他电影的一个基本区别就是具有交互性。所谓交互就是通过键盘、鼠标等工具，可以在作品各个部分跳转，使受众参与其中。Flash 交互是通过 Action Script 实现的。Action Script 是 Flash 的脚本语言，随着其版本的不断更新，日趋完善。使用 Action Script 可以控制 Flash 电影中的对象、创建导航和交互元素，制作非常具有魅力的作品。图 6—90 所示为用 Flash 制作的网页作品。

图 6—90　用 Flash 制作的网页

Flash 的表现力和互动性是独一无二的，大多数网站会使用 Flash 技术。

Flash 动画让网页走出呆板的实验室而进入信息、文化娱乐和电子商务的五光十色的大千世界。

以下通过综合案例来观察 Flash 动画在网页中的作用。

技能要求

制作婚庆网站横幅中的下雪效果

为了进一步增添婚庆网站（相关素材：第 6 章 \ 第 2 节 \ 学习单元 1）的浪漫色彩，用 Flash 增加下雪效果，如图 6—91 所示。

图 6—91　Flash 制作效果图

操作要求

1. 新建空白 Flash 文档，800 像素 ×300 像素。
2. 将素材文件 bg. jpg 导入舞台，调整大小与舞台一致。
3. 利用 Flash Action 语言设计制作下雪效果。
4. 导出动画文件为 snow. swf。

操作步骤

Step 1

新建空白文档 800 像素 ×300 像素，并将素材文件 bg. jpg 导入舞台中。

Step 2

调整图片大小为 800 像素 ×300 像素，位置为（0，0），如图 6—92 所示。

图 6—92　添加背景

Step 3

新建图层2，制作下雪效果。

（1）创建一个影片剪辑元件，命名为“雪花”，在该影片剪辑元件中绘制一个白色的小圆形作为雪花，如图6—93所示。

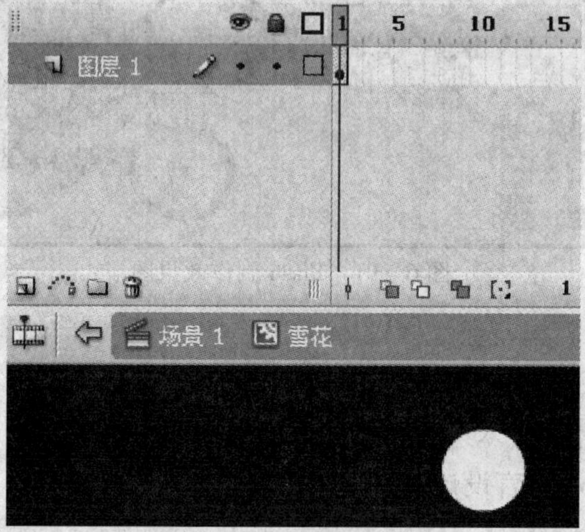

图6—93　绘制雪花

（2）切换到场景舞台中，把雪花影片剪辑元件的一个实例拖放到场景的外部，并把该实例命名为snowflake，如图6—94所示。事实上，这个雪花实例在创作期间放置在舞台的任何位置都可以，因为要在运行时重新设置每个雪花实例的初始位置。

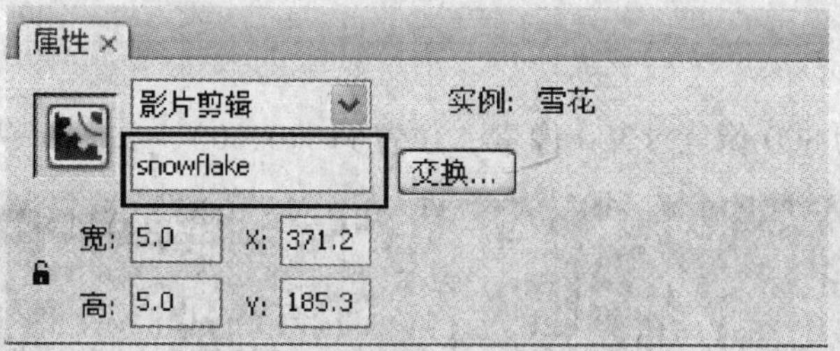

图6—94　为影片剪辑命名

（3）在第二层的第1帧中捆绑下面的脚本，如图6—95所示。

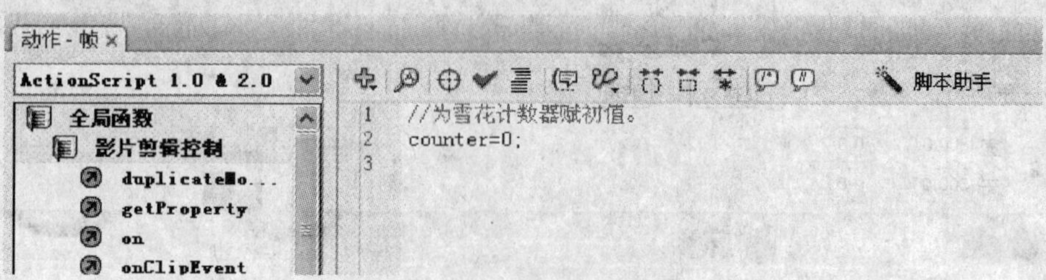

图6—95　制作第一帧的动作

（4）在第二层的第 2 帧处插入一个关键帧，并把下面的脚本捆绑到第 2 帧。

```
counter + + ;
//复制出一个新雪花。
duplicateMovieClip ("snowflake","snowflake" +counter, counter);
```

（5）把下面的脚本捆绑到第 2 帧舞台中的 snowflake 实例。

```
//在装载雪花影片剪辑实例时对该雪花实例进行设置。
onClipEvent (load) {
    //设置该雪花的初始位置（其 x 坐标为随机产生的）。
    this. _ x = random (800);
    this. _ y = -100;

    //设置该雪花的缩放大小。范围为 30 ~130 的随机数值。
    scale = random (100) +30;
    this. _ xscale = scale;
    this. _ yscale = scale;

    //设置该雪花的飘落速度。范围为 2 ~6 的随机数值。
    speed = random (4) +2;
}

onClipEvent (enterFrame) {
    //在该雪花下落还未飘出视野前不断更新该雪花的位置。
    if (this. _ y <400) {
        this. _ x = this. _ x + Math. sin (_ y/15);
        this. _ y = this. _ y + speed;
    }
    //如果该雪花下落已经飘出视野则删除该雪花实例。
    else {
        removeMovieClip (this);
    }
}
```

小贴士

在这里，很重要的一点是务必要把飘出视野的雪花实例删除，否则计算机很快就会因产生大量的雪花而运算过多，直至系统崩溃。

（6）在第二层的第3帧中插入一个关键帧，并把下面的脚本捆绑到第3帧。

```
//通过不断返回第2帧来实现不断复制出新雪花。
    gotoAndPlay（2）;
```

（7）将文件以 snow. swf 导出，完成操作。

学习单元2　色彩的描配及动画创意

知识要求

动画是一种美的创造和美的享受的艺术，创作者不同的审美情趣创造出不同的动画风格。作为一种新兴的艺术形式，动画也有着属于自己的审美形式。从大艺术到独立的小艺术，美的范畴也有略微的区别。

1．变形性审美

在动画创作中，一件物理对象自身呈现固有的变形，有时会使人感知到某种更加丰富的意味，也常常会带给人们一种变形本体之外的心理体验。动作表情的夸张也是变形的一种，这在很多美国迪斯尼或梦工厂等大的电影公司制作的动画影片中经常能见到。在动画艺术短片《媒体》的创作中，导演以近乎于荒诞的变形抽象手法，讽刺性地表现出了当今媒体给人与社会造成的种种负面影响，其中鲜明生动的视觉形象，出乎想象而又编排得恰到好处的变形，在给观众带来惊奇、笑声之余，更多的是引发对现实某种社会现象的深层思考。

2．梦幻性审美

动画是创造梦幻神话的王国，中国动画创作最突出的风格之一是吸取民间文化的精髓，生成具有独特风格的动画美术韵味，从而形成多姿多彩的动画表现形式。比如，水墨动画、剪纸动画、木偶动画、折纸动画等。

3．技术性审美

动画是一种运用现代科学技术活动起来的造型艺术，技术性是动画艺术最重要的特征之一，因而也成为了人们特殊的动画审美焦点——技术性审美。从中国的走马灯、皮影戏到活动视盘的发明；从透明赛璐珞胶片的产生到现代计算机图形技术的出现，动画艺术在不断更新的动画技术支持下，获得了质的飞跃，为人们创造了美轮美奂的“视觉大餐”。

由此可见，在网页设计的过程中如果能灵活运用以上法则，并且结合网页的布局及特点举一反三，一定能制作出非常漂亮的作品。图 6—96 所示为非常漂亮的动画作品网页。

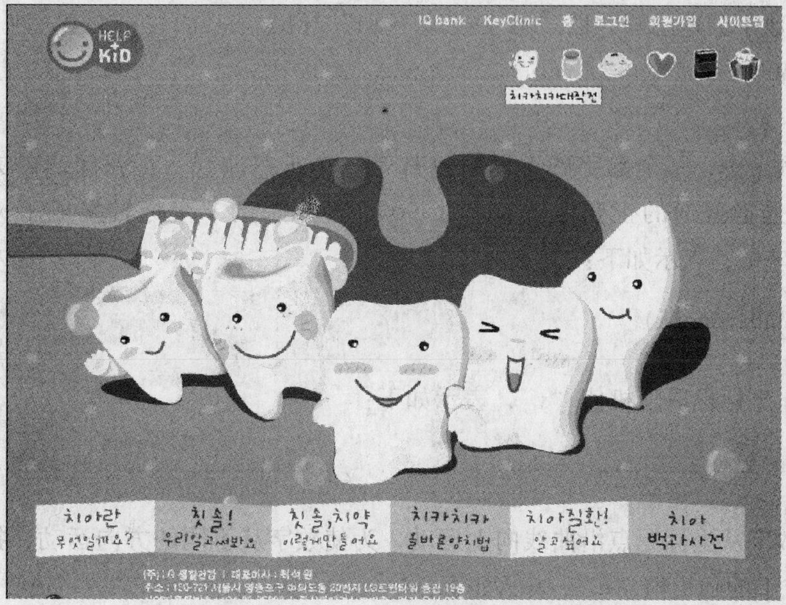

图 6—96　漂亮的动画作品网页

技能要求

数字天地实例制作

制作若干数字从某一点发散而出，数字随机变化（相关素材：第 6 章 \ 第 2 节 \ 学习单元 2）的效果，如图 6—97 所示。

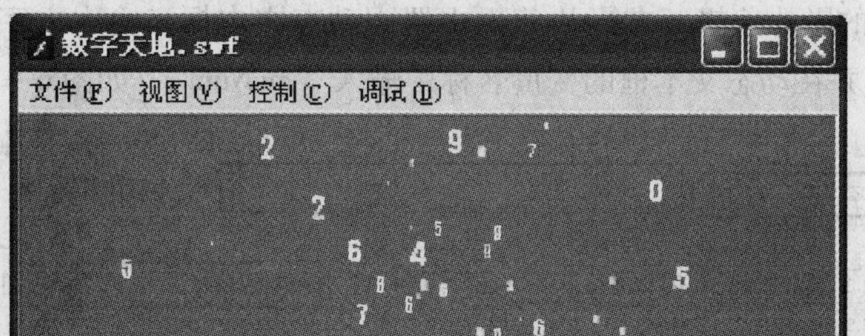

图 6—97　动画效果图

操作要求

1．新建400像素×200像素，背景色为#3399CC的空白文档。

2．制作数字天地动画并以“数字天地．swf”导出。

操作步骤

分析：

在这个例子中，每个数字的运动轨迹都是一个正弦曲线，正弦曲线的方程是 x = sin（i），实际上是把普通的正弦曲线旋转了90°，把原来的y坐标转换成了x坐标。数字“num”的x坐标，表示如下：

```
num._x = Math.sin（i）
```

数字的y坐标也取随机值“y”，表示如下：

```
num._y = y
```

这样，数字从坐标原点沿曲线向上运动，为使数字从不同的方向运动，把x坐标再乘上一个-1或1的随机值“c”，表示如下：

```
num._x = c * a * Math.sin（i）
```

Step 1

新建400像素×200像素、背景色为#3399CC的空白文档。

Step 2

制作一个新的影片剪辑，在影片剪辑中置入动态文本框，输入文字“1”，颜色为白色，大小为18。并在动态文本框的变量名称中输入“myNum”，如图6—98所示。

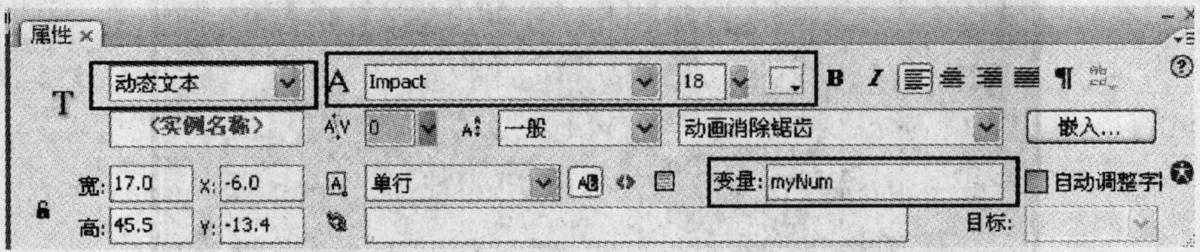

图6—98　设定动态文本属性

Step 3

在影片剪辑的时间线上添加新图层，并在新图层的第1帧中加入代码，如图6—99所示。

```
myNum = random (10);
```

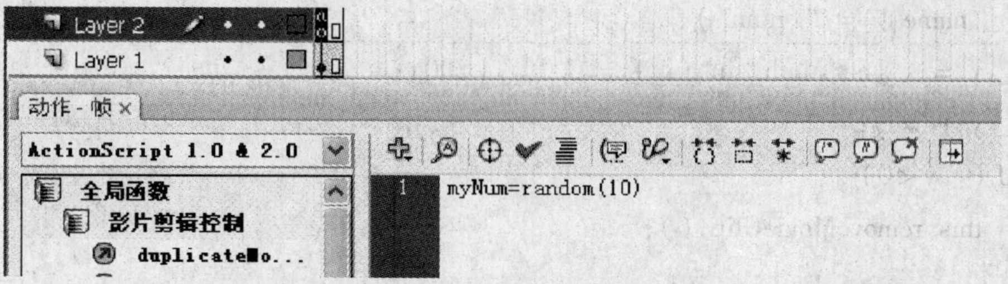

图 6—99 添加动作

通过这段代码来设定变量“myNum”的值，其作用是在 10 以内随机取出一个 0 ~ 9 的整数。由于变量的值是随机产生的，因此，工作界面中动态文本框的数字也是随机产生的。

Step 4

返回工作场景，将制作好的影片剪辑从元件库中取出放入工作场景中，其位置放置在工作界面的空白区域，在影片发布后，该影片剪辑本身不显示。选择影片剪辑，在属性栏中将该影片的名称设定为“num”，如图 6—100 所示。

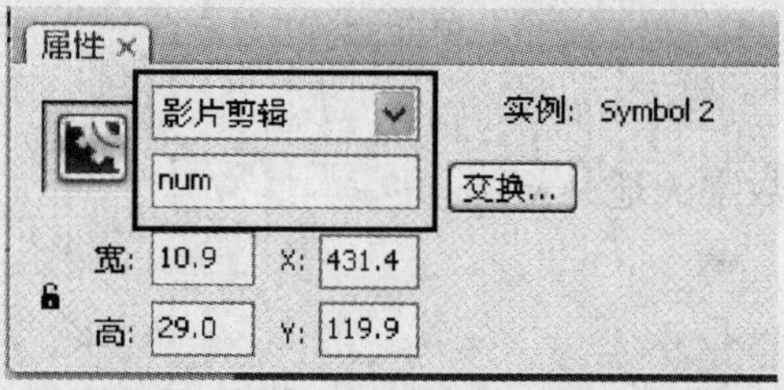

图 6—100 为影片剪辑命名

Step 5

选择影片剪辑，打开动作面板，在动作面板中写入如下代码。

```
onClipEvent (load) {
    var n = 0;
    var i = 0;
    var x = random (150) +1;
    var y = random (5) +1;
    var c = Math. pow ( -1, random (2));
}
```

```
onClipEvent (enterFrame) {
    if (_name != "num") {
        _x = x * c * Math.sin (i += 0.1) +200;
        _y -= y;
        if (_y <0) {
            this.removeMovieClip ();
        }
    } else {
        n = (n >50) ? 0 : n+1;
        this.duplicateMovieClip ("num" +n, n);
        mc = _parent ["num" +n];
        mc._xscale = mc._yscale = random (80) +10;
    }
}
```

Step 6

发布动画，取名为“数字天地.swf”。

考场练兵

设计制作 Flash 动画

1. 试题单

（1）操作条件

相关素材：第6章\第2节\考场练兵。

样张素材：素材文件夹内的“b. swf”。

操作素材：素材文件夹内的“a. fla”。

（2）操作内容

参照样张“b. swf”修改素材“a. fla”，完成要求的动画效果。

1）将“a. fla”复制到考生文件夹下。

2）参照样张，制作文本飞入飞出的动画效果。

3）利用动作脚本，参照样张，控制鼠标移入背景后动画开始播放的效果。

4）按要求保存操作路径及文件。

（3）操作要求

1）考生务必在指定位置建立考生文件夹，并在其下建立“Flash 动画”子目录，将所有操作结果保存至该文件夹下（考生文件夹命名：“网页设计制作员 3 级_考生准考证号_姓名”）。

2）将素材文件夹内的“a. fla”文件复制到考生文件夹下，并编辑该文件。

3）参照样张“b. swf”，按以下要求制作文本动画效果

①添加文本“Sweet Wedding”。

②参照样张，为文本添加外发光效果。

③利用钢笔工具绘制 S 形路径。

④制作文本沿路径运动的动画效果。

4）利用动作脚本，参照样张控制动画播放效果

①开始时动画停止。

②当鼠标移入背景图像后播放文本动画效果。

5）按要求保存（重要，该操作不正确前面均不得分）

①保存选中所有的历史记录为“动画”。

②源文件以“动画 . fla”、可播放文件以“动画 . swf”为文件名保存到考生文件夹下。

2. 参考答案

（1）新建文件夹和子目录

在指定盘符（如 C 盘）新建文件夹“网页设计制作员 3 级_考生准考证号_姓名”，然后在其中再新建一个“Flash 动画”子目录。

（2）复制素材文件，并编辑

将素材文件 a. fla 复制到考生文件夹下，并打开进行编辑，该图像是一个影片剪辑，左键双击打开进行编辑，如图 6—101 所示。

（3）参照样张“b. swf”，按要求制作文本动画效果

1）结合样张，得知动画制作的具体要求如下：

①“Sweet Wedding”文本要求为 Lucida Calligraphy，20，黑色。

②路径形状为曲线。

③文本动画要求为 1 ~ 10 帧飞入，10 ~ 15 帧停止，15 ~ 25 帧飞出。

2）新建图层 3，添加文本“Sweet Wedding”，字体属性为 Lucida Calligraphy，20，黑色，如图 6—102 所示。

图 6—101　素材文件

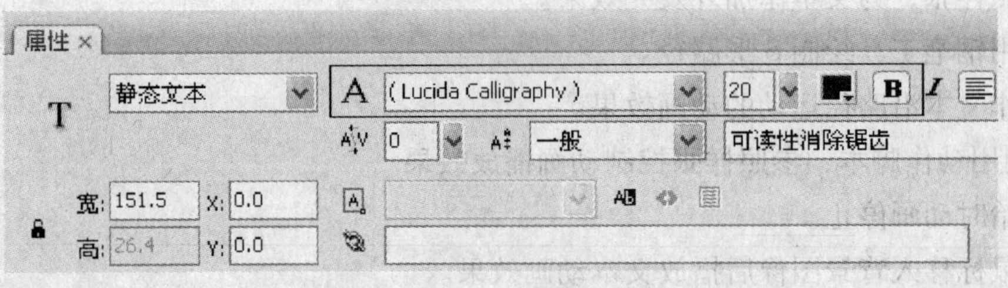

图 6—102　设定字体属性

3）点击引导层按钮，新建引导层并绘制曲线，如图 6—103 所示。

图 6—103　添加曲线轨迹

4）制作文字的动画，效果如图 6—104 所示。

①1 ~ 10 帧飞入：第 1 帧文字对齐曲线起点，第 10 帧插入关键帧并将文字移到曲线中间。创建补间动画。

②10 ~ 15 帧停止：第 15 帧插入关键帧，文字位置保持不变。

③15 ~ 25 帧飞出：第 25 帧插入关键帧，将文字移到曲线末端。创建补间动画。

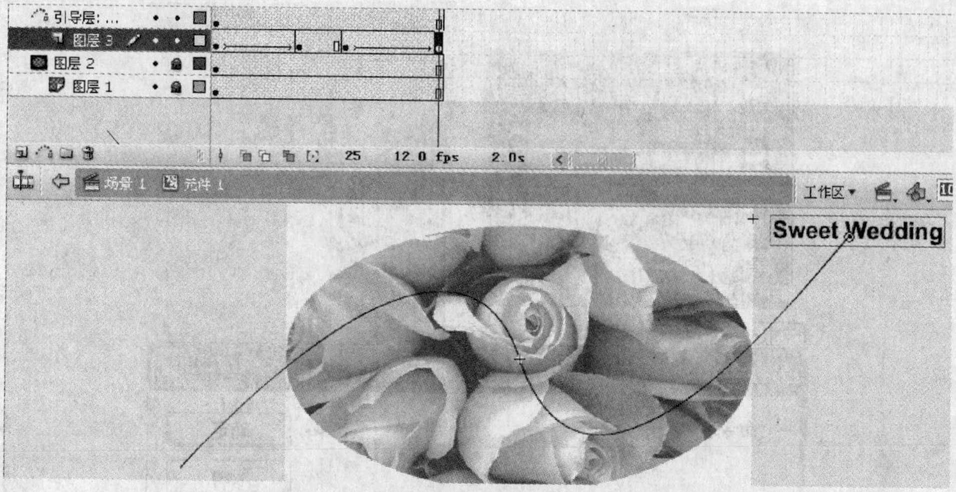

图 6—104　制作文字效果

（4）利用动作脚本，参照样张控制动画播放效果

开始时动画停止，当鼠标移入背景图像后播放文本动画效果。

1）在图层 3 的第 25 帧处添加 stop 动作，让动画不要循环播放。

2）回到场景中，选中舞台中的影片剪辑元件，按 F9 键打开动作面板，添加以下动作。

```
onClipEvent (load) {
    stop ();
}
on (rollOver) {
        play ();
}
```

从而实现了鼠标移入图像时出现动画的效果。

（5）按要求保存（重要，该操作不正确前面均不得分）

1）保存历史记录。"窗口" → "其他面板" → "历史记录" 打开历史记录面板，按 Shift 键选中所有操作记录，点击"保存"按钮，并将其以"动画"保存，如图 6—105 所示。

2）保存源文件。"文件" → "另存为"，将文件以"动画 . fla"保存。

3）保存影片文件。"文件" → "导出" → "导出影片"，将文件以"动画 . swf"保存。

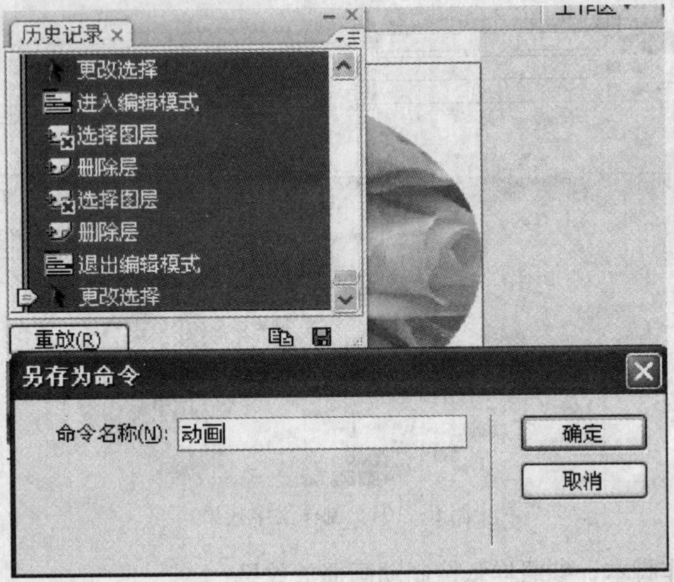

图 6—105　保存历史记录

7

第 7 章

设计制作网页动态效果

学习目标

制作动态效果样本

完成网页动态效果的制作

能用脚本语言实现网页动态效果

知识准备

1. JavaScript 简介

JavaScript 就是适应动态网页制作的需要而诞生的一种新的编程语言，如今越来越广泛地应用于 Internet 网页制作中。JavaScript 是由 Netscape 公司开发的一种脚本语言（scripting language），或者称为描述语言。在 HTML 基础上，使用 JavaScript 可以开发交互式 Web 网页。JavaScript 的出现使得网页和用户之间实现了一种实时性的、动态的、交互性的关系，使网页包含更多活跃的元素和更加精彩的内容。

2. JavaScript 在网页中的使用方法

(1) 直接加入 HTML 文档

这是最常用的方法，大部分含有 JavaScript 的网页都采用这种方法，如：

```
<script type = "application/javascript" >
<! --
document. writeln ("这是 Javascript! 采用直接插入的方法!");
// - Javascript 结束 -- >
</script >
```

在这个例子中，可看到一个新的标签：< script > …… < /script >，而 < script language = "Javascript" >用来告诉浏览器这是用 JavaScript 编写的程序，需要调动相应的解释程序进行解释（w3c 已经建议使用新的标准：< script type = "application/javascript" >）。

HTML 的注释标签 <！ -- 和 -- >：用来去掉浏览器所不能识别的 JavaScript 源代码，这对不支持 JavaScript 语言的浏览器来说是很有用的。

(2) 引用方式

如果已经存在一个 JavaScript 源文件（通常以 js 为扩展名），则可以采用这种引用的方式，以提高程序代码的利用率。其基本格式如下：

```
< script src = “url” type = " text/javascript" > < /script >
```

其中的 url 就是程序文件的地址。同样的，这样的语句可以放在 HTML 文档头部或主体的任何部分。如果要实现“直接插入方式”中所举例子的效果，可以首先创建一个 JavaScript 源代码文件“Script. js”，其内容如下：

document. writeln (" 这是 Javascript！采用直接插入的方法！")；

在网页中可以这样调用程序：< script src = " Script. js" type = " text/javascript" > < /script >。

也可以同时在导入文件时制定 JavaScript 的版本，例如：< script src = " Script. js" type = " text/javascript；version = 1. 8" > < /script >

第 1 节　JavaScript 文本特效

知识要求

JavaScript 文本特效是指在网页中使用的和文本内容相关的特效，内容包括文本的显示、滚动、公告栏特效等，见表 7—1。

表 7—1　　常用的文字的动态效果

动态效果	功能介绍
公告栏 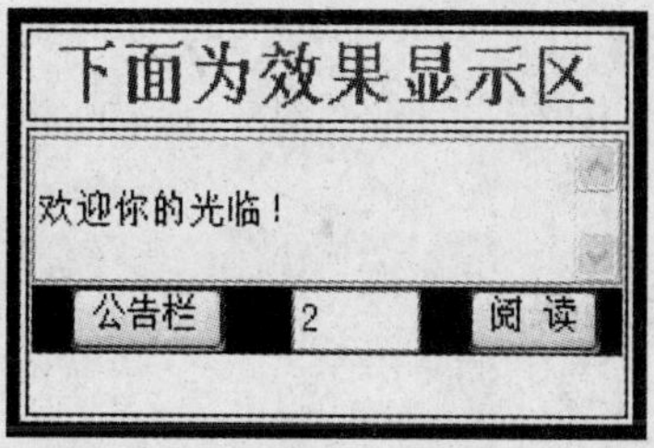	在公告栏中输入页数，点击“阅读”按钮后能在显示框中显示其内容

续表

动态效果	功能介绍
文本从右向左输出 	文本依次从显示区右侧进入显示区域，类似走马灯效果
文字飘动输出 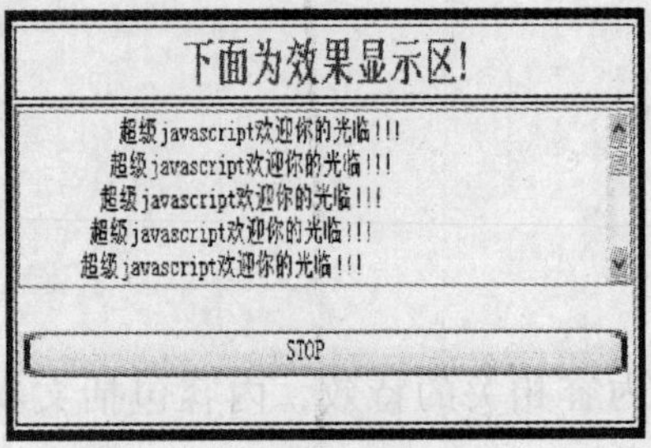	文本在显示框内来回左右飘动，当点击“STOP”按钮后停止操作
字符连续消隐 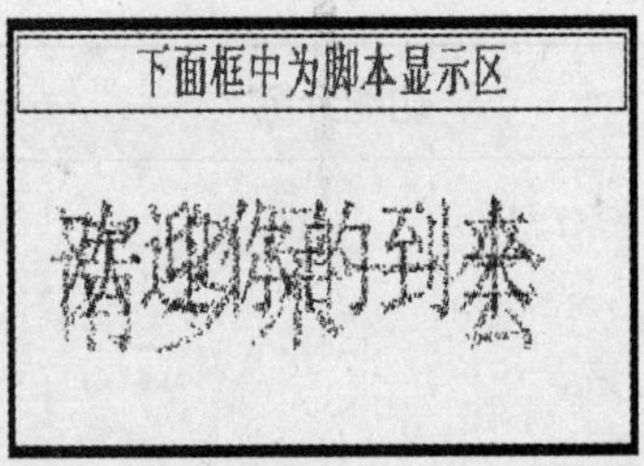	“欢迎你的到来”文字与“请多来一会”文字在显示框内出现连续渐隐效果

技能要求

文字颜色变化的显示效果

操作要求

运用所学的相关理论，制作文字“Welcome To JavaScriptWorld”的动态颜色显示，要求每隔 50 ms 显示一个字，如图 7—1 所示（样张素材：第 7 章\ 第 1 节）。

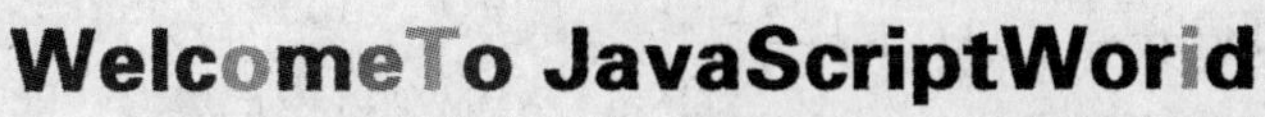

图 7—1　文字颜色变化的效果

操作步骤

根据操作要求，相关程序代码及注释如下：

```
<script language = "JavaScript" >
function assignArray (text, delay) {
    this. text = text <! --返回 text -- >
    this. delay = delay <! --返回 delay -- >
}
function createArray () {
    fadecolor = new
Array ("green","yellow","#666666","blue","#CCCCCC","red") <! --新建数组，
用来存储颜色 -- >
  msg = new Array ()
  msg [0] =new assignArray ("WelcomeTo", 1000) <! --第三条信息 -- >
  msg [1] =new assignArray ("JavaScriptWorld!", 1000) <! —第三条信息 — >

    setTimeout (" typeIt ()", 1000) <! --延时 1 秒调用 typeit 函数 -- >
}
var msgNo =0; var character =1; var colorNo =0; var fixColor =1 ; var colorCheck =0 <!
—定义变量，并且初始化 -- >
function typeIt () {
var insertHTML = ""
    if (msgNo < = msg. length -1) {
    if (character < = msg [msgNo]. text. length || colorCheck < msg [msgNo]. text.
length) { <! --如果正在显示某一条信息 -- >
    colorCheck =0
```

```
        for (var  charCheck =0; charCheck < character;
charCheck + +, colorNo —, fixColor —) {
                    if (fixColor >5) colorNo =5 <! —设置颜色— >
                    if (colorNo = =5) colorCheck + =1 <! —设置颜色— >
                <! —设置 insertHTML 的— >
                    insertHTML + ='< SPAN style =" font - family: Arial Black; font -
size: 15pt; color:" + fadecolor [colorNo] +" >" + msg [msgNo]. text. substring (char-
Check, charCheck + 1) +"  </SPAN >"
                    }
if (document. all) { <! —对于 ie 浏览器— >
  document. all. typeWriter. innerHTML = insertHTML <! —输出 insertHTML 中的内
容— >
                    }
              setTimeout ("typeIt ()", 50) <! —每隔 50 ms，显示一个字— >
                character + + <! —显示下一个字— >
                colorNo = character - 1 <! —变化颜色— >
                fixColor = character <! —变化颜色— >
            }
          else { <! ——条信息刚显示完— >
                character =1 <! —下一条信息的第一个字符— >
                colorNo = character - 1 <! —设置颜色— >
                fixColor = character <! —设置颜色— >
                setTimeout ("typeIt ()", msg [msgNo]. delay) <! —设置周期时
间— >
                msgNo + + <! —转到下一条信息— >
          }
     }
}
</script >
< body bgcolor =" #ffffff"  onLoad =" createArray ()" text =" #ffffff"  >
```

```
< div  ID = " typeWriter"  style = " position: absolute; left: 20; top: 10; height: 200; width: 70"  >


<! -- 本例程实现了超级文字显示 -- >
<! -- 垂直显示文字的技巧 -- >
<! -- 绚丽颜色的变化效果的实现过程 -- >
<! -- 定时器的使用 -- >
```

横向移动的文字效果

操作要求

在文本框内制作文本从右向左的文字移动效果，如图 7—2 所示（样张素材：第 7 章 \ 第 1 节）。

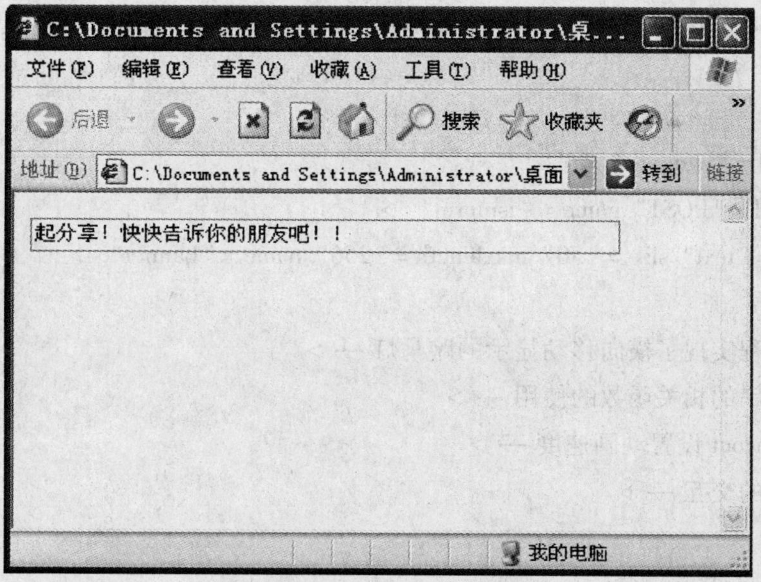

图 7—2　制作文字滚动字幕效果

操作步骤

根据操作要求，相关程序代码及注释如下：

```
< script language = " JavaScript"  >
var id, pause =0, position =0, revol =9;
```

```
function banner () {
var i, k; <! --定义变量-- >
var m1 = " 欢迎进入 JavaScript 世界!" <! --文本-- >
var m2 = " 好的东西当然要和大家一起分享！快快告诉你的朋友吧!!"; <! --文本--
>
var msg = m1 + m2; <! --文本-- >
var speed = 10; <! --滚动速度-- >
document. isnform. banner. value = msg. substring (position, position + 160); <! --
显示文本中的 160 个字符-- >
if (position + + = = msg. length) { <! --如果到达了文本的末端-- >
if (revol -- < 2) return; <! --重新开始-- >
position = 0;
}
id = setTimeout ("banner ()", 2000/speed); <! --设置动画速度-- >
}
</script >
<body onload = "banner ()" >
<form method = "POST" name = "isnform" >
<input type = "text" size = "50" maxlength = "256" name = "banner" >
</form >
<! --本例程实现了横向移动显示的跑马灯-- >
<! --字符串的相关函数的使用-- >
<! --settimeout 设置动画速度-- >
<! --表单的交互-- >
```

第 2 节　JavaScript 时间特效

知识要求

JavaScript 时间特效是指网页中使用的和时间内容相关的特效。包括得到当前时间，以及显示页面更新和停留的时间等，见表 7—2。

表 7—2　　　　　　　　　　　常用的特效时间效果显示

动态效果	功能介绍
	能显示当前系统的日期和时间
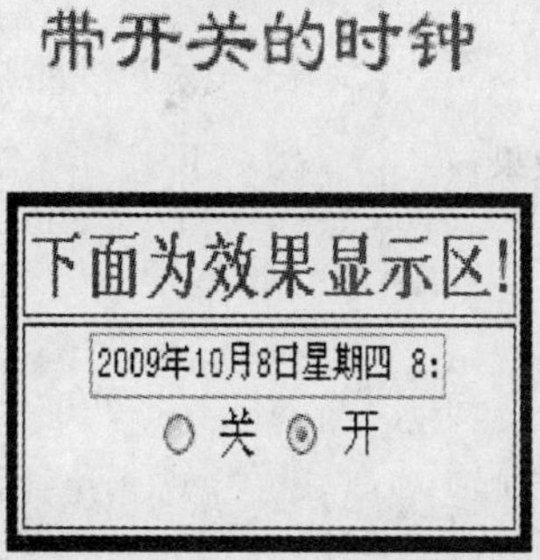	当点击开关“开”时在文本框中显示当前系统的时间
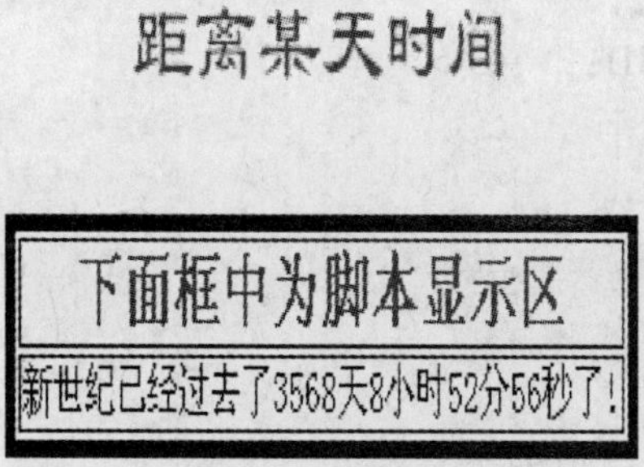	能够定义某天的时间，然后进行计时操作统计
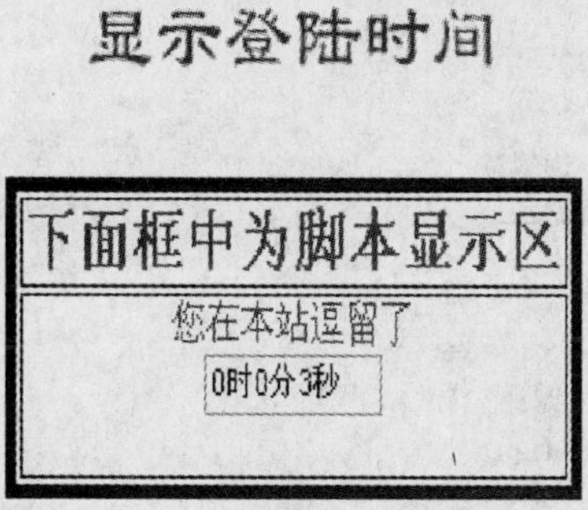	显示读者在网站中逗留的时间

技能要求

时间的水中倒影制作

操作要求

制作一个页面显示时间的 JavaScript，并能有水中倒影效果，如图 7—3 所示（样张素材：第 7 章 \ 第 2 节）。

图 7—3　水中倒影的文字效果

操作步骤

根据操作要求，相关程序代码及注释如下：

```
<style type = "text/css" >
<!—. time {font - family: Comic Sans Ms;
font - size: 14pt; font - weight: bold; color: #00008D;} — >
</style > <style type = "text/css" > <! — . time {
font - family: Comic Sans Ms; font - size: 14pt;
font - weight: bold; color: #00008D;} — >
</style >
<script Language = "JavaScript" >
var ctimer;
function init () {<! —初始化 — >
if (document. all) {
<! —将第二个时间得左侧与第一个时间的左侧对齐 — >
tim2. style. left = tim1. style. posLeft;
<! —第二个时间在第一个时间的下方 — >
tim2. style. top = tim1. style. posTop + tim1. offsetHeight - 6;
```

```
<! --调用 settimes () 函数 -- >
settimes ();
}
}

function settimes () {
var time = new Date (); <! --获取当前日期 -- >
hours = time. getHours (); <! --获取当前时间 - 小时 -- >
mins = time. getMinutes (); <! --获取当前时间 - 分钟 -- >
secs = time. getSeconds (); <! --获取当前时间 - 秒 -- >
if (hours < 10) <! --如果小时仅有一位，在前面补零 -- >
hours = "0" + hours;
if (mins < 10) <! --如果分钟仅有一位，在前面补零 -- >
mins = " 0" + mins;
if (secs < 10) <! --如果秒仅有一位，在前面补零 -- >
secs = "0" + secs;
<! --设置 tim1 和 tim2 的格式 -- >
tim1. innerHTML = hours + " :" + mins + " :" + secs
tim2. innerHTML = hours + " :" + mins + " :" + secs
<! --每 0. 96 秒更新一次时间 -- >
ctimer = setTimeout ('settimes () ', 960);
}
</script >
<body onLoad = "init ()" >
<div Id = "tim1" Style = " position: absolute; width: 10; height: 10; top: 10; left: 50"
class = "time" > </div > <div Id = " tim2"
Style = "position: absolute; filter: flipv () alpha (opacity = 20); font - style: italic"
class = "time" >
<p > </p >
</div >
```

```
</body>



<! —本例程实现了具有倒影的时间 — >
<! —两个时钟的时间是同步的 — >
<! —具有倒影的效果采用了 flipv（）和 alpha（）滤镜组合来实现 — >
```

不同时间问候的效果制作

操作要求

制作不同时间问候的效果：0 点至 4 点，显示“深夜了，注意身体哦...”；5 点至 7 点，显示“清晨好，起得真早啊...”；8 点至 12 点，显示“早上好”；12 点至 13 点，显示“午饭时间喔”；13 点至 17 点，显示“外面的太阳猛烈吗?”；17 点至 18 点，显示“进入傍晚了”；18 点至 19 点，显示“我大概在吃晚饭了”；19 点至 23 点，显示“又到晚上黄金上网时间了”，如图 7—4 所示（样张素材：第 7 章\ 第 2 节）。

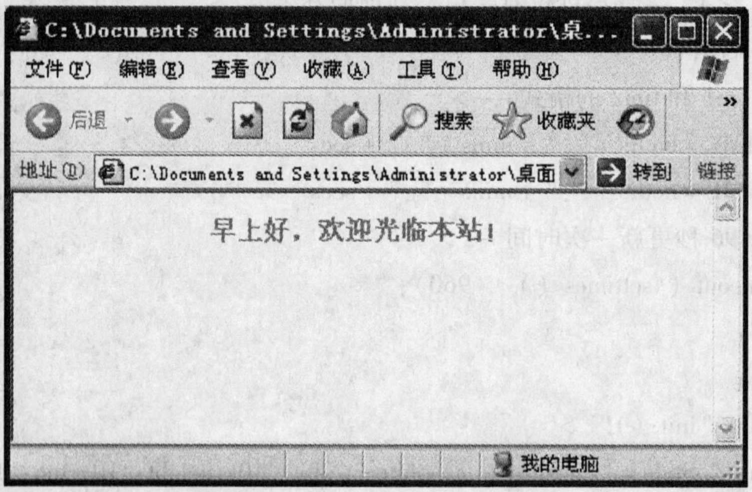

图 7—4　不同时段的问候效果

操作步骤

根据操作要求，相关程序代码及注释如下：

```
<script language = "JavaScript" >
var mess1 = ""; var mess2 = " <font color = #FE960 >欢迎光临本站！ </font >"
```

```
document.  write ("<center><b>")
day = new Date ( )
hr = day.getHours ( )
if ( ( hr > = 0 ) && (hr < = 4 ))
mess1 =" <font color=#FE960 >深夜了，注意身体哦...  </font>"
if ( ( hr > = 4 ) && (hr < 7))
mess1 =" <font color=#FE960 >清晨好，起得真早啊...  </font> "
if ( ( hr > = 7 ) && (hr < 12))
mess1 =" <font color=#FE960 >早上好 </font>"
if ( ( hr > = 12) && (hr < = 13))
mess1 =" <font color=#FE960 >午饭时间喔 </font>"
if ( ( hr > = 13) && (hr < = 17))
mess1 =" <font color=#FE960 >外面的太阳猛烈吗？ </font>"
if ( ( hr > = 17) && (hr < = 18))
mess1 =" <font color=#FE960 >进入傍晚了 </font>"
if ( (hr > = 18) && (hr < = 19))
mess1 =" <font color=#FE960 >我大概在吃晚饭了 </font>"
if ( (hr > = 19) && (hr < = 23))
mess1 =" <font color=#FE960 >又到晚上黄金上网时间了 </font>"
document.write (mess1)
document.write (mess2)
document.write (" </b> </center>")
</script>
```

第 3 节　鼠标特效的实现

知识要求

鼠标特效就是常常在网页中看到的能反馈鼠标在当前页面的状态、特效等的功能。常用的鼠标特效见表 7—3。

表 7—3　　JavaScript 的鼠标特效

<table>
<tr><th>动态效果</th><th>功能介绍</th></tr>
<tr><td>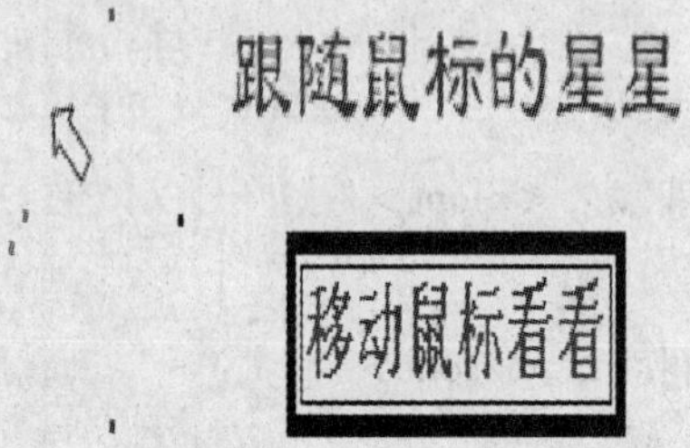
</td><td>当用户移动鼠标时，出现跟随鼠标移动的星星效果</td></tr>
<tr><td>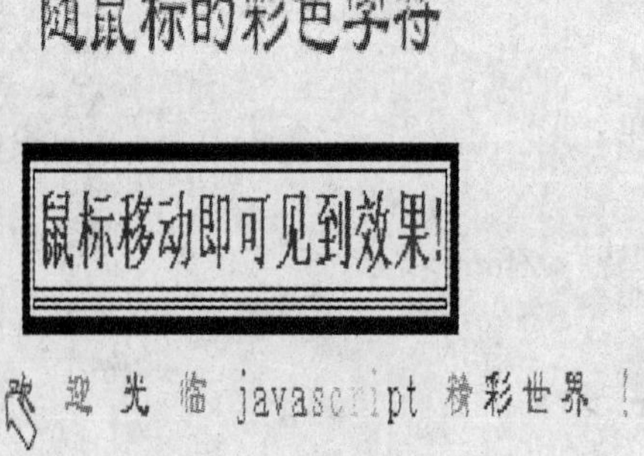
</td><td>画面中彩色文字跟随鼠标移动，效果非常绚丽</td></tr>
<tr><td>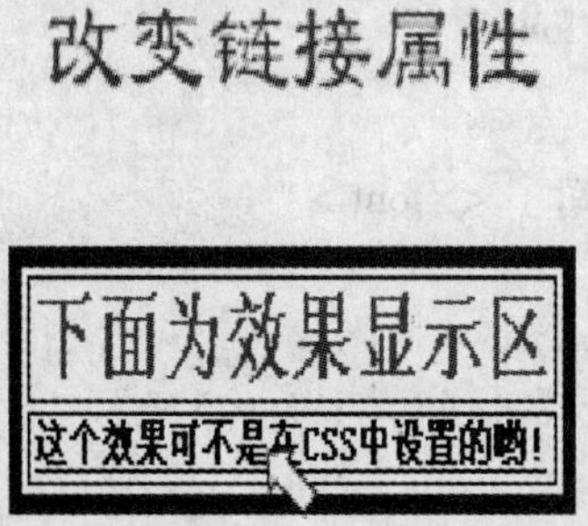
</td><td>在正常状态下文字字体无任何修饰效果，当鼠标经过文字时文字出现加粗效果</td></tr>
<tr><td>
</td><td>当鼠标经过“记住本站域名”时会弹出对话框的效果</td></tr>
</table>

技能要求

跟随鼠标旋转的文字

操作要求

制作 JavaScript 特效，实现旋转的文字跟随鼠标移动的效果，如图 7—5 所示（样张素材：第 7 章 \ 第 3 节）。

图 7—5　跟随鼠标旋转的文字

操作步骤

根据操作要求，相关程序代码及注释如下：

```
<SCRIPT LANGUAGE = "JavaScript" >
if (document. all)
{
yourLogo  = "I love JavaScript very much --- !";                <! --待旋转的文字 -- >
logoFont  = "Arial";                                              <! - -文字的字
体 -- >
logoColor = "FF0000";                                             <! - -文字的颜
色 -- >
yourLogo = yourLogo. split (");                <! - -将旋转的字符串分成单个的字符
-- >
L  =  yourLogo. length;                                  <! --获得字符串的长度 -- >
TrigSplit  =360 / L;                                   <! --设置每次旋转的角度 -- >
Sz = new Array ()                                         <! --声明一个数组 -- >
logoWidth = 100;                                            <! --定义宽度 -- >
logoHeight  = -30;                                           <! --定义高度 -- >
```

```
ypos =0;
xpos =0;
step =0.03;                                  <! --定义步长-- >
currStep = 0;
document. write ('< div id = " outer" style = " position: absolute; top: 0px; left: 0px"
 > < div style = " position: relative" >');
for (i = 0; i < L; i + +)
{
document. write ('< div id = "ie" style = " position: absolute; top: 0px; left: 0px; '+'
width: 10px; height: 10px; font - family: '+ logoFont + '; font - size: 12px; '+'color: '+
logoColor + '; text - align: center " > ' + yourLogo [ i ] + ' </div > ');
<! - -依次显示每一个字符-- >
}
document. write ('</div > </div >');
function Mouse ()
{
ypos = event. y;                                  <! --获得当前鼠标的纵坐
标-- >
xpos = event. x - 5;                              <! --获得当前鼠标的横坐标--
>
}
document. onmousemove = Mouse;                    <! --鼠标移动后调用 mouse
函数-- >
function animateLogo ()
{
<! --获得当前窗口的坐标-- >
outer. style. pixelTop = document. body. scrollTop;
for (i = 0; i < L; i + +)
{
ie [i]. style. top = ypos + logoHeight * Math. sin (currStep + i * TrigSplit * Math. PI /
180);                                             <! --获得第 i 个字符的上
边界-- >
```

```
ie [i]. style. left = xpos + logoWidth * Math. cos (currStep + i * TrigSplit * Math.
PI / 180);                                              <! - -获得第 i 个字符
的左边界 -- >
Sz [i] = ie [i]. style. pixelTop - ypos;           <! -- 设置字体 -- >
if (Sz [i] < 5) Sz [i] = 5;                          <! -- 设置字体 -- >

ie [i]. style. fontSize = Sz [i] / 1.7;            <! -- 当前字体的变化 -- >
}
currStep - = step;
setTimeout ('animateLogo () ', 20);                <! -- 动画的实现 -- >
}
window. onload = animateLogo;                      <! -- 直接调用 animatelogo 函数
-- >
}
</script>
```

跟随鼠标跳动的星星

操作要求

制作星星跟随鼠标，并且跳动的效果，如图 7—6 所示（样张素材：第 7 章 \ 第3 节）。

图 7—6 跟随鼠标跳动的星星

操作步骤

根据操作要求，相关程序代码及注释如下：

```
< SCRIPT language = javascript >
var cx = 0;     <! -- 定义显示位置的横坐标 -- >
```

```
var cy =0;     <! --定义显示位置的纵坐标-- >
var val =0;
function locate ()
{          cx = window. event. x; <! --获得当前鼠标的横坐标-- >
        cy = window. event. y;     <! --获得当前鼠标的纵坐标-- >
}
document. onmousemove = locate; <! --当鼠标移动时调用 locate 函数-- >

function follow (i)
{          var x;
        if (i<4) x = cx -50 + i * 10; <! --前四个字符的横坐标变化规律-- >
        else x = cx -25 + i * 10; <! -- 后两个字符的横坐标变化规律-- >
        var y = cy -20 + Math. floor (Math. random () *40); <! - -纵坐标变化
规律-- >
        w = eval ("word" +i); <! --获得当前字符-- >
        with (w. style)
        {
        left = x. toString () +"px"; <! --字符的左边界-- >
        top = y. toString () +"px"; <! --字符的上边界-- >
        }
}
function show (i)
{
        var w = eval ("word" +i); <! --获得第 i 个字符-- >
        with (w. style)
        {
        visibility = "visible";
        s = parseInt (fontSize); <! --获取字体大小-- >
        if (s > =200) s- =100; <! --如果字体大于200，每次调用此函数，减小
100-- >
        else if (s >90&&s< =100) <! - -如果字体在90~100-- >
```

```
                {
                s - =85; <! --每次减小 85 -- >
                clearInterval (val); <! --同时将当前定时器清除 -- >
                if (i<6) val=setInterval (" show (" + (i+1) +")", 20); <!
--并且开始周期性地调用 show -- >
                }
        fontSize=s; <! --记录字体大小 -- >
        }
}

    function start () <! --开始 -- >
{       for (i=1; i< =6; i+ +) <! --依次对 6 个字符进行配置 -- >
        {
        val=setInterval ("show (1)", 20); <! --每 0.02 s 调用一次 show 函数 --
>
        setInterval ("follow (" +i+")", 100); <! --每 0.1 s 调用一次 follow 函数
-- >
        }
}
    var word=new Array (6);    <! --定义字符串变量 word -- >
word [1] ="*"; word [2] ="*"; word [3] ="*"; word [4] ="*"; word
[5] ="*"; word [6] ="*"  <! --给 word 赋值为"*" -- >
   for (i=1; i< =6; i+ +)
   document. write (" <div id='word" +i+" '
style='width: 20px; height: 20px; position: absolute; font-size: 1000; visibility: hid-
den'> <font face='隶书' color='#FFAA00'
>" +word [i] +" </font> </div>"); start ();
                <! - -设定最初显示文字的字体、颜色、大小、显示位置，并且调
用 start 函数 -- >
        </SCRIPT>

<! --本例程实现了字符跟随鼠标，并且跳动的效果 -- >
```

<! -- 动态显示字符的方法 -- >
<! -- 动画效果的实现 -- >
<! -- 文字属性的设置 -- >

第 4 节　窗口特效

知识要求

窗口特效是指网页中使用的和浏览器窗口相关的特效，包括窗口的打开与关闭、窗口背景切换等，见表 7—4。

表 7—4　　JavaScript 的窗口特效

动态效果	功能介绍
跳出说明窗口 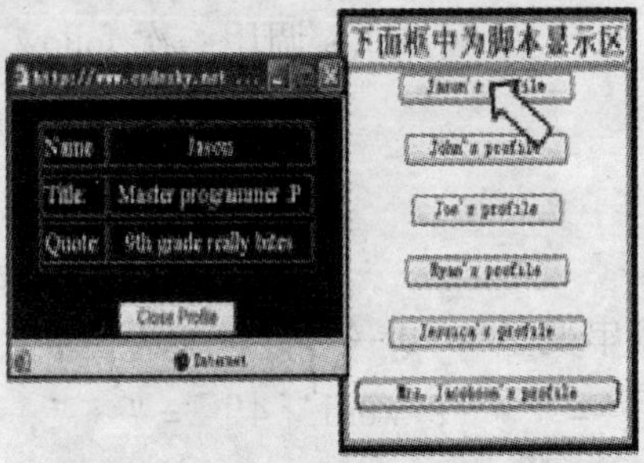	当单击窗口中的不同按钮，能够打开不同的新窗口
打开窗口居中 	当单击“打开窗口”按钮后，系统弹出的新窗口居中对齐

续表

动态效果	功能介绍
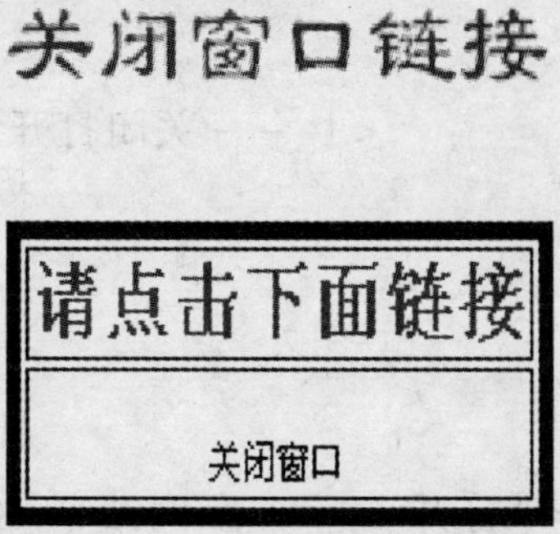	当单击“关闭窗口”时，系统自动关闭窗口
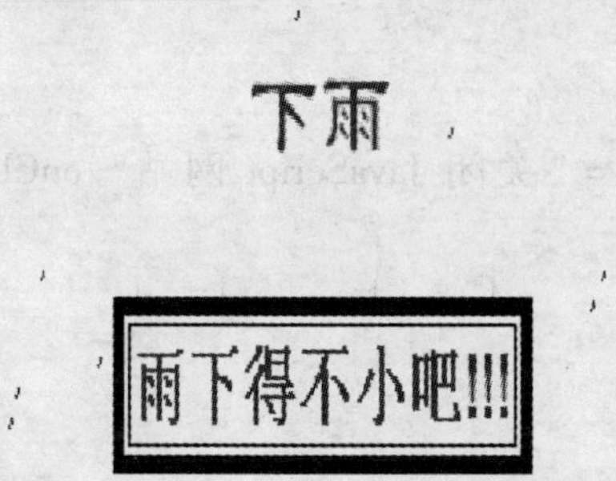	窗口背景显示下雨效果

技能要求

控制窗口的打开和关闭

操作要求

在页面中添加按钮“打开 JavaScript 网站”和“关闭 JavaScript 网站”，能够分别打开网页 http：www. javascripe. com/和关闭网页（样张素材：第 7 章\ 第 4 节）。

操作步骤

根据操作要求，相关程序代码及注释如下：

```
< SCRIPT language = " JavaScript" >
function openclk （）{                                  <！ - - 用来打开一个新的窗
口 -- >
another = open （'http：//www.  JavaScript.  com/'，'NewWindow'）;      <！ -- 打开新的
窗口 -- >
```

```
}
function closeclk () {

another. close ();                                    <! - -关闭打开的窗口
-- >
}
</SCRIPT>
<FORM>
<INPUT TYPE = "BUTTON"  NAME = "open"  value = "打开 JavaScript 网站"  onClick =
"openclk ()"  >
<BR> <BR>
<INPUT TYPE = "BUTTON" NAME = "close" value = "关闭 JavaScript 网站"  onClick =
"closeclk ()" >
</FORM>

<! --本案例实现了打开关闭窗口的功能-- >
<! --分别通过函数 openclk () 和 closeclk () 实现-- >
```

从天而降的窗口

操作要求

制作窗口特效，当打开浏览器时，窗口页面能实现自上向下移动的效果（样张素材：第7章\第4节）。

操作步骤

根据操作要求，相关程序代码及注释如下：

```
<SCRIPT Language = "JavaScript" >
function drop (n) {
if (self. moveBy) {
  self. moveBy (0, -900);  <! - -将当前窗口向上移动 900 -- >
  for (i = n; i > 0; i - -) {
```

```
      self. moveBy (0, 3); <! --将当前窗口向下移动900, 每次移动3 -- >
      }
    for (j = 8; j > 0; j--) { <! --振动8次 -- >
      self. moveBy (0, j); <! --向下移动j-- >
      self. moveBy (j, 0); <! --向右移动j-- >
      self. moveBy (0, -j); <! --向上移动j-- >
      self. moveBy (-j, 0); <! --向左移动j-- >
    }
  }
}
drop (300)
</script>
  <! --本例程实现了从天而降的窗口 -- >
  <! --对窗口参数的动态控制 -- >
  <! --对浏览器类型的判断 -- >
  <! --衰减振动的实现方法 -- >
```

考场练兵

设计制作并设置网页动态效果

1. 试题单

（1）操作条件

相关素材：第7章\考场练兵。

网页html文件：第7章\考场练兵\a。

动态效果效果图：第7章\考场练兵\b～c。

（2）操作内容

编辑素材网页html文件“a. html”源代码，填充“(A)”～“(I)”空格实现要求的动态效果。

（3）操作要求

1）考生务必在指定位置建立考生文件夹，并在其下建立“动态网页”子目录，将所有操作结果保存至该文件夹下（考生文件夹命名：“网页设计制作员3级_ 考生准考证号_ 姓名”）。

2）编辑素材网页html文件“a. html”源代码，填充“(A)” ~ “(I)”空格，实现要求的动态效果，具体要求如下：

在网页html文件“a. html”的表单中有三个单选框组成一个“景点选择单元”，一个单行文本框用来显示景点简介，一个按钮链接到已选择景点的相应网页。

要求随着用户选择不同的选项动态地更换内容，参见效果图b. gif和c. gif。

效果图a. gif如图7—7所示。

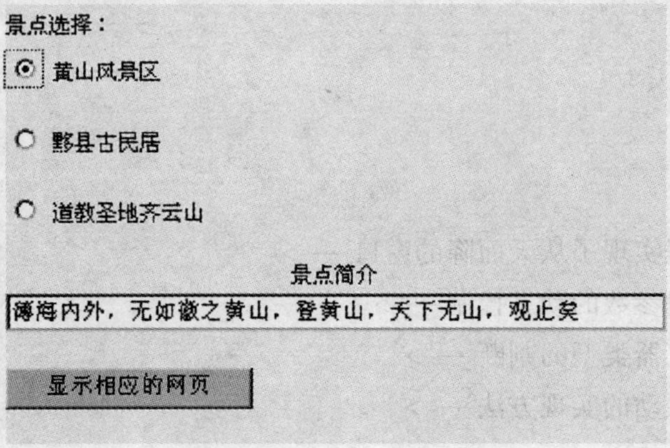

图7—7　效果文件a. gif

效果图b. gif如图7—8所示。

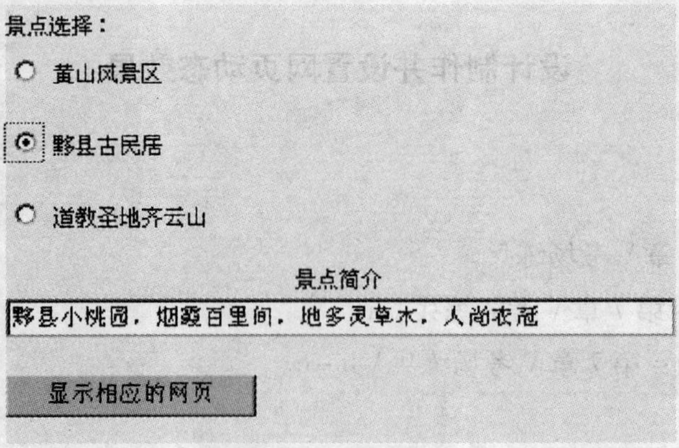

图7—8　效果文件b. gif

2. 参考答案

(1) 建立考生文件夹，并在其下建立“动态网页”子目录

1）在指定盘符（如C盘）创建“网页设计制作员3级_ 考生准考证号_ 姓名”目

录，并在其中再次创建“动态网页”文件夹，并将素材文件的内容复制到该文件夹内。

2）打开 Dreamweaver CS3，创建站点“动态网页”，并将站点目录指向考生文件夹。（如：C：\ 网页设计制作员 3 级_ 考生准考证号_ 姓名 \ 动态网页）。

（2）编辑素材网页 html 文件“a. html”源代码，填充“（A）”～“（I）”空格实现要求的动态效果

具体要求如下：

在网页 html 文件“a. html”的表单中有三个单选框组成一个“景点选择单元”，一个单行文本框用来显示景点简介，一个按钮链接到已选择景点的相应网页。

1）在 <head> 与 </head> 之间进行函数定义

```
<script languae =" JavaScript" >
<! —
function showpage () { //显示相应网页的函数，供按钮调用
var pageurl; //声明一个存放相应网页地址的变量
for (i =0; i < document. jdxzform. item. length; i + + ) //对表单中所有表单标记循环检测一遍
{
if (document. jdxzform. item [i] . checked) //如果该单选框的 checked 为真，也就是被选中
pageurl = document. jdxzform. item [i] . value; //把该单选框中 value 参数值（即相应的网页地址）赋给 pageurl 变量
}
location. href = pageurl; //把 pageurl 的值（即相应网页的地址）赋给 locqtion. href，以显示已被选择的景点对应的网页
} //显示相应网页的函数结束
function showjj (n) { //显示被选单选框对应景点的简介，这是一个带参数的函数，其参数就是单选框的顺序号
var jj //声明一个存放相应景点简介信息的变量
switch (n) { // switch 语句开始，其作用是可以根据条件值的不同，选择执行不同的语句，与 if 语句类似，在这里就是根据单选框顺序号不同，选择不同的景点简介
case 1: jj ="薄海内外，无如徽之黄山，登黄山，天下无山，观止矣"; break; //这里
```

```
的 break 语句是不参省的，在这里的作用是当条件满足，就跳出 switch 语句段。若在
switch 语句不用 break，得到的永远都是最后那一条语句的结果。
case 2：jj ="黟县小桃园，烟霞百里间，地多灵草木，人尚古衣冠"；break；
case 3：jj ="天下无双胜境，江南第一名山——清乾隆"；
}
document. all ["jdjj"]. value =jj；//把景点简介内容赋给“jdjj”的 value 参数，由于
“jdjj”就是那个单行文本框的名称，因此也就是改变了文本框中显示的景点简介内容，
从而达到了动态显示相应景点简介的目的
}
-- >
</script >
```

2）修改按钮选项的调用方式

```
<input type ="button" name ="Button" value ="显示相应的网页" onclick ="show-
page ()" >
```

第 8 章

综合操作案例

模块一　网页设计综合技能

模块二　设计制作网页动画、图像效果及动态效果

模块一　网页设计综合技能

操作任务　设计网站方案及页面

操作条件

相关素材：第 8 章 \ 模块一 \ 8.1。

操作内容

1. 按要求，结合给定的公司信息，完成网站设计方案。

2. 按要求，设计并制作综合网页。

操作要求

1. 考生务必在指定位置建立考生文件夹，并在其下建立“8.1”子目录，将所有操作结果保存至该文件夹下（考生文件夹命名：“网页设计制作员 3 级_ 考生准考证号_ 姓名”）。

2. 打开素材“8.1.1.doc”，在设计方案模板提供的选项中，选择正确项匹配（　　）中编号，将答案按编号填入文档最后部分的答题卷上，最后将文件保存在考生文件夹下。

3. 按以下要求，设计并制作综合网页

(1) 在考生文件夹下，建立“Pets Supplies”站点及相关文件夹。

(2) 请根据设计方案中“风格设计”要求，在“8.1.2”与“8.1.3”中选择相应的页面效果图为模板，制作网站主页，并以标准名称保存。

(3) 根据信息的重要性、信息量等要素，合理设置“8.1.4. txt”中的文本在“首页”中的位置与字体属性（在给定的“配色方案. txt”中选择适当的文本颜色及文本大小）。

(4) 根据色彩平衡性的原则，利用图片素材设计制作“标题 2”“标题 5”“标题 6”的背景。

(5) 根据“模板”“配色方案”及“8.1.5. txt”中的文本，选择适当的表单项完成“login”页面（login. html）。

操作步骤

在考盘指定位置创建文件夹“网页设计制作员 3 级_ 考生准考证号_ 姓名”，在其中再创建“8.1”文件夹。

打开素材“8.1.1.doc”，在设计方案模板提供的选项中，选择正确项匹配（　　）中编号，将答案按编号填入文档最后部分的答题卷上，最后将文件保存在考生文件夹下。

素材相关图片如图 8—1、图 8—2 所示。

图 8—1　素材文件 1

Step 1　宠物网站的风格分析

（1）市场发展前景

随着人民生活水平的日益提高，在中国，宠物也逐渐成为人们越来越密切的伴侣。无论是狗、猫、鸟，还是鱼或龟，这些往日看家护院、供人娱乐的小动物，开始成为家庭中的重要成员。在竞争日益激烈的社会环境中，宠物的可爱活泼为正处于紧张的现代生活中的人类排遣孤独、增加情趣、缓解压力。经过专门训练的犬，不仅可以充当家庭伴侣型的宠物，还可以开发各种各样的工作潜力。

（2）用户人群现状

1）具有爱心的年青人、儿童。

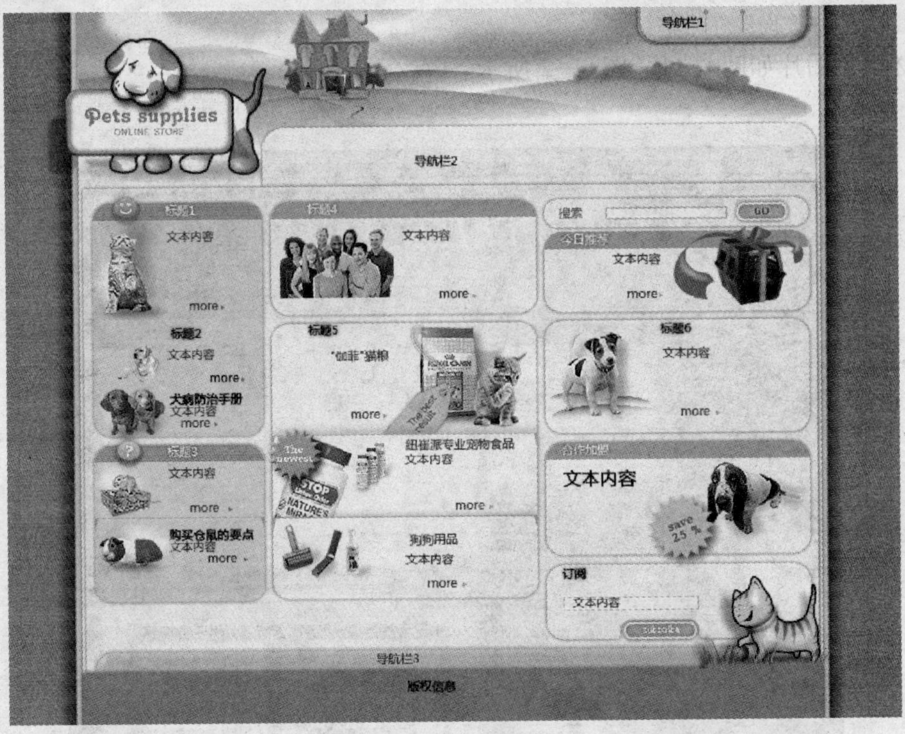

图8—2　素材文件2

2）具有童心的老人。

（3）网站风格特色

突出宠物的可爱、活泼，在布局上能充分展示宠物网站的功能服务项目，以便树立良好的企业形象。

Step 2　填写内容

打开8.1.1.doc的设计方案题，结合网站性质、样张及特点分析，完成以下填写。

一、前言

Pets Supplies有限公司是获得由上海市公安局审发的《犬类销售养殖许可证》、由上海市畜牧办审发的《动物诊疗许可证》、由上海市兽医卫生监督检验所审发的《动物防疫合格证》，集养殖、销售、医疗、美容、寄养及用品销售于一体的超大型综合性的宠物公司。

公司主要经营内容包括猫类、狗类和鸟类等宠物及相关产品的销售。

二、需求分析

1. Pets Supplies的公司性质及销售与服务于一体，因此，必须在网站中建立完善的产品展示系统和（ 15. 完善的服务信息展示 ）系统。

2．为了满足用户对信息的检索需求，必须建立信息搜索系统。

3．为了满足（17. 信息互动）的需求，还必须建立用户 BBS 系统。

4．作为整个网站规划设计的（ 18. 条件和前提)，同时根据网站类型——商业服务网站，必须树立诚信服务的企业形象。

三、系统分析

1．确定功能模块及其作用

（1）根据用户使用习惯，首先需要（1. home）模块：综合体现网站主要信息。

（2）（8. Help）模块：介绍网站的使用方法及各模块的功能。

（3）（3. Login）模块：基于网站设计中（ 17. 信息互动）的需求而设计的功能模块，实现登录网站 BBS 系统的功能。

（4）"Cat"模块：介绍猫类宠物的信息，并且在其下设置（ 4. 猫猫用品）模块，介绍相关产品信息；"养猫手册"模块，介绍养猫常识。

（5）"Dog"模块：介绍犬类宠物的信息，并且在其下设置"狗狗用品"模块，介绍相关产品信息；"养狗手册"模块，介绍养狗常识。

（6）"Bird"模块：介绍鸟类宠物的信息，并且在其下设置"小鸟用品"模块，介绍相关产品信息；"养鸟手册"模块，介绍养鸟常识。

（7）"Reptile"模块：介绍爬虫类宠物的信息，并且在其下设置"爬虫用品"模块，介绍相关产品信息；（ 5. 养虫手册）模块，介绍养虫常识。

2．根据功能模块的设计，规划网站层次结构图

3．详细设计分析

（1）在为"完善的产品展示系统"和（ 15. 完善的服务信息展示）系统而设计的各功能模块中，依据信息形式、信息容量采用（ 26. 图文混排）形式实现基本信息浏览功能。

（2）在 BBS 系统与（40. 信息检索）系统中，使用 Dreamweaver 与数据库相结合的技术，实现（17. 信息互动）功能和信息搜索功能。

四、风格设计

1．为了在最大程度上满足用户对网页的浏览需求，采用（10．800 像素 ×600 像素 ）的显示器分辨率作为默认显示器，在此基础上进行页面效果图及网页的设计制作。

2．根据客户需求分析、(28. 网页信息量)，选择（31. 复合结构 ）形式的网页架构，利用（34. 导航系统）来分割页面。

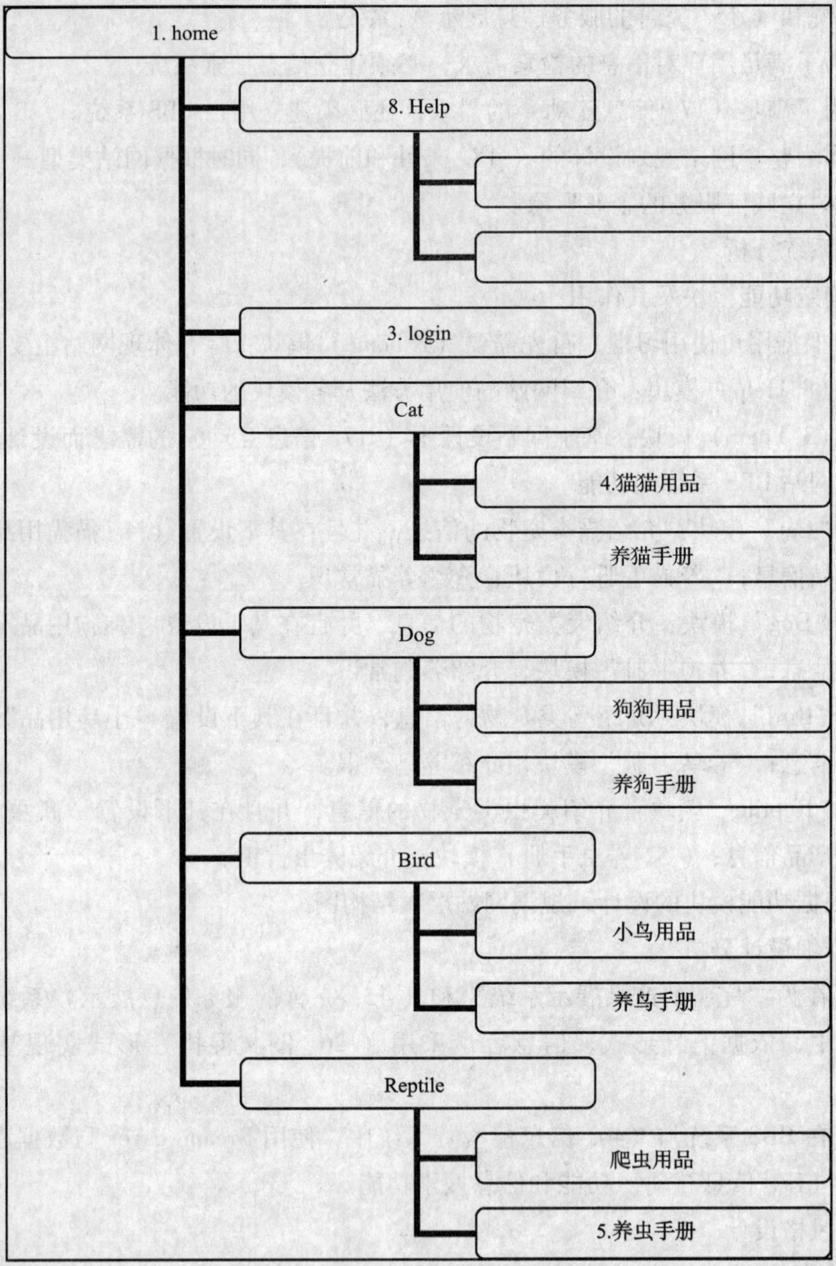

3. 根据公司类型——宠物销售和服务，应选择具有（42. 活泼 ）气息的配色方案。

4. 语言选择：简体中文。

五、动态效果设计

1. 为了缓和网站（26. 图文混排）样式的信息浏览量过大而造成用户视觉疲劳的问

题，可以使用 Flash 制作网页元素的技巧在页面中达到动静平衡的作用。

2. 在（17. 信息互动）系统中，可充分使用 Dreamweaver 中 CSS 技术及 JavaScript 脚本增加网页动态效果。

3. 在各页面间进行链接时，为了缓解页面加载时的等待时间造成的不适，可以在 Flash 动画中使用代码实现加载提示的功能。

六、网站建设步骤

1. 根据风格设计，制作 2～3 套（45. 页面效果图）。

2. 使用 Dreamweaver 制作（47. 网页）。

3. 项目预计使用时间为 20 天。

4. 网站运营前，由（49. 制作团队）进行调试完善。

5. 网站运营期间，由（50. 公司）实现网站维护，删除那些不符合（35. 因特网信息安全）的内容。

选项

1. Home	2. Map	3. login	4. 猫猫用品
5. 养虫手册	6. 登录	7. 注册	8. Help
9. 778 像素 ×439 像素	10. 800 像素 × 600 像素	11. 1 002 像素 ×623 像素	12. 1 024 像素 ×768 像素
13. 完善的产品展示	14. 完善的客户展示	15. 完善的服务信息展示	16. 信息反馈
17. 信息互动	18. 条件和前提	19. 重点和要求	20. 目标和核心
21. 用户需求	22. 用户使用习惯	23. 用户消费习惯	24. 列表
25. 文本	26. 图文混排	27. 网页访问量	28. 网页信息量
29. 单一结构	30. 混合结构	31. 复合结构	32. Logo
33. 横幅广告	34. 导航系统	35. 因特网信息安全	36. 因特网信息浏览
37. 文字	38. 法律法规	39. 道德规范	40. 信息检索
41. 运动	42. 活泼	43. 自然	44. 喜庆
45. 页面效果图	46. 模板	47. 网页	48. 页面草图
49. 制作团队	50. 公司	51. 用户	52. 消费者

Step 3　创建站点“Pet Supplies”

（1）打开 Dreamweaver CS3 软件，“站点”→“新建站点”，如图 8—3 所示。

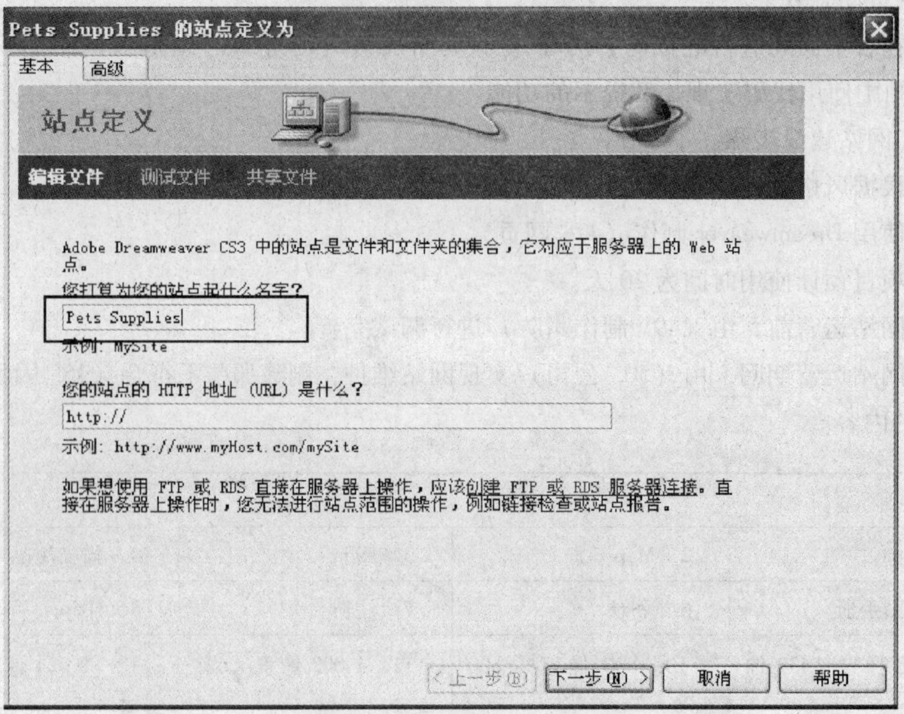

图 8—3　新建站点

（2）点击“下一步”按钮，在第三个对话框中确定站点的路径，如图 8—4 所示。

（3）依次按照提示完成站点的创建。

（4）将素材文件复制到站点文件夹下。

Step 4　确定网页设计模板

结合网页特点与设计方案，确定使用 8.1.3 作为网页设计模板，如图 8—5 所示。

Step 5　修改素材文件

经过分析，得知本题需要制作两个页面，分别是主页面（index.html）与登陆页面（login.html）。index.html 包括的部分如图 8—6 所示。

下面先用 Photoshop 制作 index. html 页面。

（1）打开网页模板“模板. jpg”。这是一张合并图层的文件，为了便于以后利用它来插入文字及其他效果，需要将文字要求去除。

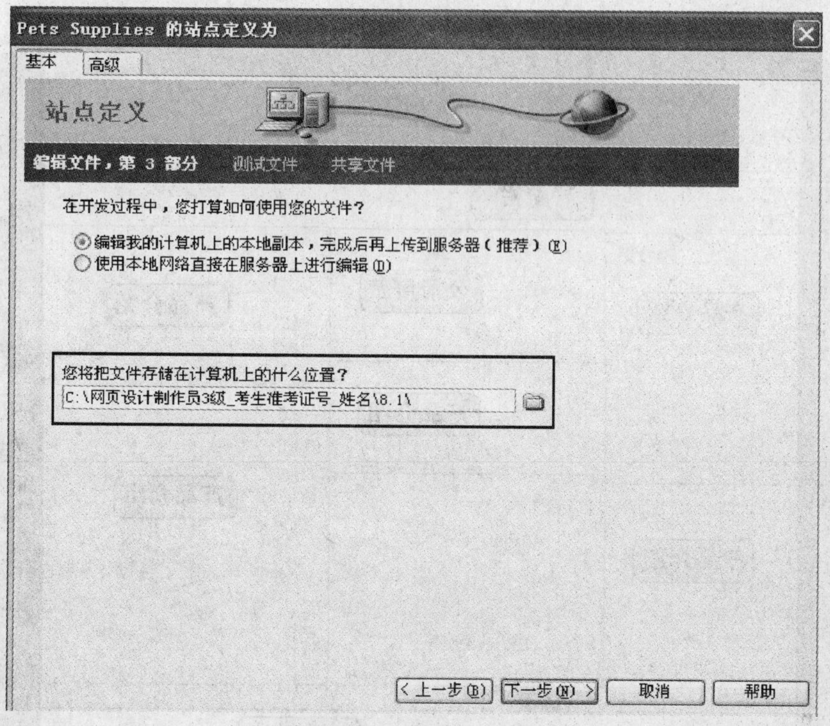

图 8—4　确定站点位置

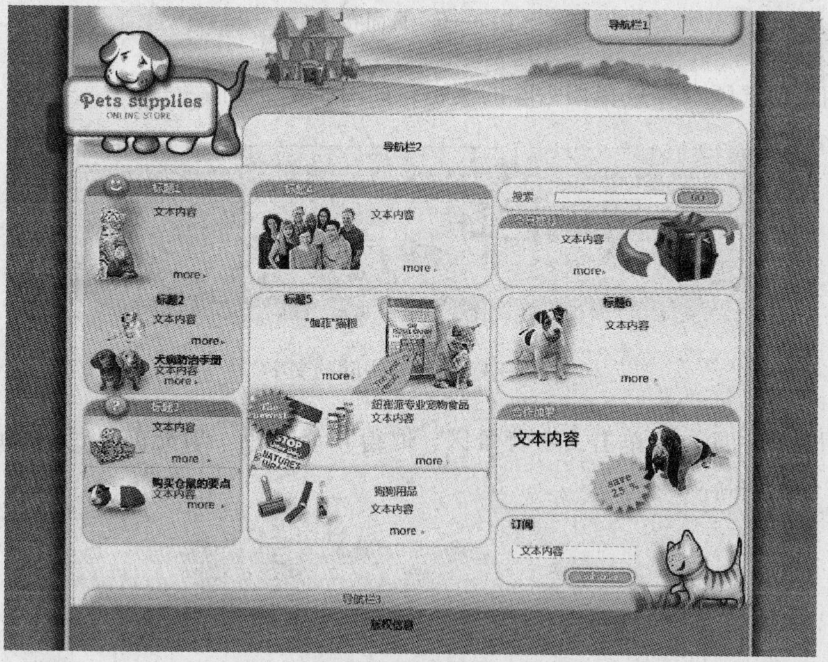

图 8—5　网页模板

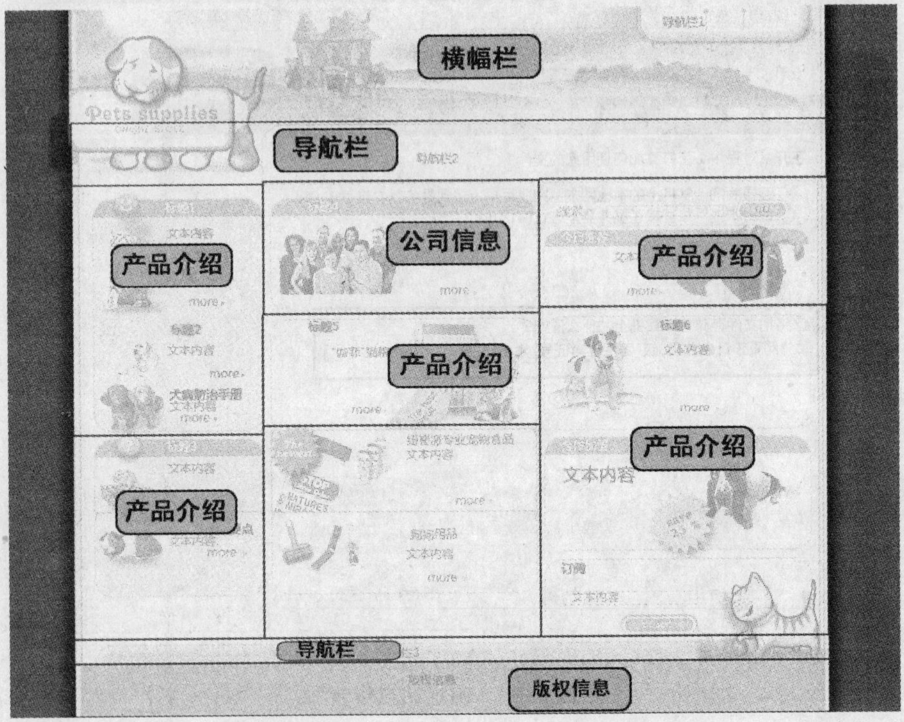

图 8—6　页面布局

（2）用矩形选区 选择要去除的文字，如图 8—7 所示。

图 8—7　选择要去除的文字

（3）用吸管工具 单击文字背景区，取得相似颜色。填充前景色（Ctrl + Del）就能去除文字，如图 8—8 所示。

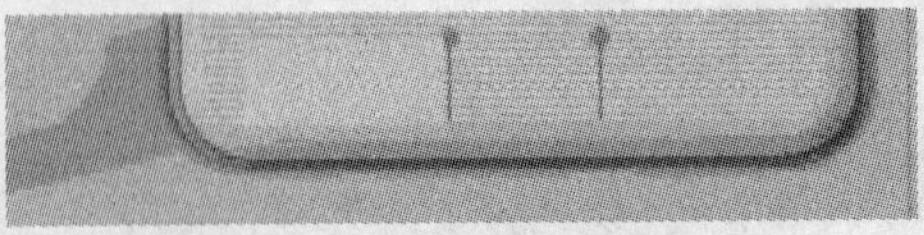

图 8—8　去除文字

（4）同理去除其他区域的文字，如图 8—9 所示。

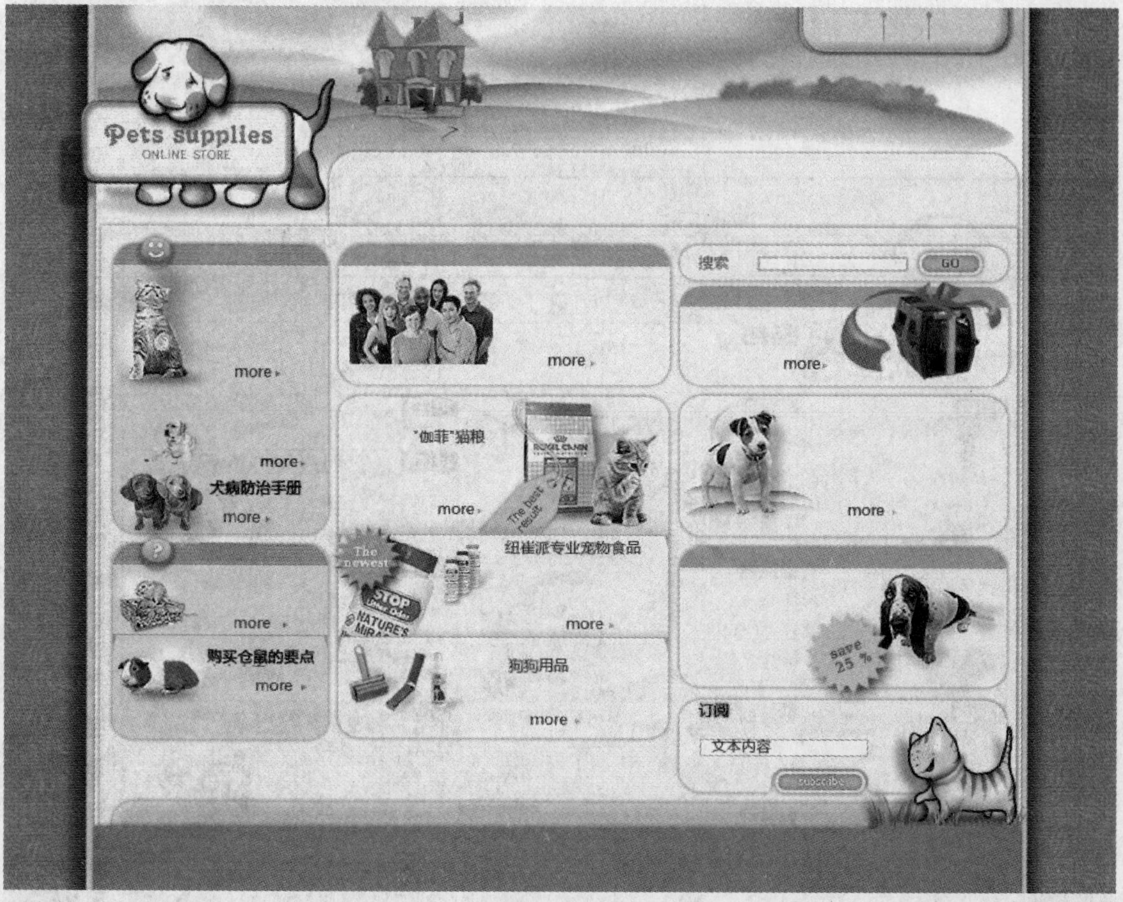

图 8—9 去除文字后的页面效果

Step 6 制作页面的切片并生成网页

（1）用切片工具绘制切片，如图 8—10 所示。

（2）“文件”→“存储为 web 和设备所用格式”，在弹出的对话框中，选择输出的图片格式为 JPEG，点击“存储”按钮，如图 8—11 所示。

（3）将文件保存到站点文件夹中，名称为“index. html”，如图 8—12 所示。

Step 7 添加文字

结合文本素材 1. 8. 4. txt 的内容及页面不同区域的文字要求，添加文字。导航栏区域的制作如下：

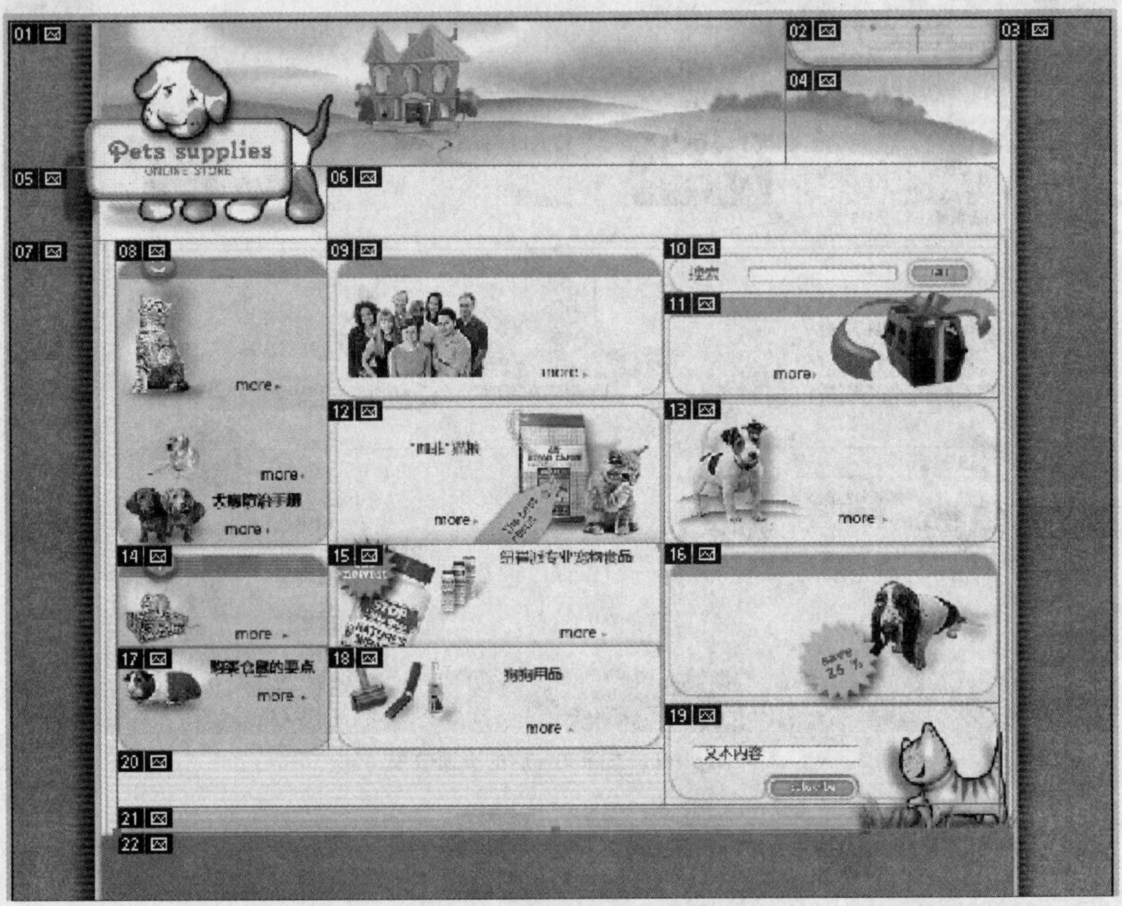

图 8—10　为图形划分切片

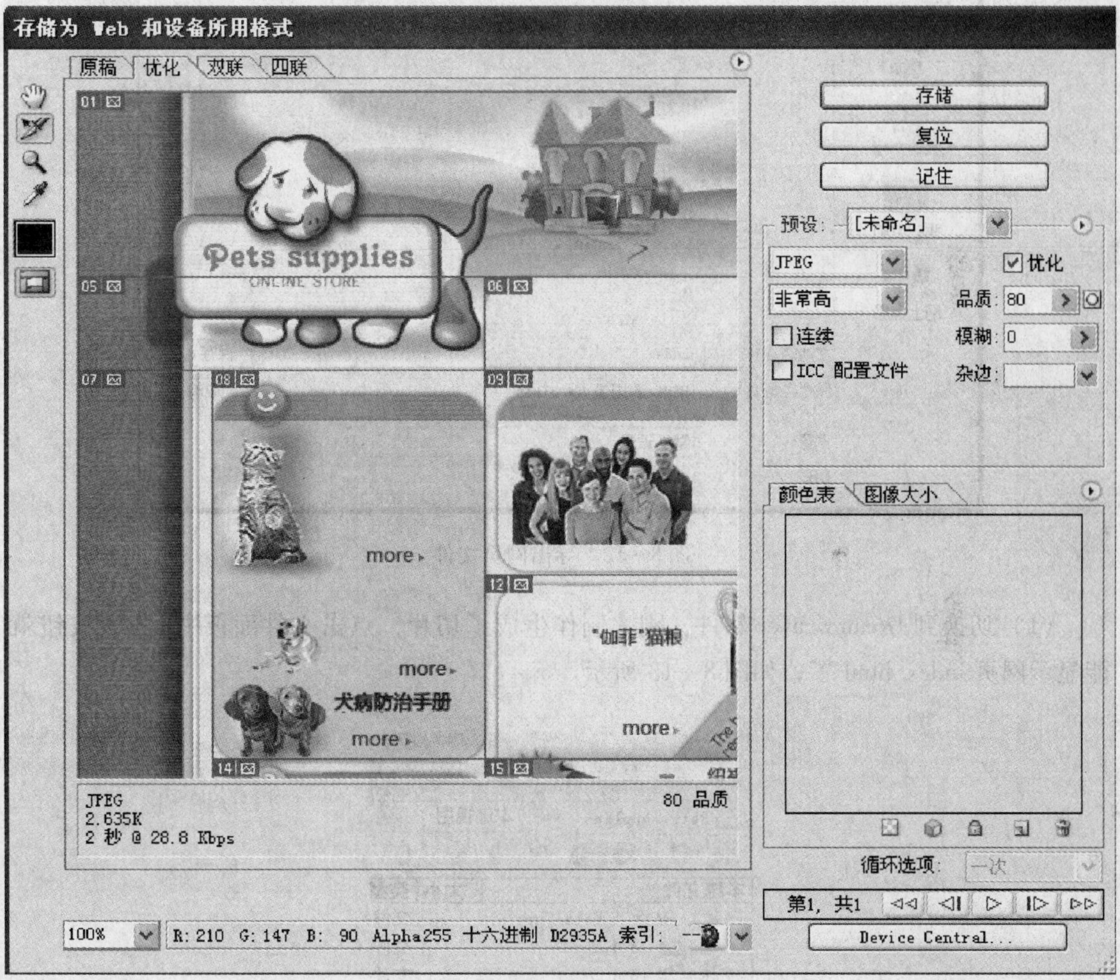

图 8—11 存储为 Web 和设备所用格式

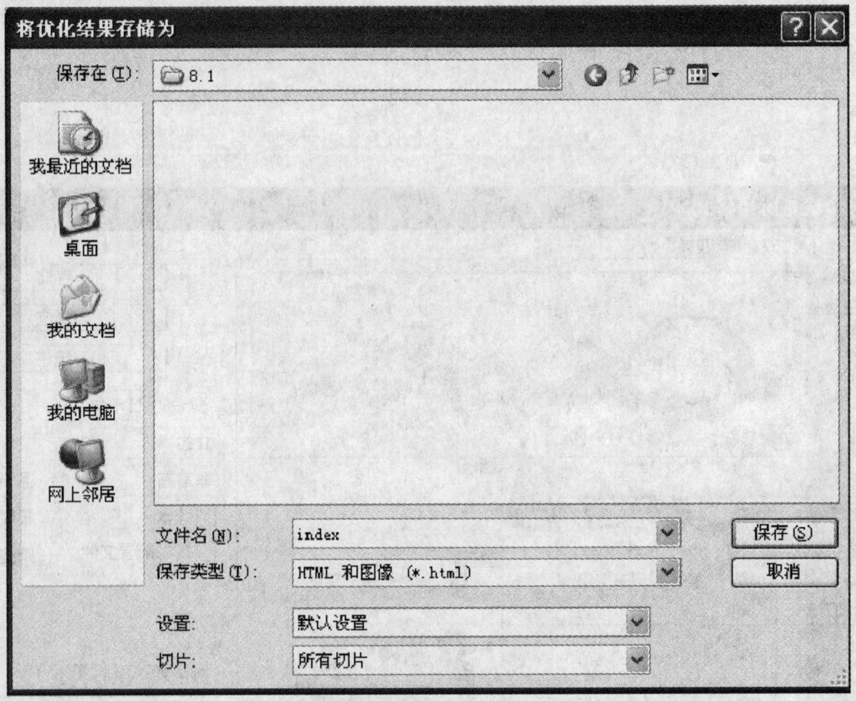

图 8—12　导出网页文件

（1）切换到 Dreamweaver 软件，刚才制作生成了切片，点击文件面板中的 按钮就能显示网页 index. html 了，如图 8—13 所示。

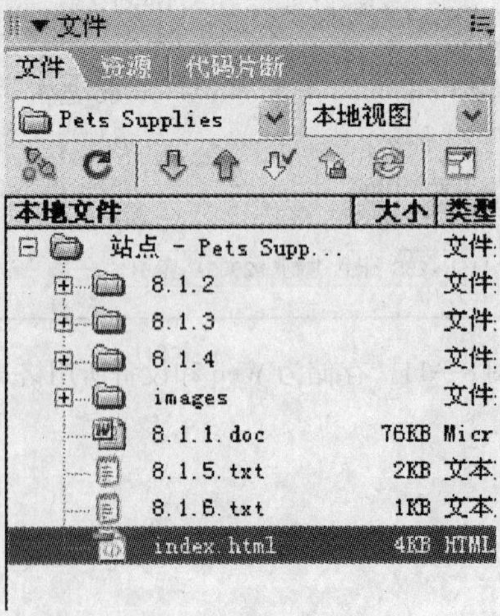

图 8—13　下载素材

（2）将导航栏图片改为背景图片：单击导航图片，并选中属性栏中的图片路径，按“Ctrl + X”组合键，剪切其路径，如图 8—14 所示。

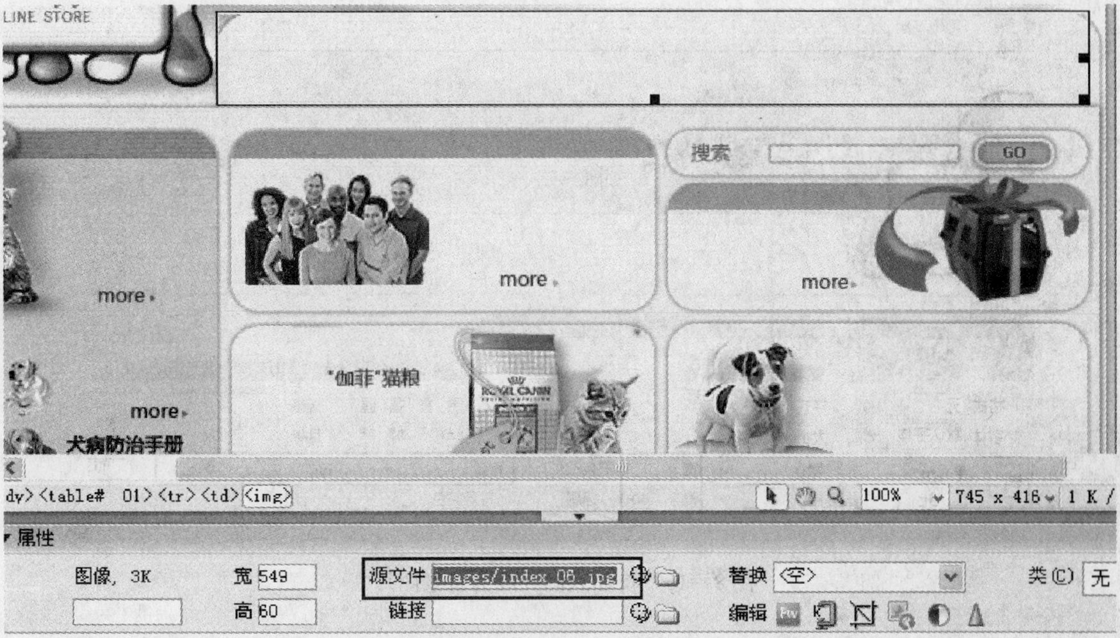

图 8—14　剪切图片路径

（3）在图片任意位置单击左键，网页中会出现导航图片的大小，如图 8—15 所示。

图 8—15　显示图片大小

（4）按 Del 键删除图片。

（5）在属性栏设定单元格高度为 60，并在背景区中粘贴图片路径，如图 8—16 所示。

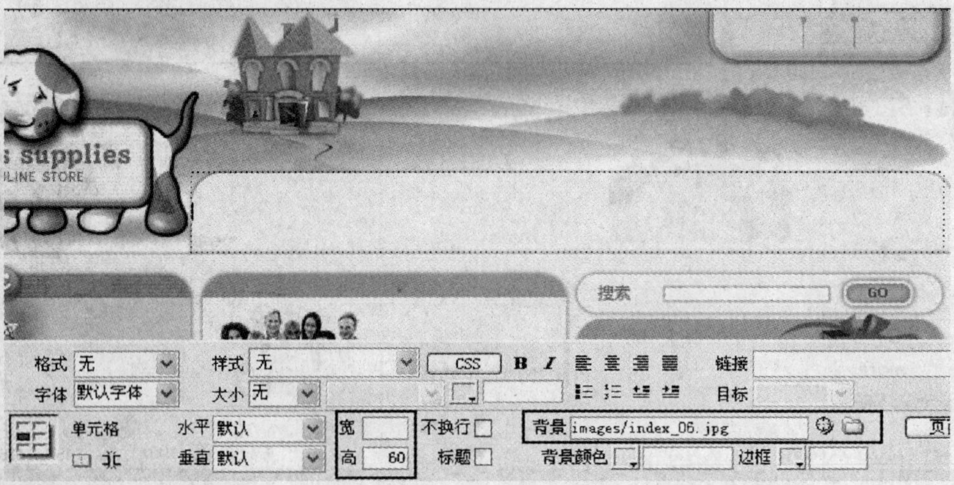

图 8—16　将插入图片改为背景图片

（6）点击工具栏中的按钮，在导航栏中插入图片 W7. jpg ~ W11. jpg，如图8—17 所示。

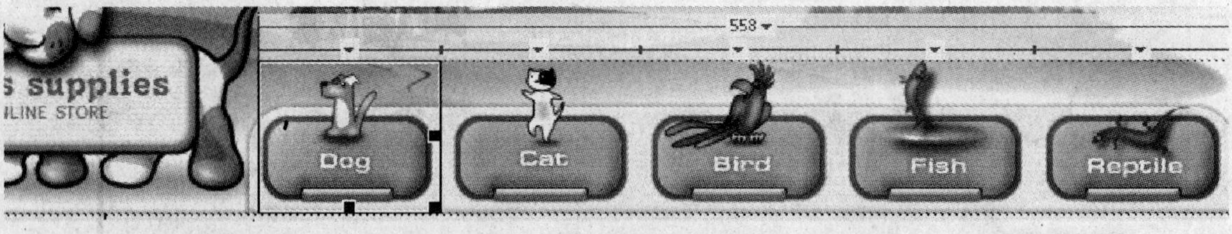

图 8—17　插入导航栏图片

（7）产品介绍区域的图片改为背景图片，如图 8—18 所示。

（8）在单元格内嵌套一个 4 行 2 列，宽度是 160 像素的表格，对齐方式为右对齐，如图 8—19 所示。

（9）将素材文字复制到相应单元格中，如图 8—20 所示。

（10）同理完成其他区域的背景设置及文字复制，如图 8—21 所示。

图 8—18　将产品介绍区图片改为背景图片

图 8—19　嵌套表格

图 8—20　复制文字素材

图 8—21　基本页面的布局

（11）按照配色方案及网页风格，设定所有文本的字体为微软雅黑，12 号。

1）“窗口”→“CSS 样式”，在打开的窗口中添加样式表，如图 8—22 所示。

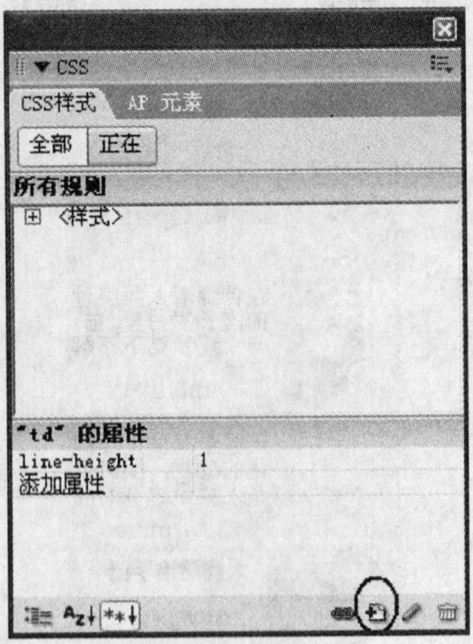

图 8—22　添加样式

2）在弹出的对话框中选择器类型为“标签”，标签框内选择“td”，定义在“仅对该文档”，如图 8—23 所示。

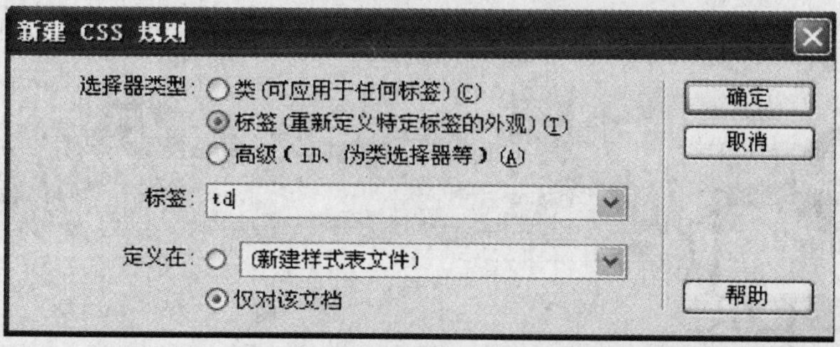

图 8—23 新建 CSS 规则

3）设定字体为微软雅黑，12 号，如图 8—24 所示。

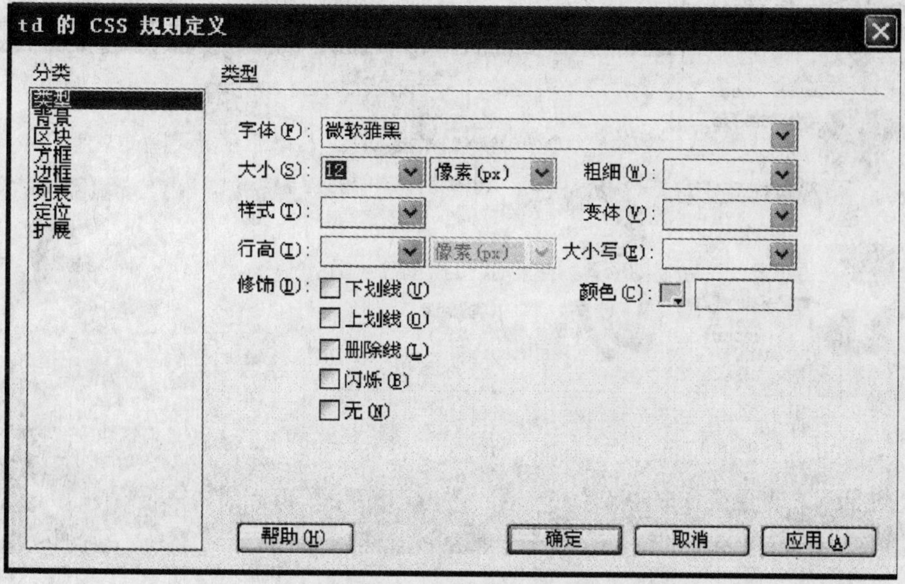

图 8—24　设定字体

Step 8　设计制作相关区域的背景

根据色彩平衡的原则，利用图片素材设计制作相关区域的背景，图 8—25 所示为需要设计的区域。

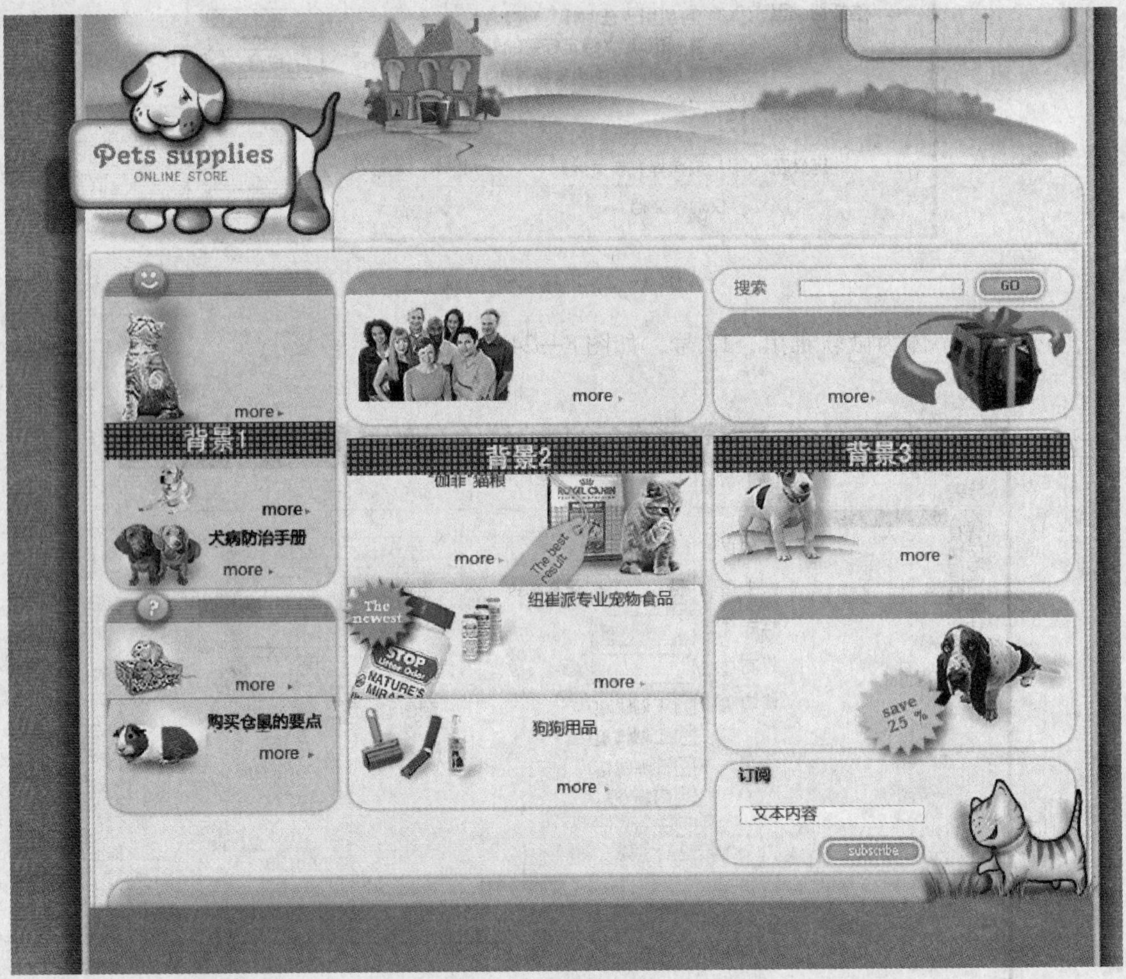

图 8—25　需要设置背景的区域

背景 1 区的设定如下：

（1）打开 Fireworks CS3 软件新建一个 184 像素 ×32 像素的空白文档，如图 8—26 所示。

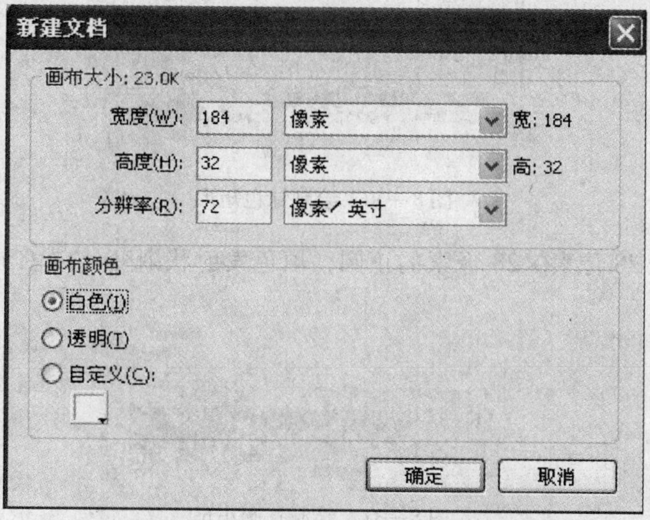

图 8—26　新建空白 Fireworks 文档

（2）根据页面的色彩分析，需要制作的背景区主要有 3 种颜色，如图 8—27 所示。

图 8—27　色彩选择

（3）绘制一个与舞台大小、位置相同的矩形。填充色为#F6DCC3，如图 8—28 所示。

图 8—28　绘制矩形

（4）再次绘制一个大小为 175 像素 ×32 像素的矩形，填充色为#F1CA85，如图 8—29 所示。

图 8—29　绘制小矩形

（5）在色块中央再次绘制一个大小为 173 像素 ×17 像素的矩形，填充色为#59B85C，如图 8—30 所示。

图 8—30　绘制绿色矩形

（6）绘制一个 28 像素 ×28 像素的正圆，填色发射状渐变，白色至绿色，如图 8—31 所示。

图 8—31　绘制正圆小球

（7）在小圆中心绘制字母“i”，字体设定如图 8—32 所示。

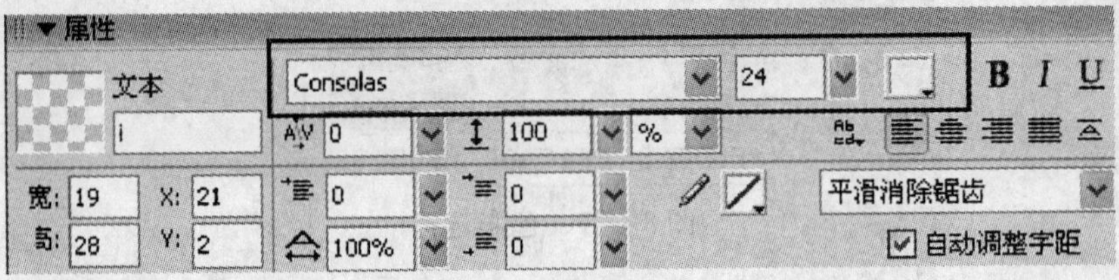

图 8—32　设置字体属性

（8）为字体添加投影效果：点击属性栏的“滤镜”→“阴影和光晕”→“投影”。制作完毕的效果如图 8—33 所示。

图 8—33　投影效果

（9）同理完成背景 2 区域的设定，如图 8—34 所示。

图 8—34　背景 2 区域效果

（10）背景3区域可以直接引用图8—34的效果图。

至此，首页文件制作完毕，将它以“index. html”保存，如图8—35所示。

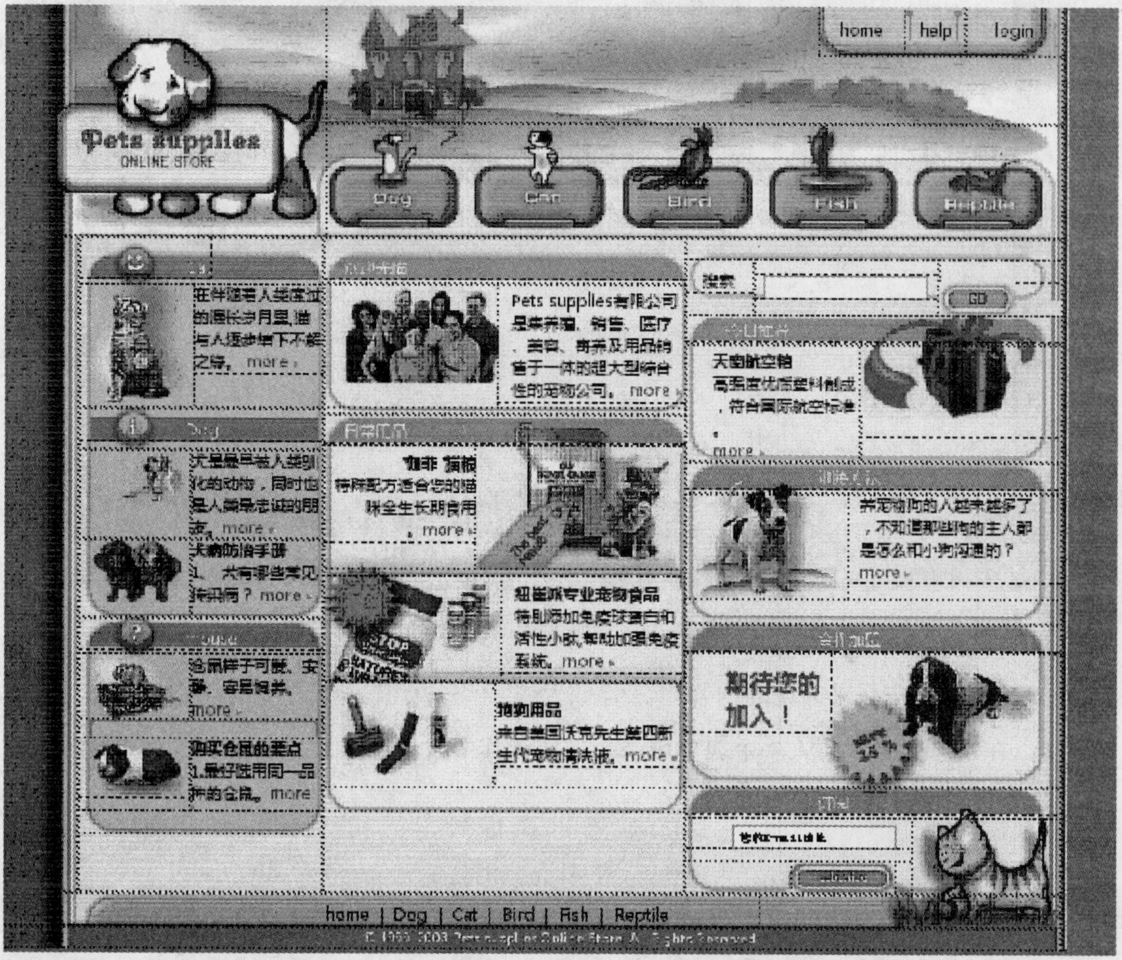

图8—35 index. html最终效果图

Step 9 制作表单login页面

根据“模板”“配色方案”及“8. 1. 5. txt”制作表单login页面。

（1）用户注册页面的内容比较简单，其风格和主页的设计必须保持一致，所以将主页index. html删除部分区域的内容并重新命名文件为login. htm，如图8—36所示。

（2）制作会员需知的内容：将相应文本复制到指定单元格，如图8—37所示。

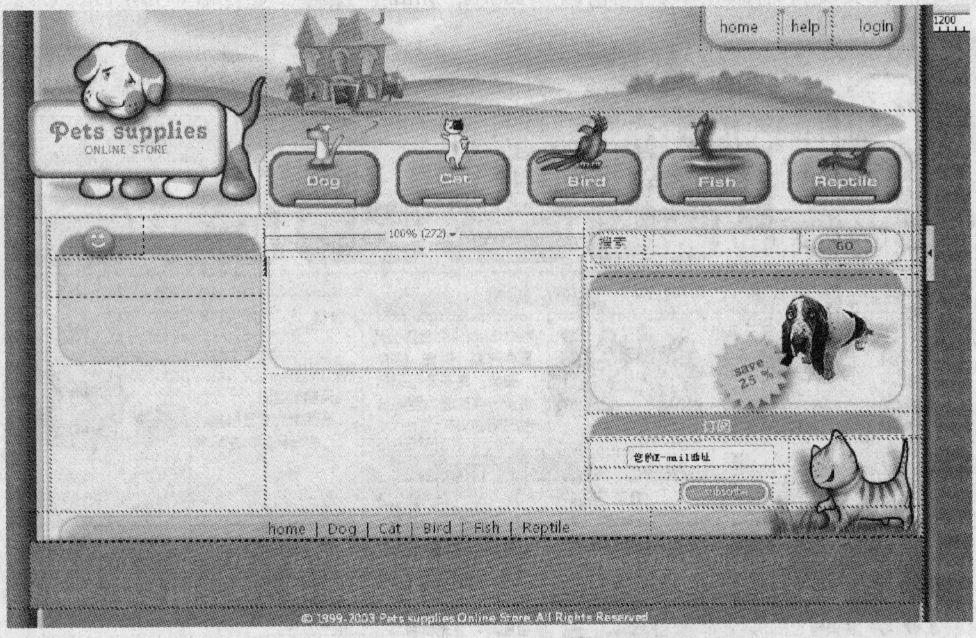

图 8—36　注册页面的区域构成

（3）制作用户登录区域的内容

1）在用户登录区插入一个表单域 ，并在其中嵌套 5 行 1 列表格，宽度 100%，边框粗细为 0，如图 8—38 所示。

图 8—37　制作会员须知区域

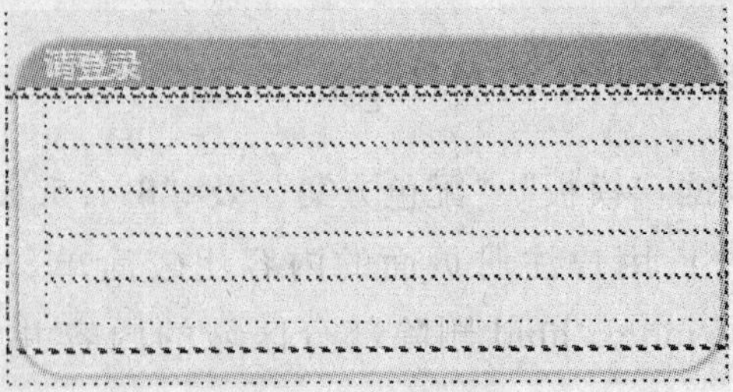

图 8—38　嵌套表格

2）在相应单元格插入表单元素，制作结果如图 8—39 所示。

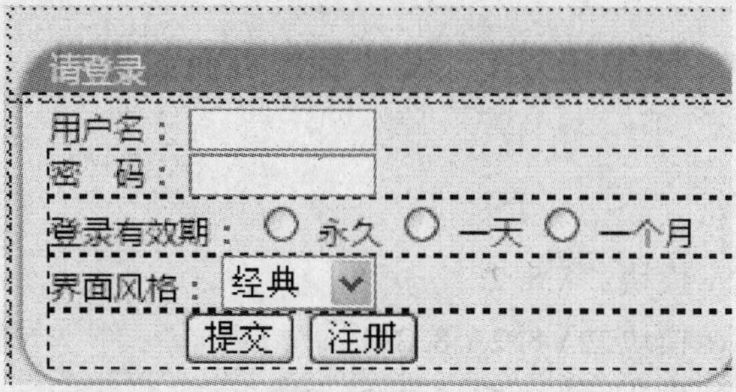

图 8—39　插入表单元素

具体的表单元素属性见表 8—1。

表 8—1　　表单属性设定

内容	表单元素	属性
用户名	单行文本框	字符宽度 10
密码	单行文本框	属性为“密码”，字符宽度 10
登录有效期	单选按钮	—
界面风格	下接列表框	选项为经典、绿色、橙色
提交	按钮	动作：提交表单
注册	按钮	动作：提交表单

至此，表单页面制作完毕。

模块二 设计制作网页动画、图像效果及动态效果

操作任务1 设计制作页面效果图

操作条件

相关素材：第8章\模块二\8.2。

操作样张：第8章\模块二\8.2\8.2.1。

操作素材：第8章\模块二\8.2\8.2.2~8.2.4。

操作内容

参照样张“8.2.1.jpg”，利用素材，完成网站首页效果图的制作。

1. 按要求，新建 Photoshop 文档。
2. 参照样张，制作斜线背景。
3. 参照样张，绘制页面主体区。
4. 参照样张，制作页面导航区。
5. 参照样张，制作页面底部区域。
6. 参照样张，添加文本。
7. 按要求，保存作品。

操作要求

1. 考生务必在指定位置建立考生文件夹，并在其下建立“8.2”子目录，将所有操作结果保存至该文件夹下（考生文件夹命名：“网页设计制作员3级_考生准考证号_姓名”）。

2. 新建 Photoshop 文档，要求页面大小为1 024像素×768像素。

3. 参照样张“8.2.1.jpg”，按以下要求制作斜线背景：

（1）背景颜色为深咖啡色（#614d28），线条颜色为#614d28。

（2）线条图案大小为4像素×4像素。

（3）线条方向从右上角向左下角倾斜。

4. 参照样张“8.2.1.jpg（素材\第8章\模块二\8.2\8.2.1.jpg）”，按以下要求绘制页面主体区：

（1）参照样张，利用选框工具绘制圆角矩形，并为圆角矩形添加投影。

（2）参照样张，在圆角矩形底部，利用蒙板制作透明效果。

5. 参照样张“8. 2. 1. jpg”，按以下要求制作页面导航区：

（1）导入“8. 2. 2. psd”文件中的图形至适当位置。

（2）导入“8. 2. 3. psd”文件中的图形至适当位置。

6. 参照样张“8. 2. 1. jpg”，按以下要求制作页面主体底部区域：

（1）导入“8. 2. 4. jpg”文件中的图形至适当位置。

（2）将图形缩放为原来的 80%。

7. 参照样张“8. 2. 1. jpg”，添加以下文本：

（1）“图文区域”。

（2）“公司地址，电话等信息”。

8. 按以下要求，保存作品：

（1）以“8. 2. psd”为文件名，保存至考生文件夹下。

（2）其中样张 8. 2. 1 如图 8—40 所示。

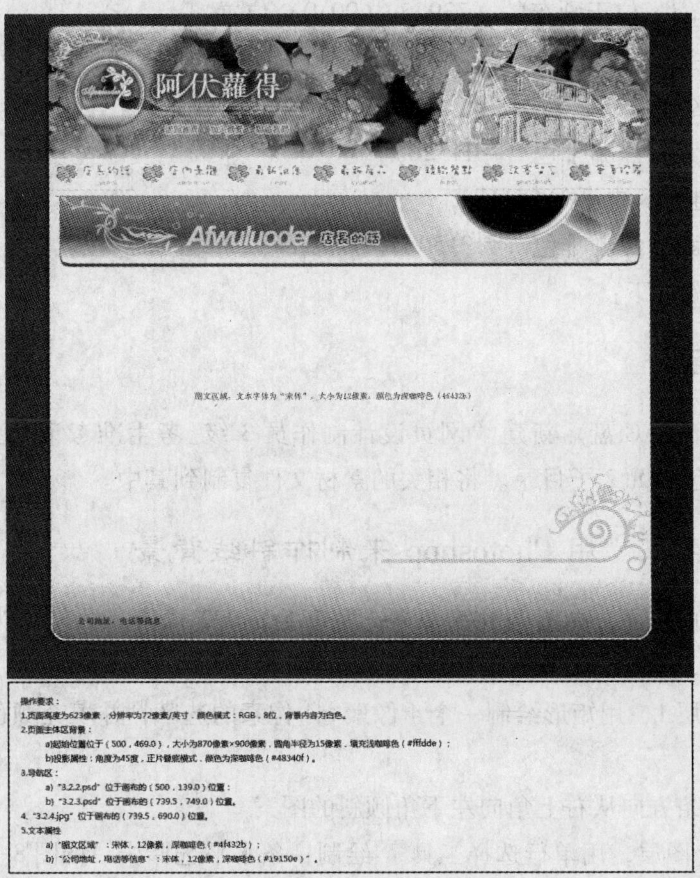

图 8—40　制作样张

操作步骤

结合样张，可以得知，网页效果图的设置具体要求如下：

1. 页面高度为 623 像素，分辨率为 72 像素/英寸，颜色模式为 RGB，8 位，背景内容为白色。

2. 页面主体区背景

（1）起始位置的 X 轴，Y 轴位置为（500，469），大小为 870 像素 ×900 像素，圆角半径为 15 像素，填充浅咖啡色（#fffdde）。

（2）投影属性：角度为 45°，正片叠底模式，颜色为深咖啡色（#614d28）。

3. 导航区

（1）“3.2.2.psd”位于画布的（500，139.0）位置。

（2）“3.2.3.psd”位于画布的（739.5，749.0）位置。

4. “3.2.4.jpg”位于画布的（739.5，690.0）位置。

5. 文本属性

（1）“图文区域”

宋体，12 像素，深咖啡色（#4f432b）。

（2）“公司地址，电话等信息”

宋体，12 像素，深咖啡色（#19150e）。

具体操作步骤如下：

Step 1 新建目录

在指定盘符（如 C 盘）新建“网页设计制作员 3 级_考生准考证号_姓名”子目录，然后在其中再次创建 8.2 子目录。将相关的素材文件复制到其中。

Step 2 参照样张，用 Photoshop 来制作斜线背景

（1）新建空白页面，高度为 975 像素，宽度为 1 002 像素，分辨率为 72 像素/英寸，颜色模式为 RGB，8 位，背景内容为白色，如图 8—41 所示。

（2）新建图层 1，用矩形绘制一个 4 像素 ×4 像素的选区，并填充颜色#614d28，如图 8—42 所示。

（3）制作线条方向从右上角向左下角倾斜的图案

1）新建 1 个图层，用单行选择工具绘制一条水平选择线，如图 8—43 所示。

2）将水平线填充颜色为#614d28，并适当改变水平线的高度，如图 8—44 所示。

3）“编辑”→“自由变换”将水平线变换为向从右上角向左下角倾斜，如图 8—45 所示。

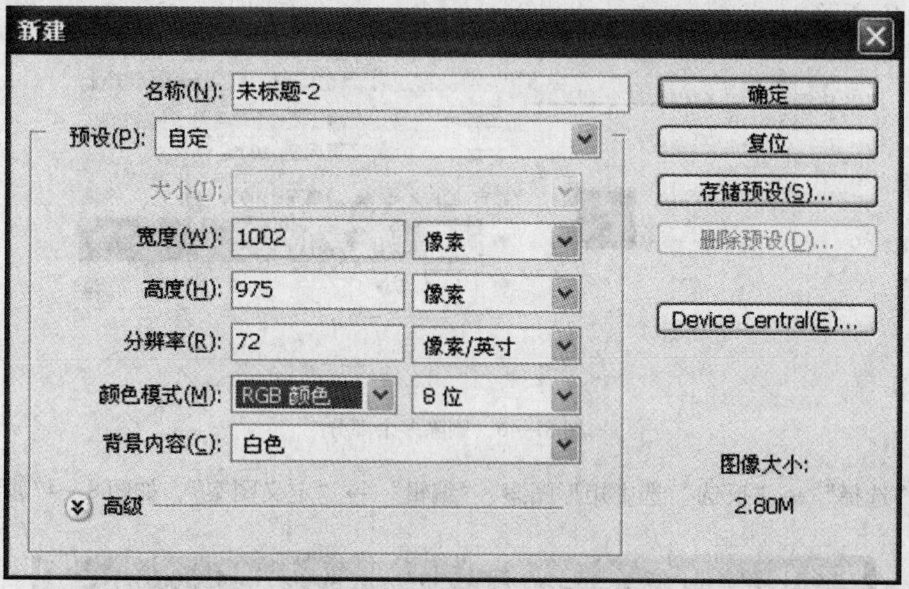

图 8—41　新建 Photoshop 文档

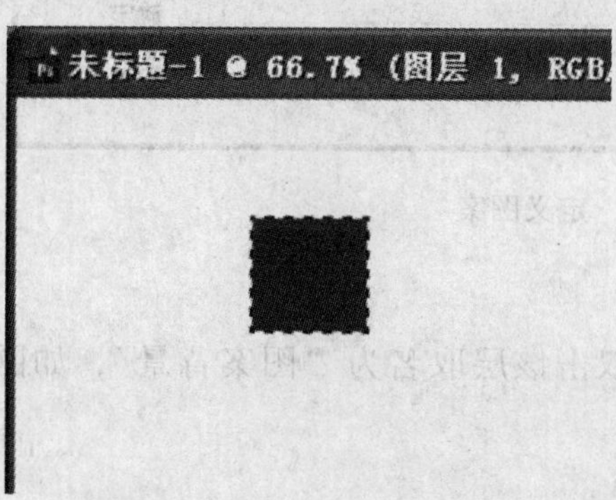

图 8—42　绘制矩形选区

图 8—43　绘制水平线

图 8—44　改变水平线的高度

图 8—45　制作倾斜线条

4）合并线条图层与小方块图层。

5）用矩形工具选中小方块后，执行“选择”→“反选”，并按 Del 键删除多余部分，如图 8—46 所示。

图 8—46　删除多余部分

6）“选择”→“反选”选中矩形图案，“编辑”→“定义图案”，如图 8—47 所示。

图 8—47　定义图案

（4）填充图案

1）删除图层 1，重新新建图层，左键双击该层取名为“图案背景”，如图 8—48 所示。

图 8—48　设置图层名称

2）选择油漆桶工具，设置工具属性为“图案”并选中刚才定义的图案，如图 8—49 所示。

图 8—49 设置油漆桶工具的属性

3）对“图案背景”进行填充，如图 8—50 所示。

图 8—50 填充图案（放大后的效果）

Step 3 参照样张，绘制页面主体区

（1）新建 1 个图层，取名为“主体区”。

（2）在形状工具中选择圆角矩形，半径为 15 像素。在起始位置（500，469）处，绘制大小为 870 像素 ×900 像素，填充浅咖啡色（#fffdde），如图 8—51 所示。

图 8—51 绘制圆角矩形

绘制以后的效果如图 8—52 所示。

（3）投影属性设置

角度为 45°，正片叠底模式，颜色为深咖啡色（#614d28）。

1）选中图层“主体区”，点击图层面板上的 fx. 按钮，设置投影效果，角度为 45°，如图 8—53 所示。

图 8—52　绘制主体区

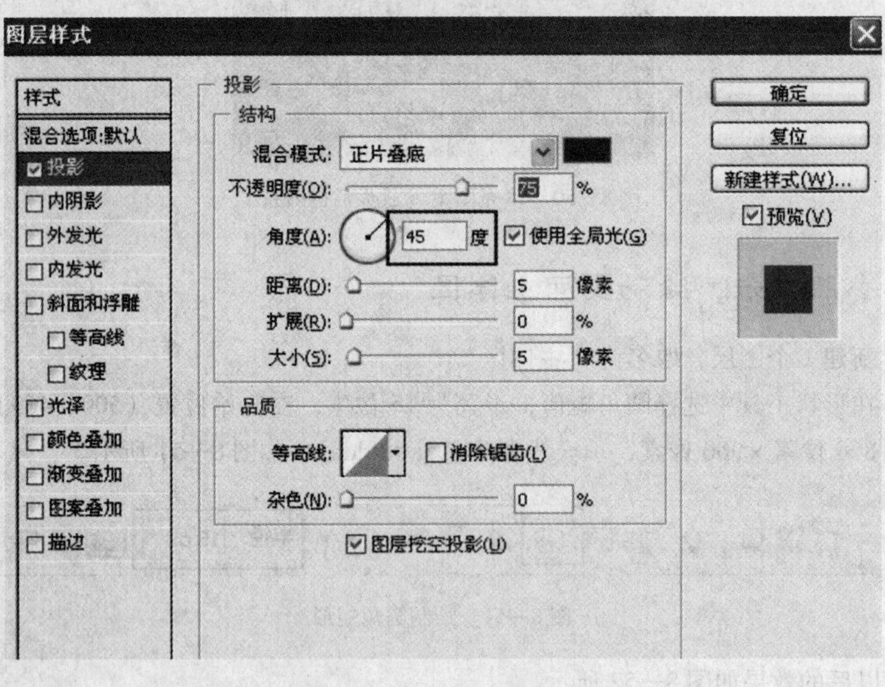

图 8—53　设置投影效果

2）设置效果“正片叠底”效果

①新建图层。

②选中主体区的下半部分，打开渐变工具，将前景色改为#fffdde，背景色改为

#614d28，利用选项工具中的“从前景色到背景色”渐变项，从上至下拖拉，如图8—54所示。

图8—54　设置渐变

③将该图层的图层模式改为“正片叠底”模式，并合并至图层“主体区”。

Step 4　参照样张，制作页面导航区

（1）打开素材文件8.2.2.psd，将其移动到当前文档中，如图8—55所示。

图8—55　素材的整合

（2）新建图层，并将其命名为“导航区”。

（3）用矩形选择工具，绘制灰色直线，如图8—56所示。

（4）将素材文件8.2.3.psd拖到场景中，进行素材整合，如图8—57所示。

（5）添加文本“图文区域”，字体为宋体、12像素，颜色为4f432b。

Step 5　参照样张，制作页面底部区域

（1）将素材文件8.2.4.jpg拖入画布中，并调整其位置，如图8—58所示。

图 8—56　绘制灰色直线

图 8—57　素材的整合

图 8—58　进行图片的整合

（2）添加文本“公司地址，电话等信息”，字体为宋体，12 像素，颜色为#191501，如图 8—59 所示。

图 8—59　添加文字

Step 6　按要求，保存作品

“文件” → “存储为”，将文件以“8. 2. psd”保存。

操作任务 2　制作网站主标志

操作条件

相关素材：第 8 章 \ 模块二 \ 8. 3。

样张素材：第 8 章 \ 模块二 \ 8. 3 \ 8. 3. 1。

操作素材：第 8 章 \ 模块二 \ 8. 3 \ 8. 3. 2。

操作内容

参照样张“8. 3. 1. gif”，使用素材“8. 3. 2. jpg”完成 Logo 制作。

1. 按要求，新建 Fireworks 文档。
2. 参照样张，制作圆角、透明背景效果。
3. 参照样张，并按要求添加 Logo 文本。
4. 参照样张，并按要求制作渐变文本效果。
5. 按要求，保存操作路径及文件。

操作要求

1. 考生务必在指定位置建立考生文件夹，并在其下建立“8. 3”子目录，将所有操作结果保存至该文件夹下（考生文件夹命名：“网页设计制作员 3 级_考生准考证号_姓名”）。

2. 采用标准 Logo 尺寸中的最大尺寸，新建 Fireworks 文档。

3. 参照样张“8. 3. 1. gif”，并按以下要求使用素材“8. 3. 2. jpg”制作背景效果：

（1）将图片缩放为与文档大小一致，并设置透明度。

（2）使用蒙板，制作图片圆角效果。

4. 参照样张“8. 3. 1. gif”，添加文本“阿伏罗得”。

5. 参照样张“8. 3. 1. gif”，使用“动画”→“元件”的方法制作文本效果。

6. 按下列要求保存：

（1）保存所有的历史记录为命令“8. 3”（重要）。

（2）Fireworks 文件以“8. 3. png”命名保存至考生文件夹下。

（3）以“8. 3. gif”为文件名导出动画文件至考生文件夹下。

其中样张 8. 3. 1 如图 8—60 所示。

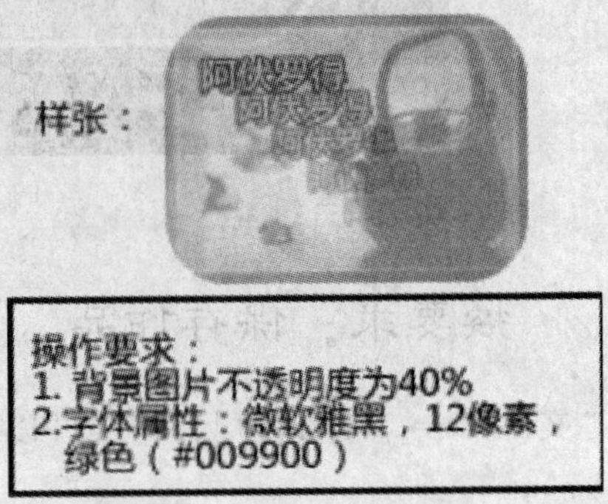

图 8—60 设计样张

操作步骤

Step 1 创建文件夹

在考盘指定位置（如 C 盘）创建文件夹“网页设计制作员 3 级_考生准考证号_姓名”，将素材 8. 3 子目录复制到其中。

Step 2 采用标准 Logo 尺寸中的最大尺寸，新建 Fireworks 文档

创建一个新的 Fireworks 文档，大小为 120 像素 ×90 像素，背景为透明，如图 8—61 所示。

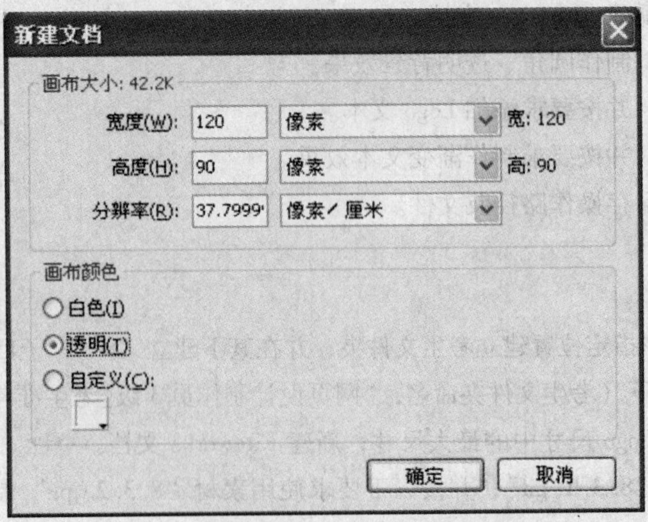

图 8—61 新建文档

Step 3　参照样张“8. 3. 1. gif”，并按要求使用素材“8. 3. 2. jpg”制作背景效果

（1）打开素材文件 8. 3. 2. jpg，将其复制到新建文档中，并设置大小与舞台相一致，如图 8—62 所示。

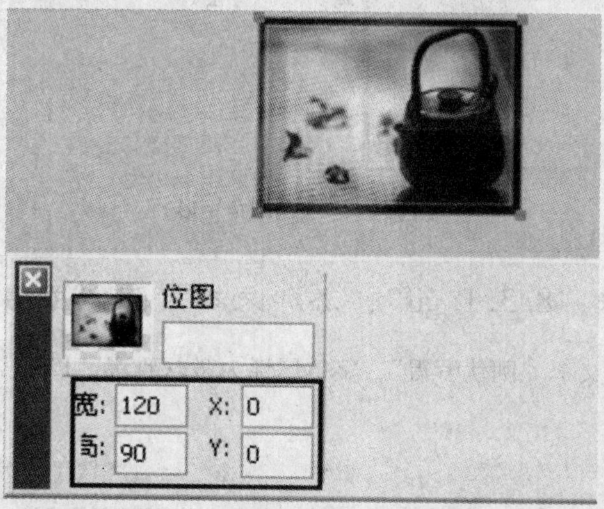

图 8—62　设置图片大小

（2）将素材图片所在图层的透明度改为 40%，如图 8—63 所示。

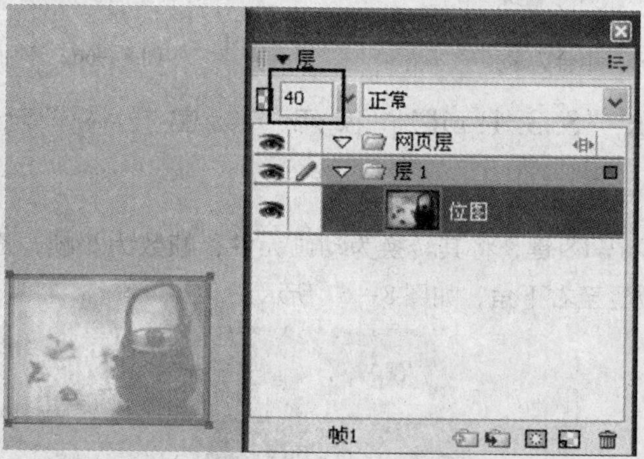

图 8—63　设置图片的透明度

（3）用圆角形状工具绘制一个圆角矩形，如图 8—64 所示。

（4）全选两个图形，“修改”→“蒙板”→“组合为蒙板”，如图 8—65 所示。

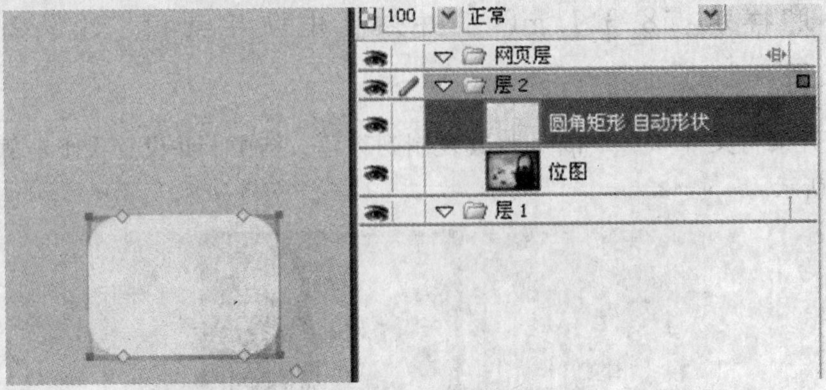

图 8—64　绘制圆角矩形

Step 4　参照样张“8. 3. 1. gif”，添加文本“阿伏罗得”

新建图层并添加文本“阿伏罗得”，字体属性为微软雅黑，12 像素，绿色(#009900)，如图 8—66 所示。

图 8—65　组合为蒙板

图 8—66　添加文本

Step 5　参照样张“8. 3. 1. gif”，使用“动画”→“元件”的方法制作文本效果

（1）选中文字，按 F8 键，将其转换为动画元件，帧数为 5 帧，透明度为 100% ~0，并拖放文字的红心位置至右下角，如图 8—67 所示。

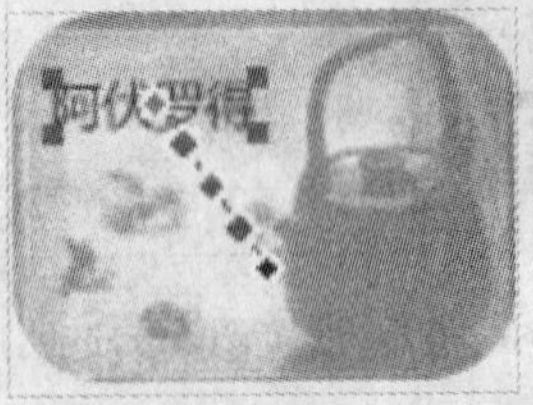

图 8—67　制作文字动画

（2）在图层面板上左键双击背景层，选中“共享交叠帧”，如图 8—68 所示。

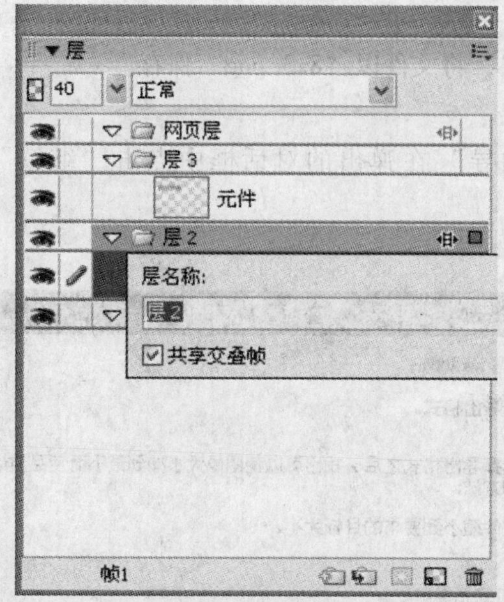

图 8—68　设置图层共享

Step 6　按要求保存

（1）保存历史记录

“窗口”→“历史记录”，在弹出的对话框中选择所有步骤，保存为“8.3”，如图8—69所示。

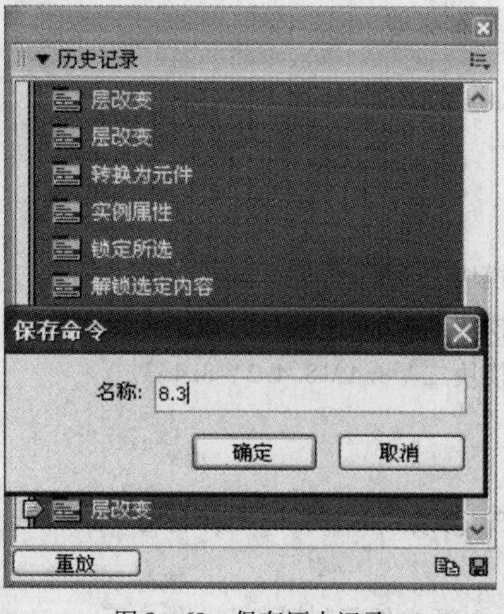

图 8—69　保存历史记录

（2）保存源文件

“文件”→“另存为”，将文件以“8. 3. png”保存。

（3）导出动画文件

“文件”→“导出向导”在弹出的对话框中点击“继续”按钮，如图 8—70 所示。

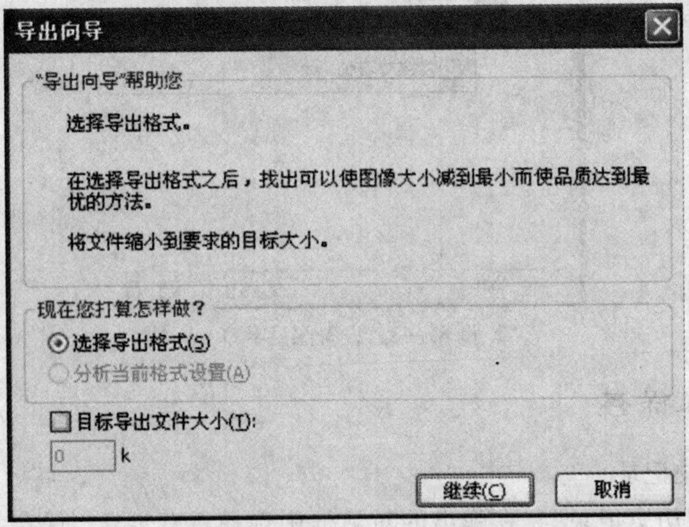

图 8—70　导出向导

（4）保存输出的文件并命名为“8. 3. gif”。

操作任务 3　设计网站导航

操作条件

相关素材：第 8 章 \ 模块二 \ 8. 4。

样张素材：第 8 章 \ 模块二 \ 8. 4 \ 8. 4. 1。

操作素材：第 8 章 \ 模块二 \ 8. 4 \ 8. 4. 2 ~ 8. 4. 3。

操作内容

参照素材“8. 4. 1. swf”修改“8. 4. 2. fla”并利用“8. 4. 3”文件夹内文件完成网站导航的制作。

1. 将“8. 4. 2. fla”flash 源文件复制到考生文件夹下。

2. 参照样张，制作 loading 动画效果。

3. 参照样张，制作图像按部分出现的动画效果。

4. 参照样张，制作各按钮及其鼠标移入动画效果。

5. 参照样张，利用动作脚本，合理控制动画播放效果。

6. 按要求保存操作路径及文件。

操作要求

1. 考生务必在指定位置建立考生文件夹，并在其下建立“8.4”子目录，将所有操作结果保存至该文件夹下（考生文件夹命名：“网页设计制作员 3 级_考生准考证号_姓名”）。

2. 将素材文件夹内的“8.4.2.fla”文件复制到考生文件夹下，并对其进行编辑。

3. 参照样张“8.4.1.swf”，按以下要求制作 loading 动画效果：

（1）在场景中“loading”层的第 1 帧，新建“loading”影片剪辑，动画长度为 15 帧。

（2）利用矩形工具绘制边框为黑色的 loading 区域。

（3）创建合适的补间动画。

（4）添加文本“Loading……”。

4. 参照样张“8.4.1.swf”，按以下要求制作图像出现效果：

（1）新建名为“pic”的影片剪辑元件。

（2）参照样张，图形分为上下两部分分别出现。

（3）选择适当的动画技巧及补间效果。

（4）动画长度为 21 帧。

5. 参照样张“8.4.1.swf”，制作按钮“店内景观”“最新信息”“最新产品”及其动画效果。

6. 参照样张“8.4.1.swf”，为适当的对象添加动作，控制动画播放效果。

7. 按要求，保存（重要步骤，不完成操作全题不得分）

（1）保存所有的历史记录为命令“8.4”。

（2）将源文件以“8.4.fla”、可播放文件以“8.4.swf”为文件名保存至考生文件夹下。

其中样张 8.4.1.swf 如图 8—71 所示。

图 8—71 导航栏制作样张

操作步骤

Step 1 创建文件夹

在考盘指定位置（如 C 盘）创建文件夹“网页设计制作员 3 级_考生准考证号_姓名”，将素材 8.4 子目录复制到其中。

Step 2 参照样张“8.4.1.swf”，按要求制作 loading 动画效果

（1）打开素材文件 8.4.2.fla，在场景中“loading”层的第 1 帧，新建“loading”影片剪辑，动画长度为 15 帧。

1）“插入”→“新建元件”，在弹出的对话框中选择影片剪辑，命名为“loading”，如图 8—72 所示。

图 8—72 新建元件

2）在舞台中心绘制“Loading”区域大小为 430 像素 ×50 像素，黑色边框，内部为空，如图 8—73 所示。

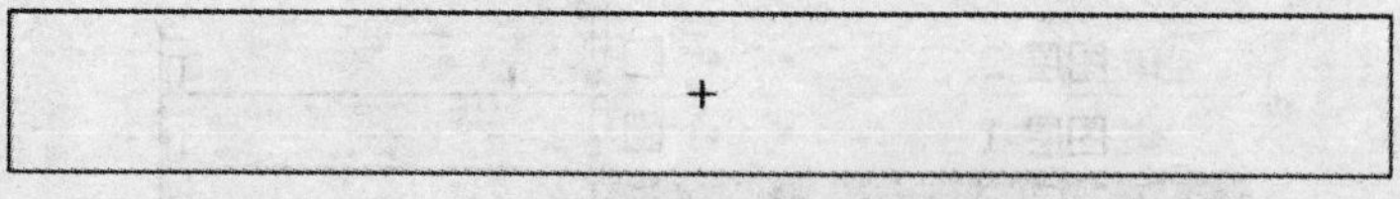

图 8—73　绘制矩形

3）在第 15 帧添加关键帧。

（2）新建图层 2，添加文字“Loading……”，Arial Black，12 像素，黑色，如图 8—74 所示。

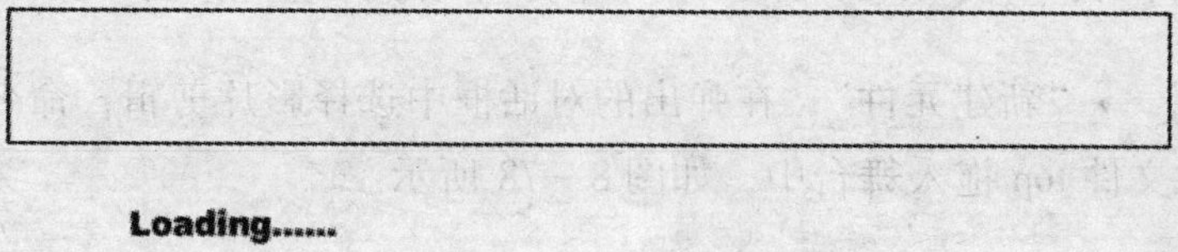

图 8—74　添加文字

（3）创建补间动画

1）新建图层 3，在第 1 帧绘制一个与矩形框等高的灰色矩形条，宽度为 1 像素，如图 8—75 所示。

图 8—75　绘制灰色进度条

2）在第 3 层的 15 帧插入关键帧，将灰色矩形条宽度调整到与矩形框等宽，如图 8—76所示。

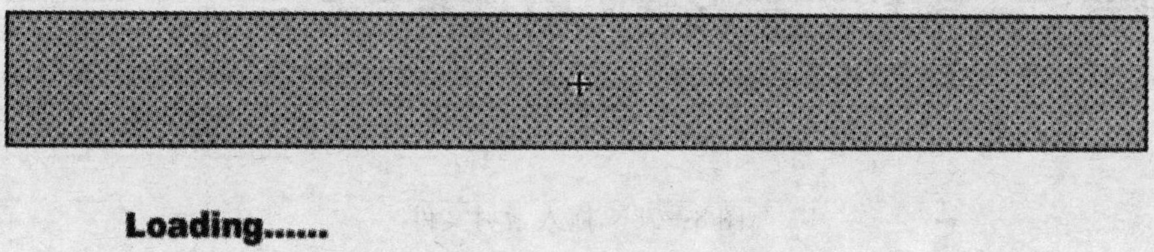

图 8—76　设置矩形进度条

3）在第 3 层中创建形变动画，如图 8—77 所示。

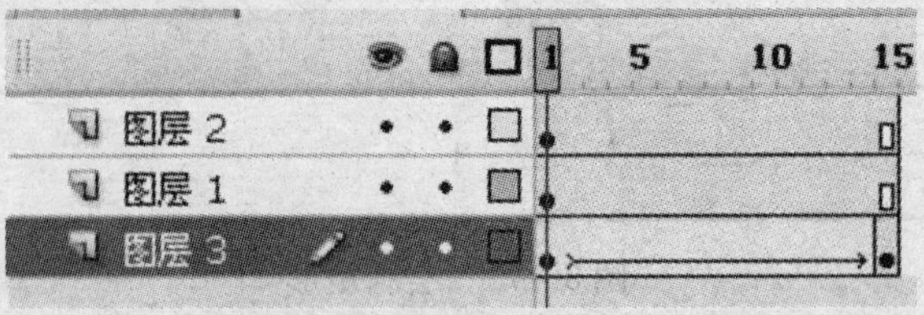

图 8—77　设置补间形变

4）回到场景中，Loading 影片制作完毕。

Step 3　参照样张“8.4.1.swf”，按要求制作图像出现效果

（1）“插入”→“新建元件”，在弹出的对话框中选择影片剪辑，命名为“pic”。

（2）将素材文件 top 拖入舞台中，如图 8—78 所示。

图 8—78　拖入素材文件

（3）在第 21 帧插入关键帧，将动画延长至 20 帧。

（4）新建图层 2，在第 1 帧位置绘制矩形，与图片等宽，如图 8—79 所示。

图 8—79 绘制矩形

（5）第 21 帧插入关键帧，将矩形高度变大，如图 8—80 所示。

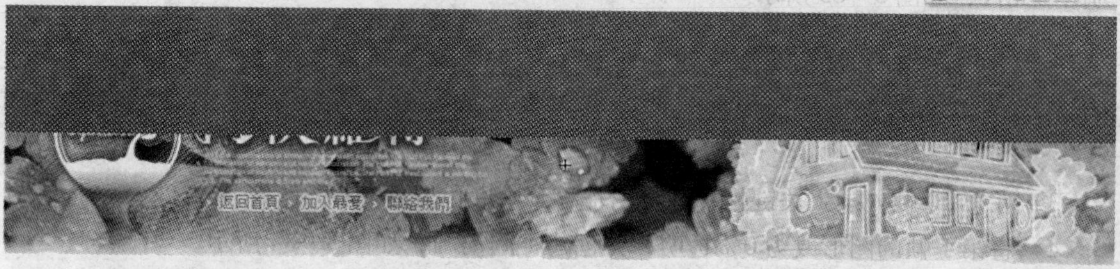

图 8—80 矩形高度变大

（6）在第 2 层上创建形变动画。

（7）选中第 2 层，单击右键选择“遮罩层”，完成自上向下的遮罩效果，如图 8—81 所示。

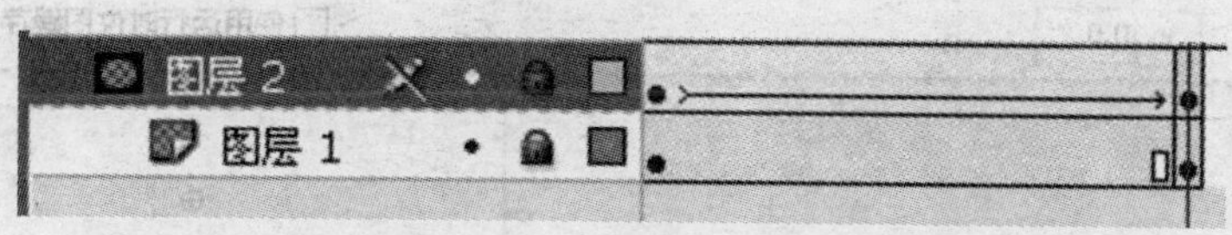

图 8—81 制作自上向下的遮罩效果

（8）同理完成自下向上的遮罩效果，如图 8—82 所示。

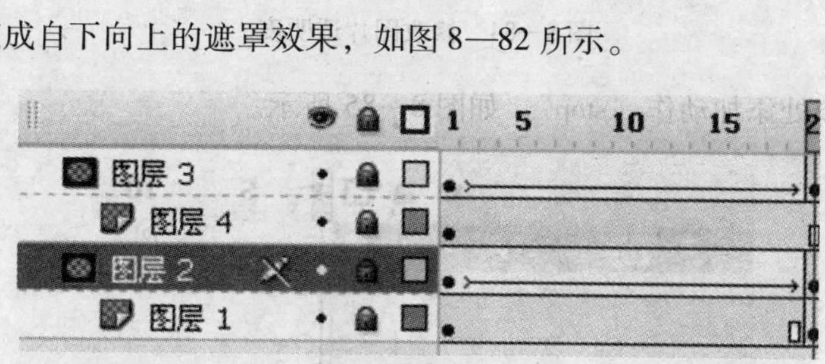

图 8—82 遮罩效果的制作

（9）为了不让动画循环播放，在第21帧处插入关键帧并添加动作“stop”。

（10）回到场景中。至此图像部分的动画制作完毕。

Step 4　参照样张“8.4.1.swf”，制作按钮“店内景观”“最新信息”“最新产品”及其动画效果

（1）制作鼠标经过状态时的动态效果

1）“插入”→“新建元件”，在弹出的对话框中选择影片剪辑，命名为“店内景观”的影片动画。

2）在第1帧中将图片“店内景观”拖入舞台，放在中心位置偏右处，并按F8键转换为图形元件，如图8—83所示。

图8—83　将图片转换为图形元件

3）在第10帧处插入关键帧，并将图片移到中心位置处。

4）将第1帧的图形改为0%透明，并创建补间动画，如图8—84所示。

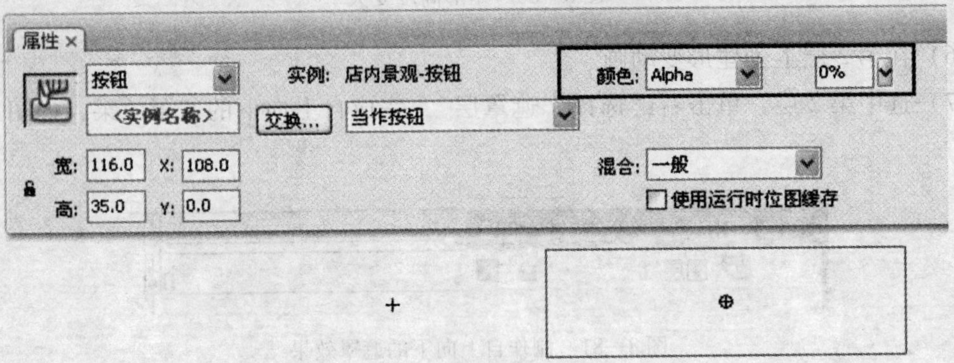

图8—84　修改图片透明度

5）在第10帧处添加动作“stop”，如图8—85所示。

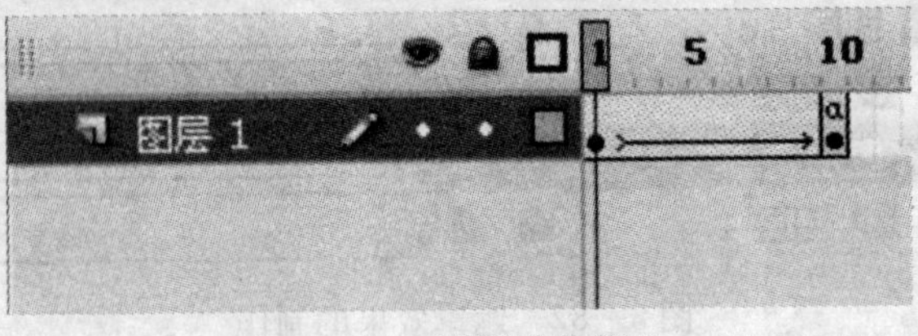

图8—85　设置动作停止

6）回到场景完成动画设置。

（2）制作按钮“店内景观”

1）“插入”→“新建元件”，在弹出的对话框中选择按钮。创建一个“店内景观”按钮，如图 8—86 所示。

图 8—86　新建按钮

2）按钮元件为 2 帧，在第 1 帧处将图片文件“店内景观”放入舞台，第 2 帧将影片文件“店内景观”放入舞台，如图 8—87 所示。

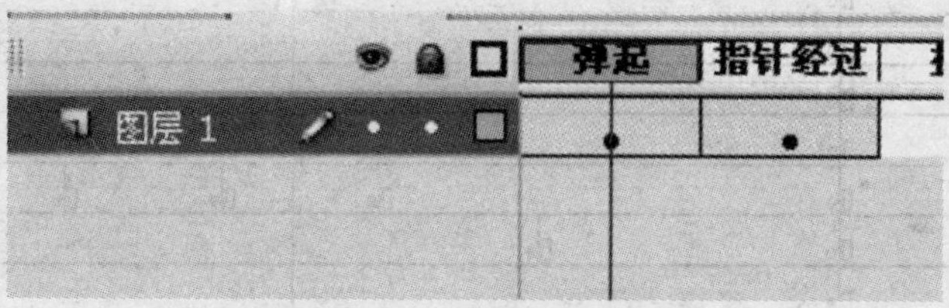

图 8—87　按钮的不同状态

3）回到场景完成按钮的制作。

同理，请制作“最新信息”“最新产品”按钮。

Step 5　动画整合

（1）将所有动画延长至 108 帧。

（2）第 1 层改名为“loading”，并将影片动画“loading”拖入舞台。

（3）第 15 帧处插入关键帧后删除（因为 loading 动画只有 15 帧），如图 8—88 所示。

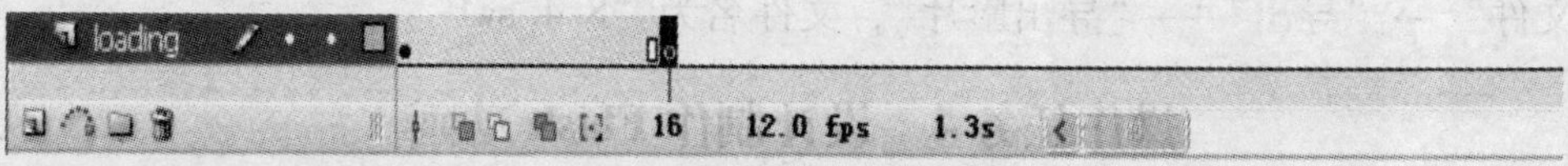

图 8—88　loading 的设置

（4）新建图层，取名为“top”，在第 15 帧处插入关键帧，并将库中的 pic 影片文件拖入舞台，如图 8—89 所示。

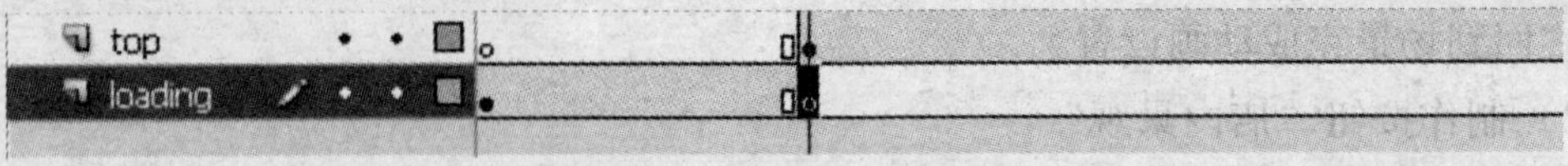

图 8—89　top 层的设置

（5）选择“店内景观”层，在第 50 帧插入关键帧，并将按钮文件“店内景观”拖入舞台。

（6）选择“最新信息”层，在第 60 帧插入关键帧，并将按钮文件“最新信息”拖入舞台。

（7）选择“最新产品”层，在第 70 帧插入关键帧，并将按钮文件“最新产品”拖入舞台，如图 8—90 所示。

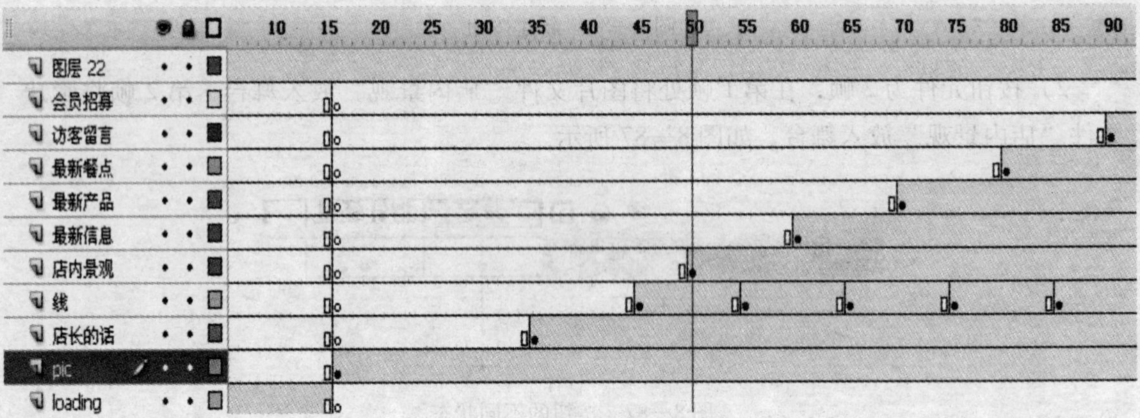

图 8—90　最终图层安排

Step 6　按要求保存

（1）保存历史记录

“窗口”→“其他”→“历史记录”，在弹出的对话框中选择所有步骤，保存为 8. 4。

（2）保存源文件

“文件”→“另存为”，将文件以“8. 4. fla”保存。

（3）导出动画文件

“文件”→“导出”→“导出影片”，文件名为“8. 4. swf”。

操作任务 4　设计制作 Flash 动画

操作条件

相关素材：第 8 章 \ 模块二 \ 8. 5。

样张素材：第 8 章 \ 模块二 \ 8. 5 \ 8. 5. 1。

操作素材：第 8 章 \ 模块二 \ 8. 5 \ 8. 5. 2。

操作内容

参照样张“8. 5. 1. swf”，修改素材“8. 5. 2. fla”，完成要求的动画效果制作

1. 将“8. 5. 2. fla”复制到考生文件夹下。
2. 参照样张，制作透明背景效果。
3. 参照样张，利用动作脚本，制作洋葱皮动画。
4. 按要求保存操作路径及文件。

操作要求

1. 考生务必在指定位置建立考生文件夹，并在其下建立“8. 5”子目录，将所有操作结果保存至该文件夹下（考生文件夹命名：“网页设计制作员 3 级_考生准考证号_姓名”）。
2. 将素材文件夹内的“8. 5. 2. fla”文件复制到考生文件夹下，并对其进行编辑。
3. 参照样张，使用库中的“bj. jpg”图形作为背景。
4. 参照样张，利用动作脚本，制作洋葱皮动画。
5. 按要求保存（重要步骤，未操作全题不得分）

（1）保存所有的历史记录为命令“8. 5”。

（2）源文件以“8. 5. fla”、可播放文件以“8. 5. swf”为文件名保存到考生文件夹下。

操作步骤

Step 1 建立考生文件夹及子目录

在考盘指定位置（如 C 盘）创建文件夹“网页设计制作员 3 级_考生准考证号_姓名”，将素材“8. 5”子目录复制到其中。

Step 2 参照样张，使用库中的“bj. jpg”图形作为背景

（1）打开素材文件 8. 5. 2. fla，选中第 1 层，将图片文件拖入舞台中。

（2）将图片大小调整到与舞台相一致并将其转换为图形文件，如图 8—91 所示。

Step 3 参照样张，利用动作脚本，制作洋葱皮动画

结合样张得知该题的具体操作要求为：背景图片透明度为 70%；洋葱皮动画深度为 2，4，

6，8；透明度分别为80%，60%，40%，20%；图层2中的文字为影片剪辑，名称为“m1”。

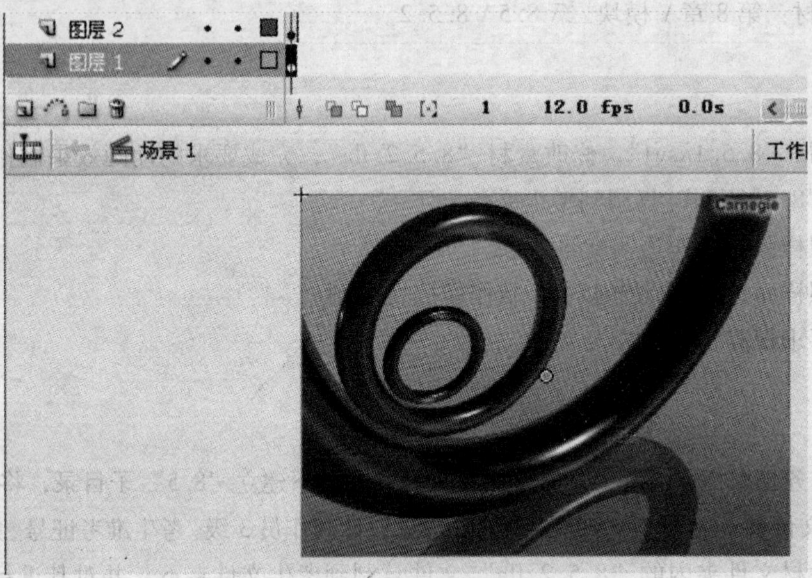

图8—91　设定图片属性

（1）选中图层1的背景图片，将其透明度改为70%，如图8—92所示。

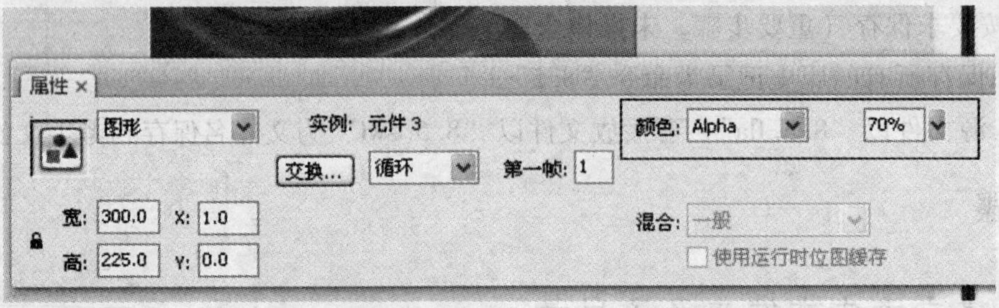

图8—92　设置背景层的透明度

（2）设置动画效果。

（3）新建图层3，在第2帧插入关键帧，按F9键打开动作面板，并输入以下代码：

```
duplicateMovieClip ("m1","", 2);
setProperty ("m1", _ alpha,"80");
```

（4）在第3帧插入关键帧，按F9键打开动作面板，并输入以下代码：

```
duplicateMovieClip ("m1","", 4);
setProperty ("m1", _ alpha,"60");
```

(5) 在第4帧插入关键帧，按F9键打开动作面板，并输入以下代码：

```
duplicateMovieClip ("m1","", 6);
setProperty ("m1", _ alpha,"40");
```

(6) 在第5帧插入关键帧，按F9键打开动作面板，并输入以下代码：

```
duplicateMovieClip ("m1","", 8);
setProperty ("m1", _ alpha,"20");
```

(7) 在第6帧插入关键帧，按F9键打开动作面板，并输入以下代码：

```
stop ();
```

小贴士

duplicateMovieClip ()

可用性

Flash Lite 1.0。

用法

```
duplicateMovieClip (target, newname, depth)
```

Operands

target 要直接复制的影片剪辑的目标路径。

newname 已直接复制的影片剪辑的唯一标志符。

depth 已直接复制的影片剪辑的唯一深度级别。深度级别表示直接复制的影片剪辑的堆叠顺序。这种堆叠顺序很像时间轴中图层的堆叠顺序，较低深度级别的影片剪辑隐藏在较高深度级别的剪辑之下。必须为每个直接复制的影片剪辑指定唯一的深度级别，使其不会覆盖已占用的深度级别上的现有影片剪辑。

说明

函数是在播放SWF文件时创建影片剪辑的一个实例，不返回任何内容。无论播放头在原始（父级）影片剪辑中处于什么位置，直接复制的影片剪辑的播放头始终从第1帧开始。父级影片剪辑中的变量不复制到直接复制的影片剪辑中。如果删除父级影片剪辑，则直接复制的影片剪辑也被删除。使用 removeMovieClip（）函数或方法可以删除用 duplicateMovieClip（）创建的影片剪辑实例。使用作为 newname 操作数传入的字符串引用新的影片剪辑。

示例

以下示例在级别为10的深度上直接复制一个名为"originalClip"的影片剪辑，来创建名为"newClip"的新剪辑。新剪辑的x位置设置为100像素。

```
duplicateMovieClip ("originalClip","newClip", 10);
setProperty ("newClip", _x, 100);
```

以下示例在一个 for 循环中使用 duplicateMovieClip（），以一次创建多个新影片剪辑。索引变量会保持跟踪已占用的最高堆叠深度。每个直接复制的影片剪辑的名称都包含一个与其堆叠深度相对应的数字后缀（clip1、clip2、clip3）。

```
for (i=1; i<=3; i++) {
newName="clip" add i;
duplicateMovieClip ("originalClip", newName);}
```

Step 4 按要求保存

（1）保存历史记录："窗口"→"其他"→"历史记录"，在弹出的对话框中选择所有步骤，保存为"8.5"。

（2）保存源文件："文件"→"另存为"，将文件以"8.5.fla"保存。

（3）导出动画文件："文件"→"导出"→"导出影片"文件名为"8.5.swf"。

操作任务5 设计制作并设置网页动态效果

操作条件

相关素材：第8章\模块二\8.6。

素材文件夹"8.6.1"网页文件。

操作内容

修改素材文件夹“8.6.1”网页文件，利用和修改“8.6.2.txt”~“8.6.4.txt”提供的JavaScript 脚本，实现要求的动态效果。

1. 将“8.6.1”文件夹复制到考生文件夹下。
2. 按要求，添加“垂直百叶窗”与“随机动画”页面切换效果。
3. 按要求，合理编辑 JavaScript 脚本语言，实现文字跟随鼠标动态效果。
4. 按要求，合理编辑 JavaScript 脚本语言，实现滚动的公告栏效果。
5. 按要求，合理编辑 JavaScript 脚本语言，实现标题栏文本动态效果。

操作要求

1. 考生务必在指定位置建立考生文件夹，将并在其下建立“8.6”子目录，所有操作结果保存至该文件夹下（考生文件夹命名：“网页设计制作员 3 级_考生准考证号_姓名”）。

2. 将素材文件夹内的“8.6.1”文件夹复制到考生文件夹下，对其中的“index.html”文件进行编辑。

3. 调用素材中提供的 JavaScript 脚本文件“8.6.3.txt”，将文本区表格第 2 行单元格内的文本转换为滚动的公告栏效果，文本属性不变。

4. 调用素材中提供的 JavaScript 脚本文件“8.6.4.txt”，实现标题栏文本“☆阿伏罗得欢迎您★”与“★welcome to afwuluoder☆”交替出现动画效果，间隔时间为 1 800 ms。

操作步骤

Step 1

在考盘指定位置（如 C 盘）创建文件夹“网页设计制作员 3 级_ 考生准考证号_ 姓名”，将素材 8.6 子目录复制到其中。

Step 2

新建站点，站点名任意，并将站点位置指向考盘的 8.6 子目录中。

Step 3

调用素材中提供的 JavaScript 脚本文件“8.6.3.txt”，将文本区表格第 2 行单元格内的文本转换为滚动的公告栏效果，文本属性不变。

结合脚本“8.6.3.txt”，在显示公告栏区域的单元格输入以下代码：

```
<script language = javascript>//公告栏

document. write ("<marquee scrollamount ='1' scrolldelay ='30' direction ='UP'
width ='200'    id ='helpor_ net'    height ='150' onmouseover ='helpor_ net. stop
()'    onmouseout =' helpor _ net. start ( )' Author: redriver; For more, visit:
www. helpor. net>")

document. write ("<p align ='center' class ='font01'>阿伏罗得秉承对餐饮的热爱</p
>")
document. write ("<p align ='center' class ='font01'>不断求新，不断进步</p>")
document. write ("<p align ='center' class ='font01'>只为追求更极致的味道</p>")
document. write ("<p align ='center' class ='font01'>我们不是最好</p>")
document. write ("<p align ='center' class ='font01'>但我们绝对用心</p>")
document. write ("</marquee>")
</script>
```

Step 4

调用素材中提供的 JavaScript 脚本文件“8. 6. 4. txt”，实现标题栏文本“☆阿伏罗得欢迎您★”与“★welcome to afwuluoder☆”交替出现动画效果，间隔时间为 1 800 ms。

在<head>与</head>之间输入以下代码：

```
<script language = JavaScript>
    step =0
    function flash_title ()
    {step ++
    if (step ==3) {step =1}
    if (step ==1) {document. title ='☆阿伏罗得欢迎您★'}
    if (step ==2) {document. title ='★welcome to afwuluoder☆'}
    setTimeout ("flash_title ()", 1 800);
    }
    flash_title ()
     </script>
```

至此网页的动态效果制作完毕。